Organizational Behavior 第3版

組織行為學

余朝權 著

東吳大學企管系教授
前中華民國總統府顧問

五南圖書出版公司 印行

自序

　　「做事難，做人更難，管理人最難。」這是我在十幾年前所寫的一句話，如今早已是大家耳熟能詳的觀念。而管理員工或部屬的困難之處，就在於主管很難充分了解員工或部屬的行為及其原因。「組織行為（學）」這一門知識，就是要協助管理者了解員工的行為，進一步預測員工下一步可能會有的行為，並且設法引導員工做出正確的（對組織有利的）行為，或改正員工的有害的行為。

　　基於上述的體認，作者在二十餘年的教學過程中，就一直在鑽研及教授「組織行為（學）」，並在教學相長之下，對周遭的人事產生「同理心」，因而格外能夠注意及體會與人之間的相處之道。因此，我們可以確切地說，即使是身為組織的員工，也應該學習及了解組織行為，才能在現代組織內「安身立命」。

　　本書寫作的觀點，就是植基於所有就業人士（包括主管及員工）都需要「組織行為」的知識。因此，在行文上力求精簡扼要。其次，由於組織行為也是一門社會科學，在變動的環境中更充滿了不確定性，許多原本在以前適用的原理原則，可能到了現代已不再適用，因而須向讀者交代清楚，這也是本書的一大特色，亦即在引介現代歐美新知時，還要參酌中國人的習性而作修正。其實，「管理無國界」，在各國不同情境下，管理方式也會隨之改變，但是，行為的因果關係仍然是一致的。

　　作者在教學之外，也曾擔任過政府機關及公民營企業的顧問及主管職務，這些工作經驗也使得本書在內容上更為貼近現代大中華經濟

圈（包括中國大陸、台灣、香港、新加坡）的現實狀況，讀者當能從各章節中體會出東西方結合的智慧，並呼應現代知識經濟時代的需要。

＊謝　辭＊

本書在長期寫作及潤飾過程中，有相當多人士的貢獻特別值得在此提出，以示尊重及感謝。

我在大學求學時的恩師前台大中文系主任齊益壽教授，長期教導我如何做人及寫作，使我能掌握中國文字的精髓，令人終生感念。

恩師許士軍教授（現任元智大學遠東管理講座教授）在政大企研所教授「管理學」，其中有許多與組織行為相通的內容，使我能深切把握組織行為乃是管理學的基礎這一個事實，令我獲益匪淺。許老師也是我碩士論文的指導教授，師恩浩瀚，至今仍銘感五內。

我在政大企研所就讀時，承吳靜吉教授（前美國在華教育基金會主席）教導「管理心理學」（即現在的組織行為學），使我首度接觸這一門今日管理界最重要的知識之一，吳教授啟蒙之恩，亦是筆墨所難以形容者。黃國隆教授（前台大商學研究所所長）教授「行為科學」，也奠定了我對人類行為及其他動物行為之了解。

劉水深教授（前國立空中大學校長）和高孔廉教授（中原大學講座教授）不僅指導我的博士論文，也是長期教導我做人做事道理的「人師」。

司徒達賢教授（前國立政治大學副校長）教授我策略管理，也是迄今還在我人生旅程中經常啟發我的「人師」。

上述恩師都已是各個學術領域的大宗師，我能夠受教於他們，實在是三生有幸。而書中的許多智慧，也得自他們的啟迪。其他還有許多管理界的前輩先進，經常賜教，因為人數眾多，難以盡書，謹在此一併表示謝忱。

我在教學過程中的同事好友，也對本書的寫作有莫大幫助。而五南圖書公司楊榮川董事長慨允出版本書，副總編輯張毓芬小姐不斷敦促勉勵，使本書終能與讀者見面，功勞甚大。

　　我也要感謝所有上過我的課的大學生、碩博士生及企業界和政府機關的先進們，他們使我教學相長，能將組織行為與管理知識淬煉得更為純精。

　　最後，我要特別感謝行政院公平交易委員會第五屆主任委員黃宗樂博士。筆者在 2004 年 2 月任公平交易委員會委員，2005 年 3 月 24 日筆者有幸獲黃主委推薦，由行政院謝長廷院長提名，經　總統任命為公平交易委員會副主任委員，因而有機會在管理領域做更多的學習體驗，並於 2007 年因管理卓越榮獲李國鼎管理獎章，在此特別表達最誠摯的謝忱。

　　總而言之，這是一本集合中外人士智慧的書，功勞也歸於上述人士。至於書中謬誤之處，自當由筆者負責，並請讀者不吝指導，是所至盼。

余朝權

2009 年 6 月

於東吳大學企業管理學系

目錄

`contents`

肆　領導實務 ——————————————— 261

第一篇

管理與組織行為

第一章　當代管理的危機與因應

　　管理是當代最受眾人矚目的一個知識領域。在美國，每年有數以萬計的人從管理研究所畢業，得到一個 MBA（企管碩士）學位。這些人當中，有的已經是公私機構的主管，希望進一步淬鍊他們的管理技巧；有的是資深的專業人才，如工程師、科學家、律師、醫生、建築師或藝術家，希望能夠了解管理的內涵，俾可躋身主管人員的行列；還有許許多多的年輕學子，希望頂著閃亮的企管碩士帽，在各大企業謀得令人羨慕的高薪職位。

　　以 2005 年為例，根據英國金融時報的調查顯示，美國前十大商學院MBA學生在畢業三年後，平均年薪達十四萬四千四百九十二美元，而全球商學院排行第一位的哈佛大學（Harvard），該校 2001 年畢業的MBA，2005 年薪高達十六萬二千美元，同列第一名的賓州大學華頓商學院的 MBA，年薪也超過十四萬八千美元。筆者從事博士後研究的哥倫比亞大學，則在全球商學院排名第三名（2008 年排名第一），第四名至第十名依次是史丹佛大學、倫敦商學院、芝加哥大學、達特茅斯學院、Insead、紐約大學（NYU）和耶魯大學。後兩者同列第九名。著名商學院排名競爭激烈，人人想念管理，由此可見一斑。

　　台灣的情形也差不多。年輕人千方百計想擠進大學窄門念管理，或進一步到管理研究所深造。他們多半已聽說，企管碩士是近二十年來最熱門的人才之一，各公司爭相聘用政大企管、台大商學、交大管科及其他管理研究所的畢業生。管理研究所每年一放榜，金榜題名的人，立刻有如「鯉躍龍門，身價百倍」。

　　各類組織（包括企業與非營利組織）對管理的重視，是促使上述管理熱潮歷久不衰的主要因素。早期，企業可以靠運氣而成功；但在今天，任何企業的發展，無不仰賴妥善的管理。今天的企業，一方面應該聘用管理人才來加強經營陣容，一方面則努力吸收管理新知，期能改善經營的體質，在知識經濟時代勝出。這也就是台灣積體電路公司（TSMC）董事長張忠謀在 2001 年 6 月 26 日於「台灣管理學會」演講「管理學之新課題」時，呼籲管理學者及實務界應積極地進行所謂的「建立管理新典範。」[1]

　　由於來自眾多企業及學子的需求日增，管理的理論和知識也隨之蓬勃發展，彷若百家爭鳴，各據一方。幾乎每個月都有新的管理書籍出現，提出一種新的管理理念、技巧或實務，其中有些已成為現代管理的新典範。

　　底下是近二十年來的一些實例：

- 《日本第一》的作者是哈佛大學傅高義教授，他認為，日本的成就，除了來自政府的引導與教育的成功之外，主要是日本企業創造出一套新的管理哲學。它們非常重視基本策略、產品生命週期、市場調查、行銷策略、會計、經濟計量模式、廣告和資料處理的現代化，而且較重視長期利益、採取終生僱用制度、強化員工的認同感等。[2]

- 史丹福大學商學博士湯姆・彼德斯，與羅伯・華特曼合著《追求卓越》，指出美國優秀企業成功的祕訣，在於重視七個 S，也就是策略、組織結構、制度、技巧、人員、風格與共同的價

1　參見《經濟日報》2005 年 1 月 25 日 B1 版報導。

2　傅高義著，李孝悌譯，《日本第一》（*Japan As No.1*），台北：長河出版社，1981 年。類似的書籍尚有巴斯克與艾索斯合著，《日本的管理藝術》（*The Art of Japanese Management*），台北：長河出版社，1981 年；渥諾洛夫著，陳文彬譯，《日本的管理危機》（*Japan's Wasted Workers*），台北：長河出版社，1983 年。

值觀等七個英文以 S 作字首的管理觀念上,顯示出八種構成企業傑出的特質:(1)行動導向;(2)接近顧客;(3)自治與創新;(4)靠人提高生產力;(5)親身視察,堅守價值觀;(6)謹守本行;(7)組織簡單;(8)幕僚精簡,寬嚴並濟。稍後,彼德斯又與南西・奧斯汀合寫《追求卓越的狂熱》,將八大祕訣濃縮成四大要素,即顧客至上、不斷創新、激勵員工、領導有方。[3]

- 麻州大學肯尼斯・布蘭查博士在《組織行為的管理》一書發行四版以後,以說故事的方式,與強生博士合著《一分鐘經理》,強調只要短短一分鐘,即可掌握管理的三大祕訣。稍後再與洛勃合寫《讓一分鐘經理發揮效用》,提出把管理祕訣變為實用技巧的方法。最後又與齊格密合寫《領導與一分鐘經理》,要求管理者配合部屬的發展層次,靈活應用指揮式、教導式、協助式、授權式等四種基本領導作風。[4]

- 哈佛大學麥可・波特教授,寫出《競爭策略》一書,認為低成本、產品差異化、市場集中是最基本的三項策略。1980 年,他又寫出《競爭優勢》(*Competitive Strategy*)一書,說明企業如何在其產業內確實創造優勢並設法維持之,以及管理者應如何評估企業的競爭地位並設法改善之。[5]

[3] Thomas J. Peters and Robert H. Waterman, *In Search of Excellence* (New York: Harper & Row, 1982),對此書的批評可參閱 Kenneth E. Aupperle, William Acar, and David E. Booth,"An Empirical Critique of In Search of Excellence: How Excellent Are the Excellent Companies,"*Journal of Management*, Winter 1986, pp. 499~512。

[4] Paul Hersey and Ken Blanchard, *Management of Organizational Behavior* (Englewood Cliffs, N. J.: Prentice-Hall, 1982)。

[5] Michael Porter, *Competitive Strategy: Techniques for Analyzind Industries and Competitors* (New York: Free Press, 1980); and *Competitive Advantage: Creating and Sustaining Superior Performance* (New York: Free Press, 1985)。

　　除了以上這些較為一般人所熟悉的實例以外，我們還看到有些管理書籍上特別強調「尊重員工、顧客至上、卓越」（巴克‧羅傑斯《IBM 成功之道》），或認為「改善品質就是免除困擾」（菲力蒲‧克勞斯比《不流淚的品管》），以及有學者想利用「目標原則、共識原則、卓越原則、一體原則、績效原則、實證原則、親密原則、正直原則」等八項基本價值觀念奠定企業的基礎（勞倫斯‧米勒《美國企業精神》）等等，不一而足。6

　　然而，就在上世紀末（1990～2000），美國企業與政府不斷地勵行品質革命，**全面品質管理**（total quality management, TQM）在美國如火如荼地展開，並且獲得相當大的成效。7 類似的管理革新，還包括**企業瘦身**（downsizing）活動，也就是在企業電腦化、網路化、**組織重組**（restructuring）的同時，也大量地裁撤多餘的冗員。此外，企業也開始加重員工的決策權，稱之為**授權**（empowerment），一方面讓員工感覺到受重視，一方面也促成第一線的員工能直接解決問題，而不是由高高在上且不了解現況的高階主管做出緩不濟急或不切實際的決策。

　　這一類的管理革新，大幅度地改變了一、二十年前企業界人士對管理的看法或信念。例如前述的《日本第一》書中所稱許的終生僱用制度，早已成為歷史。自 1990 年日本經濟產生泡沫化之後，近十年來，日本經濟一直沒有多大的成長，而金融體系的紊亂，一直困擾著

---

6 巴克‧羅傑斯，《IBM 成功之道》，台北：長河出版社，1986 年。
　菲力浦‧克勞斯比，《不流淚的品管》，台北：經濟與生活，1984 年。
　勞倫斯‧米勒著，尉騰蛟譯，《美國企業精神》，台北：長河出版社，1985 年。

7 J. W. Deam, Jr. and D. E. Bowen,"Management Theory and Total Quality: Improving Research and Practice through Theory Davelopment,"*Academy of Management Review*, July 1994 pp.392~418; J. R. Hackman and R. Wageman,"Total Quality Management: Empirical, Conceptual, and Practical Issues, "*Administrative Science Quarterly*, June 1995, pp.309~342。

日本，民間消費不足，使日本在邁入二十一世紀時，經濟上仍顯得步履蹣跚。

至於自 1982 年起風靡多年的《追求卓越》，書中所列舉的卓越企業，許多也已經不再卓越，原來大家以為成功企業就值得學習的，現代卻可能變成反面的教材。

第1節 在叢林中迷失的管理

新的管理理論不斷推出外，管理者所寫的自傳也紛紛出籠。從早期的通用汽車公司總裁小史隆寫《我在通用汽車公司》開始，一直到克萊斯勒汽車公司的艾科卡《自傳》，幾乎各行各業的經營鉅子都出了自傳。每個人都有他的一套，王安的作法顯然與豐田英二有別8，玫琳凱的理念也不會與王永慶完全相同。9

然而，這些企業鉅子的成功，並不能顯示出，他有某一種經營上的特殊風格，就可以迅速使他個人或是所領導的企業走上獲勝之道。

例如日本最大的汽車公司豐田，創業者豐田喜一郎與後繼者豐田英二郎，一向都不褒揚他人。豐田英二在其自傳《決斷》一書中，就曾明白地指出：10

----

8 王安先生的自傳在 1987 年出版，曾頗為轟動，但 1990 年王安去世前，卻企圖將王安公司總裁寶座交給長子王烈，一般認為王烈無能力管理王安公司，而且種下王安公司於 1992 年宣告破產的殘酷事實。

9 玫琳凱化妝品公司（Mary Kay Cosmetics, Inc.,）係創辦人玫琳凱・艾許女士（Mary Kay Ash）於 1963 年以五千美元成立，如今已成為在全世界十二個國家營運的大化妝品王國。公司以各類競賽和獎金來激勵業務員，傑出的業務成就可使該業務員的相片出現在公司月刊上，獲得珠寶、公司付費的休假，乃至「粉紅色凱迪拉克跑車」，是成功掌握人性作激勵的實例。

10 豐田英二著，江仲譯，《決斷－日本汽車鉅子豐田英二自傳》，台北：經濟與生活，1986 年。

> 「我大概在不知不覺間，學會了喜一郎的作風，在公司內經常開
> 口罵人，不太懂得讚美別人。而且，越是親近的部下，挨我罵的
> 機會越多。」

類似這種非常個性化的領導作風，一定還要有其他條件的配合，
才能奏效，否則，員工恐怕早已挨不住責罵而跑光了。例如豐田內部
一直有彼此信賴的勞資關係、經營者相當果斷且以身作則，除此之
外，還要有一點運氣，以及優異的產銷營運實績。也因如此，豐田公
司在 2003 年被日本企業界視為是品牌形象列居首位的公司。

當然，汲汲於吸收管理新知的企業經營者與主管人員，可以在眾
說紛紜當中，各取所需，找一個類似自己個性的人去學習，或是找一
個類似的產業成功實例來模仿。不過，這麼做仍然不一定能保證成
功。因為經營的環境已丕變，「江山依舊，人物全非」，台灣的勞工
與經營環境，畢竟和國外有別。

總括而言，今天台灣的管理，似乎已在叢林中迷失了。台灣目前
並不缺乏學習的對象，甚至台灣自己都已成為外國模仿的對象。但
是，如何利用最短的時間，了解管理的精髓，同時又能配合台灣的企
業現狀，仍然是值得我們追求的目標。

第 2 節　管理者的角色

一　管理者的十大角色

哈佛大學企管博士閔茲伯（H. Minzberg），在 1973 年率先指出，
管理者為了完成工作，達成組織的目標，經常要扮演十個角色。這十

個角色分別是：*11*

    1. **頭領角色**（figurehead）：形式上的首領。

    2. 領導者：負責指導部屬，協調工作。

    3. **聯絡人**（liaison）：和單位外界交際。

    4. 監察人：監視外在環境的變動。

    5. **傳播者**（disseminator）：將情報資訊傳達給部屬。

    6. 發言人：代本單位對外發布訊息。

    7. 企業家：以新產品、新方法來解決問題。

    8. 處理動亂者：指因應外在情勢的變動紛擾。

    9. 資源分配者：指分配組織內的資源給各單位。

    10. 談判者：指和外界談判而替本單位爭取優勢。

這十個角色彼此關係密切，一個管理者為了執行其工作，經常要同時扮演其中好幾個角色。不過，由於職位的高低不同，有些管理者較常扮演其中幾個角色，如總經理經常要主持儀式而扮演頭領角色，也要和公司外界聯繫而扮演聯絡人角色，但較少扮演發言人角色（對外發言主要由副總經理擔任）、監察人角色（由企劃單位負責監視外在環境的變動）。

二　管理者的引渡角色

由於現代環境變遷的速度已十倍於往昔，事物的革新也更需仔細地引導，否則很容易朝向非預期的方向發展。一言以蔽之，我們是站在時間的轉捩點上，如何將過去美好的一切在今天重新予以革除改

---

11 Henry Mintzberg, The Nature of Managerial Work, New York: Harper & Row, 1973; Henry Minzberg, "The Manager's Job: Folklore and Fact," *Harvard Business Review*, July-August, 1975, pp.489~561。

善，並且預先為未來作準備，已是現代主管責無旁貸的重要角色。這個角色，可以用一個名詞來代表，那就是「引渡者」（ferryman）角色。[12]

引渡者的角色，基本上要從事下列六項事物的引渡：

（一）企業使命的引渡

身為企業高階層的主管，首先要引渡的，就是企業的使命（mission）。他必須經常問自己這一類問題：我們的企業是什麼？我們的企業明天又將是什麼？我們的企業明天應該是什麼？如何才能到達那種狀況？

（二）經營哲學的引渡

每一個企業都有其一貫的做事方法和習慣，一般稱之為「經營哲學」或「企業文化」。隨著時間的進展，有些該繼續發揚光大，有些則必須予以揚棄。

當然，這類的決策必須由個別的管理者或經營者來做，外人無法置喙。不過，一般來說，「保守穩健」、「以不變應萬變」、「視部屬的忠貞為必然現象」等，是動盪時代中可能必須放棄的企業文化。

（三）員工才能的引渡

在環境穩定的時代，員工花數年的時間學到的技藝，可以使用大半輩子而不怕落伍。這種現象在現代已不多見。

現代科技的演變一日千里，所以員工的才能也必須逐年更新和精

---

[12] 最早提出「引渡」角色的，是英國的訓練與發展顧問馬羅。請參閱 Hugh Marlow, Success: Individual, *Corporate and National*, London: Institute of Personnel Management, 1984。

進，才能因應新環境的需要。就整個社會而言，成年教育、後續教育或生涯教育的觀念已普遍為大眾所接受；就現代企業而言，提供員工前程發展或前程輔導，更是企業維持活力所不可或缺的人事功能。

經營者或管理者的現代責任之一，就是在為今日的員工做好訓練發展工作，使他能夠勝任明日的工作與環境。以徵募一流人才或挖角作為主要人事功能的想法，現在必須修正為不斷引渡員工到另一新的里程。因為，沒有幾種技能是可以反覆應用而毋須精進的。

（四）失敗經驗的引渡

早期的企業，常常可因一次妥善的規劃作業，而享有長時期的成果。現在這種情形已不復存在。

現代企業的營運特徵，乃是不斷地在嘗試中尋求生機、活路。因此，偶爾的失敗，甚至是經常的挫折，已成為企業生活的家常便飯。大多數決策，在事前均無法百分之百保證成功。

經營者或管理者在面對這樣的經營特徵時，要做好兩件工作。第一件，是養成接受失敗或挫折的心胸，而非極力避免挫折或追求完美地完成事情（因為經營風險已無法降至零點）。

第二件工作，是進行失敗經驗的引渡，從不可完全避免的失敗中，獲得最寶貴的教訓，而不可一味為昨日的失敗感到懊悔。換句話說，企業在經營過程中，無論是成功或失敗的案例，都必須而且也可以嚐到甜美的果實。

一般失敗不外乎對環境的誤解、目標陳義過高和企業本身的弱點三者。就誤解環境而言，以後宜增加考慮因素和考慮深度，也就是增進環境分析模型的內容；就目標太高而言，企業可適度修正自己的期望水準；就本身弱點而言，企業可設法改進弱點作再一次的嘗試，也可以避開必須使用本身弱點的環境（產品、市場）

成功的經營不在於不會犯錯，而在於不犯相同的錯誤。因此，失

敗經驗的引渡也就彌足珍貴。

（五）新理念的引渡

現代企業所面臨的新問題，真可說得上是層出不窮。顧客有新的需求、市場有新的競爭態勢、銀行有新的利率水準、政府有新的污染管制措施、科技有新的突破……，層出不窮的新挑戰，在在需要經營者或管理者引進新的觀念來因應。這些新觀念包括：推出新產品、使用新製程、換用新材料、發布新人事制度、更改組織結構與工作設計、更換新的貸款組合等。

由舊觀念走向新觀念，免不了會碰到抗拒心理。因此，經營者或管理者在面臨「變」的時刻，除了注意硬體的引進，同時還要注意周遭人士的心理反應，設法克服其心理抗拒。這種抗拒，可能來自上司，也可能來自同事或部屬。

換句話說，經營者引渡的工作之一，就是提出新觀念，並使它能被運用於今日和明日的營運當中。當然，如果新觀念是由其他人所提出，經營管理者也需要具備「慧眼」，來過濾出好的觀念。

（六）資源的引渡

在每一個時代裡，企業所仗以成功的資源都不盡相同。從早期的勞力資源（及土地、自然資源）、財力資源到腦力資源。到了今天，還有一項資源是每一企業都應設法掌握的，那就是情報資源或管理資源。

企業經營者或管理者，一方面必須將現有寶貴的資源引渡到明日，以便繼續使用，同時還要注意明日本企業所需的資源是否已有變動，以便獲取新的資源，以及推出新的**資源組合**（resources mix）。

古人常言：「工欲善其事，必先利其器。」意指舊的資源（器），應該在做工以前，經過一番淬礪。現代企業一方面要淬礪舊

的資源，一方面也應尋找和引進新資源，如此雙管齊下，才算完成了
資源的引渡。

　　以情報資源為例，每隔一年半載，企業內就有許多情報顯得陳舊
過時，無法再用來作決策上的依據。此時企業除了繼續將舊的情報項
目下的新資料補足以外，還要考慮到：是否有一些新的情報項目應該
加入。如原來在獨占或寡占產業內的企業，可能並未設立競爭分析情
報系統，現在因為獨占或寡占局面打破了，則競爭情報系統一定要建
立，才能訂定適當的行銷競爭、定價和推廣策略。這點已在拙著《現
代行銷學》一書，作了深入的探討。*13*

　　經營者與管理者在現代劇變的環境中，所扮演的角色，雖然不至
於變動到「一日數變」的地步，但是，為了因應變局，新的角色仍然
將繼續出現。個人認為，在動盪變局中，最新的管理者角色之一，就
是「引渡」角色。而所要引渡的，包括企業使命、經營哲學、員工才
能、失敗經驗、新觀念與資源等。

三　管理者的應變角色

　　管理專家郭秀與巴列特（Ghoshal & Bartlett）在 1995 年指出，面對
環境的動盪性，組織的成員必須將注意力置於創造變革（革新）上
面，而管理者將不能只注意機械式的管理，如設計組織圖或擬定計畫
而已，而是要鼓舞員工進行三種程序以創造出一個應變取向（respon-
sive and change-oriented）的公司。這三種程序為：創業、建立優勢和再
造程序。*14*

---

13 參閱余朝權，《現代行銷學》，台北：五南圖書公司，2005 年。

14 Sumatra Ghoshal and C. Bartlett, " Changing the role of Top Management: Beyond
Structure to Processes," *Harvard Business Review*, March-April 1995, pp.86~96。

　　創業程序（entrepreneurial process）意指鼓勵員工具有創業家精神（entrepreneurship）。在許多高科技公司內，鼓勵員工在企業內創業，讓員工擁有足夠的權力、支持和相對的報酬，可使員工樂於像在自己的企業一樣，在公司內以自治方式盡心盡力去創新。

　　建立優勢程序（competence- building process）意指企業不僅要在變動的環境中維持彈性身段，而且要持續強化員工的知識與技能，建立起核心優勢。事實上，許多大型企業都是因為擁有核心能力，才能在競爭下脫穎而出。

　　再造程序（renewal process）意指向公司原有的策略和其背後的假設挑戰的過程。成功的企業一定不能安於現狀，而應不斷地鼓勵員工質疑現有的策略及做事方法，精益求精，好還要更好。

　　當然，在不同的業務領域中，對管理者所應扮演的角也會有不同的要求。例如聯合訊號（Allied-Signal）公司的董事長兼執行長（CEO）就是以**做人技巧**（people skill）見長。他在入主這家供應航太系統、汽車零件及化學產品，而且已在虧損的公司時，除了積極合併業務單位、關閉經營不善的工廠、裁減一萬九千個職務外，主要是以做人技巧協助員工引發變革，他扮演的是教練（coach）的角色。[15] 甚至也有調查顯示，大型企業的執行長除了設定願景及策略、探索合併與購併機會、監控公司財務狀況外，主要是扮演「心理學家」（psychologist）的角色，也就是重新整理企業文化及調整員工行為。[16]

　　簡言之，現代管理者所面對的環境愈趨動盪，衍生出的角色也就愈為繁複。

---

[15] Noel Tichy and R. Charan, "The CEO as a Coach: An *Interview* with Allied-Signal's Lawrence A. Bossidy," *Harvard Business Review*, March-April 1995, pp.69~78。

[16] G. W. Dauphinais and C. Price, "The CEO as a Psychologist," *Harvard Business Review*, September 1998, pp.1~15。

四　管理技能

無論在哪一種組織內，不同階層的管理者所須具備的管理技能（skills）大致可分為三類：觀念性、人際溝通和技術性技能。*17*

所謂**觀念性技能**（conceptual skills），意指分析與診斷複雜情勢之心智能力，這種能力使得管理者能綜合判斷情勢而做出較適切的決策。

人際溝通技能（interpersonal skills）則是指與他人相處的能力，包括與他人共事、了解他人、指導和激勵他人的能力。管理者必須透過他人來完成工作，故而溝通、激勵他人的技能也就相當重要。

技術性技能（technical skills）意指運用特殊知識或專長去做事的能力。

不同職級的管理者，所須具備的管理技能程度，也有所不同。一般而言，高階管理者所須具備的管理技能較多，其中最須具備的是觀念性技能，而人際溝通技能次之，所須技術性技能則較少。至於中階管理者，則是觀念性技能與人際溝通技能並重，而技術性技能也須比高階管理者為多。基層的管理者則一定要具備足以勝任工作的技術性技能，而人際溝通技能及觀念性技能次之。

學者們也曾提出第四種技能，稱為「**政治性技能**」（political skills）。*18* 政治性技能意指增進個人職位及權力、建立關係的能力。由於組織內各單位必須競逐有限的組織資源，良好的政治性技能將能讓

---

17 Robert L. Katz, "Skills of an Effective Administrator," *Harvard Business Review*, September-October 1974, pp.90~102。

18 C. M. Pavett and A. W. Law, "Managerial Work: The Influence of Hierarchical Level and Functional Specialty," *Academy of Management Journal*, March 1983, pp. 170~177。

管理者為其所轄單位爭取到更多的資源來完成工作。實證結果也顯示，政治性技能較高的管理者，會獲得較好的考績及較多的晉升。*19*

第3節　環境變動是管理者所面臨的最大挑戰

　　組織所面臨的環境，並非如一般社會上所稱的自然環境而已，它意指組織外界的所有可能影響組織績效的機構與力量。就**企業環境**（business environment）而言，其所面臨的環境即包括甚多因素，如圖1−1所示。

　　企業經營的環境所包含的因素甚多，一般將分為個體經營環境或**個體環境**（microenvironment）及總體經營環境或**總體環境**（macro envi-

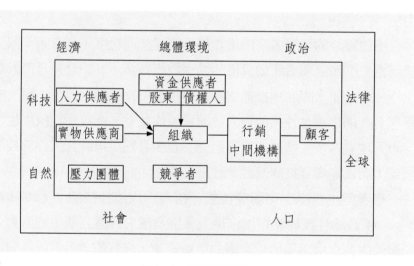

圖1−1　組織的環境

19 D. A. Gioia and C. O. Longnecker, "Delving into the Dark Side: The Politics of Executive Appraisal, " *Organizational Dynamics*, Winter 1994, pp.47~58。

ronment）二者。個體環境意指與組織關係較密切的環境因素，包括供
應商（實體）、資金供應者、行銷中間機構、競爭者、顧客等。而總
體環境意指具有廣泛影響的因素，包括經濟、政治、科技、社會文
化、人口環境等。就組織行為而言，總體環境的變動最值得注意，因
此底下將簡單介紹幾個較重要的因素。

一　經濟環境

經濟環境，意指會影響組織行為學者及其個體環境中的因素。通
常較受到組織關切的經濟環境，包括所得、消費者物價指數、利率、
通貨膨脹率、股價指數等。舉例來說，以所得而言，台灣地區的平均
每人所得在近四十年不斷增加，國民的購買力也因此持續上揚，影響
所及，組織的從業人員會希望縮短工作時間、增加休閒旅遊及其他消
費支出，這些都會影響組織的運作，包括減少加班時間、提高員工福
利、推出高品質高價位的產品等。

二　法律環境

法律環境有時亦稱政府環境，意指組織所在地的各級政府所加諸
於組織的各項限制，例如企業在僱用員工方面，必須注意勞動基準
法、身心障礙者保護法之約束。

三　科技環境

現代科技的進展一日千里，現代組織在運作上所採用的技術經常
必須更新，諸如自動化生產、電子視訊會議、網路溝通、手機運用等
等，都是近四分之一世紀所發展出來的。掌握科技的企業，將可在新

世紀的競爭中取得優勢，例如個人電腦大廠戴爾（Dell），就是以網路行銷、資料探勘等技術在產業中勝出。而芬蘭的諾基亞（Nokia），也因為即時掌握全球對手機的需求快速成長，而成為世界第一的手機品牌。當然，我們也可以發現，微軟（Microsoft）、英特爾（Intel）、雅虎（Yahoo!）都是靠新科技起家，而傳統的企業，如通用電氣、3M、摩托羅拉（Motorola）、沃瑪百貨（Wal-Mart）也都因為能夠掌握 3C 產業（資訊、通訊、電腦）的新科技，而有傑出的表現。事實上，許多非營利組織，包括政府、醫院、大學也都採用網內網路（Intranet）作為組織內部主要的溝通系統，而大大地提高了管理效率，甚至進一步改變了組織結構，這些都將在以後的章節中來詳細說明。

四 人口環境

　　人口統計環境簡稱人口環境，也是組織的總體環境中相當重要的一環，因為人構成了組織的人力來源，同時也是購用組織的產品或服務的主體。在人口環境中，比較受到注意的，包括人口多寡、人口成長率、年齡結構、教育程度、婚姻狀況、集中度等。台灣地區的人口在過去呈穩定成長，但在 2008 年粗出生率已降到近數十年來較低的水準，因此，政府已考慮要採用措施，以提高生育率。其次，就年齡結構而言，由於近年來人口出生率逐漸下降，人口年齡結構已逐漸邁向成熟老化階段，在 2000 年時，老年人口比例已達 8%，而 2008 年時達到 10%，成為高齡化社會。

　　就教育水準而言，台灣地區的教育水準在過去數十年來不斷提高，在大專及研究所以上的高等教育者已占 20%。在 2004 年，大學入學錄取率高達 88%，估計約有近九萬人將進入大學就讀。

　　就人口遷移而言，台灣地區人口逐漸向大都會集中，目前，在大台北都會區（含台北縣市、桃園縣）及高雄都會區（含高雄縣市）的

人口即已超過一千萬人，占台灣總人口數的 40%以上，由於都會區人口密度不斷提高，零售業及其他服務業也相對蓬勃發展。

就婚姻而言，台灣地區男女初婚的年齡，數十年來一直呈現緩慢上升的趨勢，許多人明顯地延長其單身生活期間，而因應這一類單身貴族的產品與服務也紛紛興起，一時蔚為風尚。更確切地說，在 1971年，男性平均初婚年齡為 27 歲，1985 年則升高為 27.6 歲，目前已超過 30 歲。此外，台灣的離婚率也不斷地攀升，目前離婚率已高居亞洲第一，2009 年離婚的對數相較於結婚對數已超過 1/2。

企業經營的環境無時無刻不在改變。根據約翰、奈斯比特在《大趨勢》中所說，還未演化完成的美國新社會包括十大趨勢：

1. 由產業社會走向以資訊的創造及分配為基礎的經濟體。
2. 由強迫科技走向高科技兼高感應。
3. 由國內經濟走向國際經濟。
4. 由短期思考走向以更長期的時間架構來處理事情。
5. 由集權管理走向分權管理。
6. 由制度救濟走向自力救濟。
7. 由代議民主走向參與民主。
8. 由層級組織走向非正式的工作網路。
9. 由老工業城市走向陽光帶。
10. 由個人選擇極為有限的「非此即彼社會」，走向更自由的「多元化社會」。

這些趨勢當中，有許多也已逐漸在台灣社會成形，例如國際化、自力救濟即是。此外，台灣社會也有許多變遷，頗值得經營管理者注意。例如在十年前，作者所作的觀察是樂觀又審慎的：[20]

‧台灣人民的所得持續增加，在 1985 年達到三千美元，1987 年

---

[20] 余朝權，《人性管理》，台北：長程出版社，1992 年。

達到五千美元，1992 年則超過一萬美元，2004 則超過一萬四千美元。由於所得提高，一般員工開始注意工作外的休閒生活，同時也開始關切工作上的生活素質。

- 社會更加開放，民主的風氣更為普及，一般員工也開始要求工作上的公平、公正。

- 工會的力量逐漸增大，對工人的保護能力增強，已不再是虛設的花瓶而已。

- 職業婦女的比例逐漸增加，形成越來越多的雙薪家庭。企業在遷調員工時，必須考慮員工的配偶。

- 一般家庭普遍重視兒童的教育，故工作地點大多選在都市。偏遠地區的企業或其分支機構，必須以較優惠的條件，才能吸引「人才下鄉」。

- 技術創新的速度加快。許多生產工廠走向自動化、電腦化、無人化後，不得不裁員。因此，在工廠現代化前後，員工心理將產生極大的震盪。

- 員工的知識水準日漸提高、教育程度也普遍上升，嶄新的知識管理方式逐漸成形。

然而，自 1990 年台灣加權股價指數攀上 12,654 點後，股價再也沒有看到高點，股價指數是一國經濟的領先指標，雖然台灣加權股價指數曾於 2000 年再度攻上一萬點，但在 2008 年卻跌破四千點，而且 2009 年經濟呈負成長（預估−2.97%）現象，創下台灣自 1974 年石油危機以來的新紀錄。顯現出台灣的經濟與社會變遷，已經是一種危機四伏的景況：

(1)肇因於新台幣的貶值，台灣國民所得在 2004 年雖有一萬四千美元，但所得不一定能持續大幅提高，消費亦無法快速增加，企業也紛紛關廠或遷廠至國外，造成超過 4%的失業率，受影響人口數超過百萬人。雖然勞工們也重視工作生活素質，甚至不樂意從事高熱、高

溫、危險性工作，而迫使企業不得不引進外籍勞工，但這種心態只會造成更多的失業。

(2)民主風氣雖更為普及，但過度而無節制的民主，卻造成整個國家年年在選戰中吵吵鬧鬧過日子，經濟走下坡，而企業也在社區抗爭中難以建廠，在勞工抗爭中不斷出走，成為勞資雙方兩敗俱傷的惡性循環。政黨的惡鬥更促使國家經濟建設停擺，正好應了陳水扁政府首任經濟部林信義的預言：「苦日子正要開始了。」

(3)工會力量急劇膨脹，有時固然能保護工人的權益，但在與雇主惡鬥的同時，也可能造成反效果。例如在一些國營事業裡，由於長期受到政府的保障與照顧，逐漸產生過多的冗員，如台機、台鐵、中船、中油、台電等。一旦政府民營化列車啟動，立即有數千甚至數萬員工走上街頭抗爭，美其名為保障員工權益，實則為恐懼民營化後與其他民營企業或外國企業的競爭。這種維護私利的作法，只是在隱藏無效率的企業晚一點顯現其不具競爭力的事實而已。

當然，我們也不能否認的是，在危機四伏的經營環境，也不乏轉機的曙光。例如：

(1)由於政府對於「戒急用忍」的大陸政策積極鬆綁，加上台灣於2001年加入 WTO（世界貿易組織），可以想見的是，企業經營**全球化**（globalization）已經成為無法抵擋的趨勢潮流，只要做好準備，企業一樣有很大的生機。

(2)資訊科技與通訊技術的長足發展，使企業在經營上得以更快速地儲存、累積、傳輸及分析大量資訊，使管理更有效率，因而能夠充分利用資訊科技的企業，得以勝過其競爭對手而獲得良好的經營成效。例如戴爾電腦（Dell Computer）公司即以網路和經銷商、直接用戶連線，迅速解決客戶問題，同時新建工廠也毋須配置存貨空間，以致在 2001 年打敗康柏（Compaq）電腦，躍居全球電腦第一大公司，並迫使康柏業績下滑，甚至被惠普（HP）公司所購併。

凡此種種，均是管理者今天所面臨的新課題。任何企業若想援用舊日管理方法，很可能無法奏效。唯有以新的觀念，來配合新時代的員工，是解決問題的根本之道。換言之，「人性是管理者所面臨的最大挑戰。任何管理環境的變動，最後都會反應在員工人性的改變上。員工的需求可與往日不同，他對公司的看法或知覺，也會有所差異。因此，深入了解人性，成為現代管理的必要工作。管理的方式必須改變，為的就是配合員工人性上的改變。」

第4節　全球化衝擊

自從全球大多數國家都已加入**世界貿易組織**（World Trade Organization, WTO）之後，所有的組織都已面臨著全球化衝擊。全球化帶給組織的，將不僅是國外市場所可能帶來的營業收入，它還將全球的資源，包括資金、人才、原物料等，也帶到組織面前，使組織能以更有效的方式去從事產品之生產與行銷，這些都是全球化的好處。但是，與之俱來的，則是全球化也為組織帶來了許多新的挑戰。所有原來在國內從事營運時應考慮的因素，在全球經營環境中也必須重新考慮一遍。

事實上，全球各個國家或區域都有其獨特的法律、社會、文化等背景，組織必須逐一去因應，才能引進適當的資源及投入適當的市場，如圖1-2所示。

試以文化因素為例，舉凡社會價值觀、社會地位、決策方式、時間觀念、空間概念、身體語言、道德標準等，在不同社會都可能有所差異，因此在溝通上可能形成障礙或誤解。在國際行銷上更有必要重新思考產品的定位、名稱、定價以及廣告等推廣作為；而在國際溝通上則應特別注意尊重對方、考慮用詞及姿態之文化意涵，不要以刻版

印象看待溝通對象等。*21*

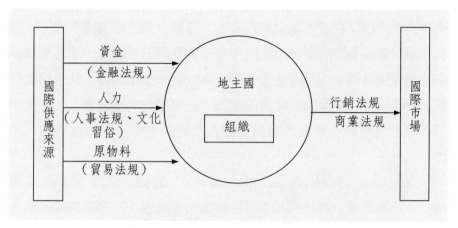

圖 1-2　組織全球化之挑戰

第 5 節　兩利經營是現代管理的本質

　　面對著動盪複雜的經營環境，經營者與各級主管人員，很容易迷失在相同的管理理論、管理技巧熱潮中。然而，只要管理者能夠掌握人性，並從公／私兩利的觀點去思考問題，則管理的成功果實並不難獲致。

　　或許，在過去十年中，最值得我們注意的管理典範，乃是彼得聖吉（Peter M. Senge）在《第五項修練》一書中所提的組織學習概念。*22*由於環境的變動速度太快，幅度也大，過去賴以成功的經營方式或管

---

21 C. L. Bovee and J. V. Thill, *Business in Action*, Upper Saddle River, New Jersey: Prentice-Hall, 2001, pp.53~54。

22 Peter. M. Senge, *The Fifth Discipline: The Art and Practice of Learning Organization*, New York: Doubleday, 1990。

理作風，現在早已不再適用，甚至我們可稱此現象為「成功是失敗之母」，意味著成功帶來驕傲或大意，以致埋下失敗之因，或是意味著過去成功的作法在新環境中難以奏效，導致企業組織瀕臨失敗。

面對詭譎多變的環境，組織唯有不斷地學習、因應，才能確保長期的生存與發展。一個**學習型組織**（learning organization）就是指能發展出持續學習、不斷創新能力的組織，在組織內的所有員工，都能秉持著學習成長的心態，因而員工個人及組織本身才不會被環境所淘汰。

有些學者則提出**再造**（reengineering）的觀念，所謂「企業再造」，意指企業重新檢視其組織結構與工作流程，不再視傳統的假設與作法為理所當然，並在必要時做出急劇的改變。23 這種再造的觀念，不僅在企業界受到重視，連政府也都設法推行「政府再造」，企圖以更有效率及更好的政策來服務人民。

很明顯的是，現代管理者將要花更多的努力去促成組織的變革，也要努力去鼓勵或激勵員工的創新，甚至他們還要改變自己原有的領導風格，所有這些都牽涉到組織內的主管及員工的行為，也就是組織成員的「人性」。

更確切地說，現代管理的本質，乃是一方面考慮公司的目標（公），同時也考慮到員工個人的目標（私），然後以這兩個目標作為企業追求的指針，來訂定經營策略，既不偏重公司目標，也不偏重員工個人目標，如圖 1-3 所示。

---

23 M. Hammer and J. Champy, *Reengineering the Corporation*, New York: Harper Business, 1993。

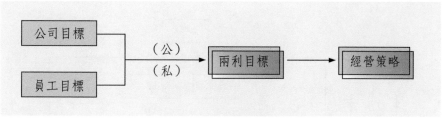

圖1-3　兩利經營模式

　　讀者們將會發現，偏向於只重視達成公司目標的企業或機構，時常以員工個人的犧牲，作為公司發展的墊腳石，最後，員工將變得衰弱頹敗，而身強力壯的員工則另謀高就，以致公司缺乏進一步發展的基礎。

　　同樣地，偏向於只重視達成個人目標的企業或機構，由於置公司目標於不顧，也將很快腐蝕公司的根基，使公司一步步走上覆亡之路。而在這個過程中，能夠滿足個人目標的員工，最後也將無棲身之處，「覆巢之下無完卵」，個人目標終究無法達成。

　　因此，唯有兩利經營，才是帶領現代企業衝破種種壓力與困難，讓企業與員工同登幸福彼岸的唯一法寶。中國古諺強調：「同舟共濟」，希望同在波濤中的船員及乘客，同心協力，共同度過驚濤駭浪的考驗。而在今天，我們希望股東與管理者、員工三方面，都能同心協力，共赴坦途。

　　當然，在複雜的經營環境中，管理者不能只考慮組織內的人員（管理者與員工）或所有主（股東）的利益，而且要把所有**關係人**（stakeholders）的利益都一起考慮，因此，組織所處的社區應給予回饋（敦親睦鄰）、組織所在的社會應共同維護（企業的社會責任），組織也應考慮到上游供應商、下游經銷商及最終顧客的利益，使組織內外所有受到組織決策及運作影響的團體（關係人），都能共蒙其利。組織應考慮的相關人如圖1-4所示。

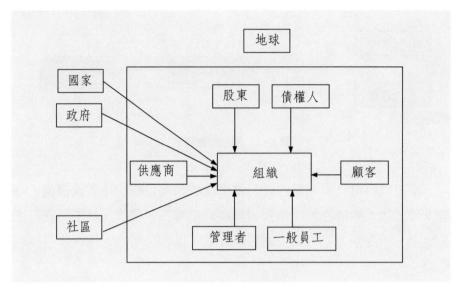

圖 1-4 組織相關人例示

　　不過，由於本書是以組織行為作為探討重心，因此，員工以外的其他關係人之行為，將不作太多討論。讀者可在消費行為學、供應鏈管理等相關主題內找到參考素材。

　　總之，由於傳統的管理，過度以為業主謀福利，作為考慮的重心。因此，本書在揭櫫公私兩利的經營理念後，特別以員工的心理感受（知覺）和員工的需求，作為探討的出發點。到了以後各篇，我們將依序探討組織行為中的激勵、溝通、衝突、領導統御方法、組織安排方式、用人之道、人與事的控制等。在這些管理過程中，我們將不斷地強調人性的重要性，以及管理者因應這些人性的方法。作者深信：

　　管理者欲度過現代管理的危機，唯一的辦法，就是掌握人性。

※歷居試題

■選擇題

1. For managers to understand the relationships between types of various tasks of a firm, they must possess:

   A) planning skills

   B) conceptual skills

   C) interpersonal skills

   D) technical skills

   E) communication skills

   【國立台灣大學 91 學年度碩士班招生考試試題】

2. Mintzberg 利用管理者的角色來描述管理者的工作，他將十種管理者角色分為三大類：「人際關係」（interpersonal）、「資訊傳遞」（informational）以及「作決策」（decisional），下列何者角色不屬於「作決策」？

   A) 企業家行為（entrepreneur）

   B) 危機處理（disturbance handler）

   C) 資源分配 (resource allocation）

   D) 領導者（leader）

   E) 談判者（negotiator）

   【國立台灣大學 96 學年度碩士班招生考試試題】

3. 無論擔任高中低階層的經理人，Pavett and Lau（1983）認為都需要具備四種技能；下列何者不在其中？

   A) Conceptual skills

B) Interpersonal skills

C) Technical skills

D) Political skills

E) Social skills

【國立台灣大學 95 學年度碩士班招生考試試題】

4. Mintzberg's 10 management roles can be grouped into _____ .

A) interpersonal relationships, information transfer, and decision making

B) interpersonal relationships, leadership, and decision making

C) leadership, decision making, and planning

D) information transfer, decision making, and resource allocation

【國立成功大學 95 學年度碩士班招生考試試題】

5. 明茲伯格（Mintzberg, 1973）提出管理者的十個角色，當管理者碰到員工罷工或緊急災禍事故做出快速處理時，所扮演的角色為何？

A) 創業家角色（entrepreneur role）

B) 困擾處理者角色（disturbance handler role）

C) 監控者角色（monitor role）

D) 發言人角色（spokesperson role）

【97 年特種考試交通事業鐵路人員考試及 97 年
特種考試交通事業公路人員考試試題】

■申論題

1. 企業倫理（Business Ethics）以及企業社會責任（Corporate Social Responsibility）在近幾年同時受到全球不同領域社群的高度關切與探討，請就您平日對企業管理實務決策的觀察，指出企業可透過哪些不同形式的行動表現來具體落實其對於企業倫理與社會責任之承

諾？請以廣度為主、點列說明之。（20分）

【國立台灣大學 97 學年度碩士班招生考試試題】

2. 請說明企業永續經營（Sustainable Development）發展的作法，以及其與「社會責任」的關係。

【國立台灣大學 98 學年度碩士班招生考試試題】

3. What is "corporate social responsibility"?（10%）What are the classical (narrow) view and socio-economic (broad) view of corporate social responsibility?（15%）

【國立成功大學 96 學年度碩士班招生考試試題】

4. 企業組織之主管人員，其所需具備能力與所負責職務有關，試簡述學者 Mintzberg 提出主管三大類十大角色之內涵，證諸您任職之組織，評論其論點之合適性。（25分）

【96 年交通事業公路人員升資考試試題】

第二章　組織行為架構

　　在組織管理上，掌握人性就是要運用「組織行為」的相關知識。

　　「**組織行為**」（organizational behavior, 簡稱 OB）係探討個人及群體在組織內部的行為，它是每一個人都應該學習的一個領域，對於主管人員或有志於擔任主管職務的人而言，它更是不可或缺的一門學問。根據 Robbins（2001）較詳細的說法，組織行為的定義是「調查個體、群體和（組織）結構對組織內部的行為所產生的衝擊，應用這種知識以改善組織效能」。[1]

　　我們無時無刻都生活在組織裡，所謂「**組織**」（organization），乃是結合眾人的力量以達成目標的一個系統。一個人從出生到死亡，隨時都和家庭、醫院、學校、企業、銀行、政府機關等有所牽連，而這些都是某一類型的組織。因此，了解一個組織（或機構）如何運作，乃是我們每一個人都感興趣的題目。

第1節　人人都應了解的知識

　　組織既然是結合眾人之力的一個系統，則將人們集合起來，放在適當的工作崗位上，乃是組織的基本特性。不過，把眾人集合在一起，並不必然能使組織自動地作有效的運轉，因為每一個人的行為背

---

[1] Stephen P. Robbins, *Organizational Behavior*, Upper Saddle River, New Jersey: Prentice-Hall, Inc., 2001, p.6。

後，都可能隱含著某種（些）動機或原因，唯有了解人們行為的原因，才能理解人們將採取什麼行為，也才能進一步引導人們的行為。

在一組織裡，管理者的主要任務，就是領導部屬共同為組織的目標戮力以赴。為此，他必須正確地引導部屬從事適當的活動（即行為）；而為了引導部屬的行為，就必須能正確地預測出部屬在某種情況下可能做出的行為；而為了正確地預測部屬的行為，就必須了解部屬做出某一行為的原因。因此，身為管理人員，不能不了解部屬的行為。

反過來說，我們作為各種組織的一份子，也有必要去了解同事（同僚）的行為，才能夠和同事們和諧地相處，彼此合作無間，使我們在組織內部的**工作生活**（work life）顯得充實而愉快。尤有甚者，我們也應該設法了解其他團體的行為，如此一來，本單位才能和其他單位密切地配合。最後一點，同時也是相當重要的一點，我們如能了解上司的行為，則將更能夠和上司配合，共同完成任務，也為自己的前途開闢出一條坦途。試看下面所舉的實例：

> 　　下班以後，王中治在公司附近的公車站牌等車，他的思緒卻縈繞著下班前的事，當他向生產主任林世光報告無法如期趕出某一筆外銷訂單時，林主任居然暴跳如雷，指著他的鼻子罵道：「你這個領班簡直是在拆我的台。」王中治雖然試著向生產主任解釋，但是這一來卻令生產主任更生氣。他想：「林主任今天的舉動似乎很奇怪，往常他都會來找我聊天、開開玩笑，今天全變了另一幅模樣。其他同事也是一樣，大家都不再聊天，連笑容也消失了。是不是如期交貨的壓力很大？還是主任覺得我們的努力不夠？不過，再這樣子下去，這種工作氣氛實在不對勁。工作又很單調，總不能一輩子在無聊與捱罵中度過吧！找個機會，我還

是到別家公司去另謀發展吧！」

在同一段時期，林世光正開著他的裕隆速利堵塞在南京東路上，進退兩難。他嘀咕著：「真倒楣，今天什麼事都不順遂。最重要的一筆訂單竟然無法如期交貨。老闆一再強調，把這張單子處理好，以後的訂單就會源源而來，公司再也不用怕沒生意了。可是，底下那些傢伙真不合作，他們居然不能體會到事態的嚴重性，還想跟我開玩笑，簡直是豬。同時，我今年的考績不曉得會不會因此而完蛋？搞不好連往後的升遷機會也將大打折扣。王中治居然還想替他那一組的人員找藉口！他懂什麼？以後應該把他們逼緊一點，不能再像往日一樣和他們嘻嘻哈哈了。」(本例改寫自 Charles R. Milton, *Human Behavior in Organizations* (Englewood Cliffs, New Jersey: Prentice-Hall Inc., 1981), pp.2~3。)

在上述實例中，生產主任與員工對於整個事情都感到很困惑。事實上，林主任應該設法了解操作員們到底在想什麼，他們是否對工作感到厭煩？或是正在消極怠工？或是根本不關心公司的生產？唯有了解員工的心意，才能預知他們可能採取什麼行為，例如在增加壓力時，他們會有什麼反應。一旦能夠做到這一點，管理工作將變得很容易。俗語說：「帶兵要帶心。」林主任若能了解操作員的心，然後發展出一套「帶心」的計畫，將能使員工更努力地達成生產目標。

同樣地，王中治這一位操作員也應該去了解整個事件。他也應該知道，他輕率的行為對同事或上司有什麼影響。同時，他若想在公司出頭、有升遷的機會，則目前的表現是否恰當？還有一點，如果他想改變組織內別人（同事、上司）的態度，他必須先了解個人在組織內部的行為。

　　總而言之，想當一個成功的管理者，或僅是想當一個快樂的員工，都可以從組織行為的理論與原則中，得到莫大的啟示。

　　這些啟示可分成三方面來說：

　　1.了解（understand）行為。熟讀 OB 的第一個好處，可以滿足你的好奇心。或許你並不想應用 OB 的知識，但至少你將更了解你周遭的人為什麼會有某一舉動，諸如：同事為什麼更賣力？教授為什麼沒有精神？主管為什麼整天繃著臉？乃至於媽媽為什麼茶飯不思……。

　　2.預測（predict）行為。在組織內有任何事情發生時，你可以進一步正確地運用 OB 的知識，預測周遭的人們將有什麼反應。例如你的生產速度達到第一時，上司將有什麼反應？同事甲和同事乙又將有什麼不同的反應？又如，你成績退步時，爸爸將會採取請家教、不准你打球跳舞，或痛斥你一頓之後不了了之？媽媽是否不再煮點心，或仍然漠不關心、或每晚陪你做功課？

　　3.影響（influence）行為。運用 OB 的知識，你可以影響你的部屬、同事、上司，使他們的行為朝著正確的方向。這是一個管理者必備的條件。唯有適當地應用這種「**人際能力**」（human skills, people skills），才能有效地動員組織內所有的人員，共赴事功。

第 2 節　組織行為的研究範圍

　　組織行為學研究的內容，基本上可以分成三個行為層次加以說明。

一　個體層次

　　個體層次的行為（或個人行為）是最基本的行為。一個人的行為，大多是受其本身的**知覺**（perceptions）、**態度**（attitudes）、**價值觀**

（values）、**動機**（motivations）等特性的影響。一個人的行為則進一步影響到他的績效和滿足程度。

簡單地說，個人行為有其因，也有其果，這些因果乃是我們研究個人行為的主題。圖 2－1 就在顯示這種因果關係。

二　團體層次

第二個層次的行為，是個人在團體內所表現的行為。一個人在他的工作團體內，必須和團體內其他成員交往，於是乎產生了團體行為。

團體行為一方面受到個人特質的影響，一方面受到團體特性的影響。就前者來說，個人的**需求**（needs）、**自我觀念**（self-concept）等等，會影響他在團體內表現出哪些行為。就後者來說，由於團體之存在，背後隱含著某些功能，因此會要求團體內的成員表現某些行為；同時，團體所面臨的經濟社會狀況、所使用的工作技術、所採取的管理措施，也會使團體內的成員作出一些反應（行為）。二者交互作用

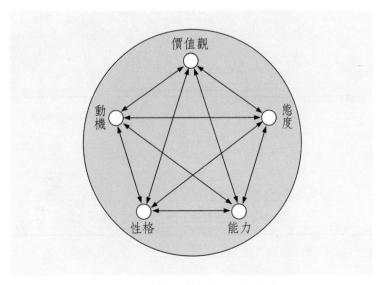

圖 2－1　封閉系統：與外界無往來

之下，一個團體就會呈現出特定的行為。這些團體行為又進一步影響到團體的生產力、成員的滿足感和自我發展等等。圖2-2乃在呈現團體層次的行為因果。

三 組織層次

組織層次的行為是第三（同時也是最後一個）層次的行為。由於每一個組織都具有某種目的，並且採取某種領導、溝通、控制方式等，因此塑造出該組織的特殊行為方式。

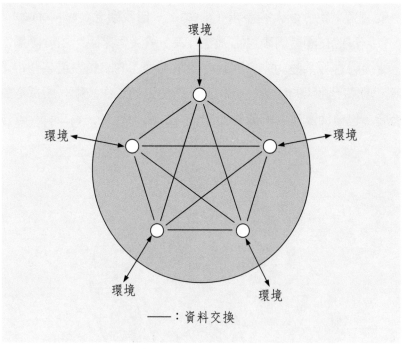

———：資料交換

圖2-2 開放系統：與外界環境互動

第 3 節　三大基本概念

根據前面所描述的組織行為模式，我們可以發現，這一個領域相當複雜。為了對這一個領域有深入的了解，我們在學習過程中，必須把握住三個基本的觀念：此即系統、行為和權變觀念。底下逐項說明之。

一　系統觀念

「**系統**」（system）這一個名詞並不新鮮，它是大家都耳熟能詳的一個字眼。從人體內部的神經系統、消化系統，一直到太陽系（統）、銀河系（統）等，都是某一種系統。這些系統都具有兩個共同的特徵：

1. 系統是由許多分子所組成；這些分子又稱為**子系統**（subsystem）。

2. 各分子彼此之間**相互關聯**（inter-related）。

因此，我們可以將系統定義為「一群彼此相互關聯的分子之集合」。系統基本上可分為兩類：開放系統與封閉系統。

所謂**封閉系統**（closed system），是指和外界環境不相往來——不相互作用、不相互交換能量的系統。例如我們可以把一個正在左右擺動的鐘擺當作一封閉系統，鐘擺可以持續地擺動很久，也許是一小時、一天，甚至是一年，但是它最後一定會停擺。

封閉系統到最後大多會「停擺」，也就是無法繼續運作。因此，大多數具有生機的系統，都不是封閉系統，而是開放系統。

所謂**開放系統**（open system），乃是從外界環境獲取一些物質，經過系統內分子相互作用後，最後又將某些物質釋放到外界環境的一

種系統。從外界獲得的物質，就此一系統而言，乃是**投入**（inputs）；系統內分子間相互作用，目的是將投入加以**轉換**（transformation），而釋放到外界的物質，則是此系統的**產出**（outputs）。因此，我們可用圖 2-3 來表示其間的關係。

　　任何組織都是一個系統，而且是一開放系統。如圖 2-4 所示，組織從外界取得各項資源。例如人力資源、財務資源（金錢）、能源、資訊情報，以及各項有形資源（設備、原料）等，然後利用組織內的子系統，將這些資源加以結合、轉換，最後形成產品、服務等產出。這些產出大部分回饋給環境，以交換更多的資源投入；剩下一小部分可能回饋到組織內部，作為組織運作的資源。

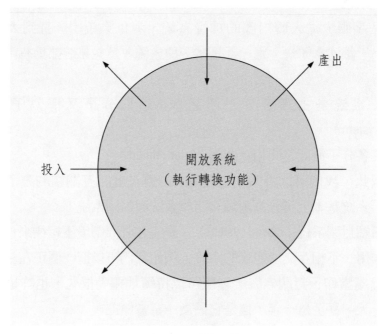

圖 2-3　開放系統

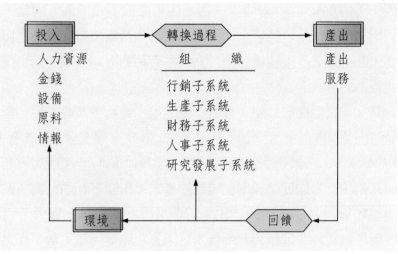

圖 2-4　組織系統

　　總之，系統觀念使我們了解到，組織在運作時，必須考慮它內部各子系統的相互作用，同時也要考慮外在環境對組織的影響。這種整體的開放系統概念，在我們觀察組織行為時，更是不可或缺的心態。我們在前面所述的組織行為模式，正是隱含著這樣的觀念。

二　行為概念

　　研究行為的學門很多，例如心理學研究個體的行為、社會學研究群體內部的規範與地位、社會心理學研究群體的態度與凝聚力、人類學研究不同人種的價值觀及領導方式等。這些行為科學和組織行為一樣，都有一個很重要的觀念，就是「行為是**被引發的**（caused），是**對當時情境的反應**（a response to the situation）」。

　　如果我們不秉持著這個觀念，而持相反的看法，即行為是**隨機的**（random），某一行為的出現，是沒有原因可循的，則我們將沒有必要去研究行為。正因行為是一種對情境的反應，所以行為一定有其

「因」（causes, antecedents），而且因可能還不只一個。因此，只要我們能夠掌握了某一情境，即可推測有哪些行為將會出現，進而預作因應，甚至設法改變情境，使行為朝向有利的方向表現。這也是我們研究行為的目的。

其次，我們應該知道，行為發生之後，會產生某些作用。對於組織而言，我們可將組織行為分成二類，一類是對組織**有利的**（functional），一類是對組織**不利的**（dysfunctional）。2 所謂有利的行為，意指該行為能促進或增加組織的產出；所謂不利的行為，則指該行為將妨礙或減少組織的產出。舉例來說，員工工作賣力、肯花腦筋，對組織而言，就是有利的行為，因為它能促進產出量；反之，員工經常缺勤、遲到，對組織而言，就是不利的行為，因為它會使公司作業受到干擾，以致產出減少。

不過，有時候，某些個體的行為可能同時兼具有利與不利兩種特性；例如對組織內的甲子系統是有利的，對乙子系統卻是不利的。此時，我們必須站在組織的觀點，看此一行為對組織的整體影響如何，才能據以判斷該行為究屬有利抑或不利。

總之，行為是會產生效果或**後果**（consequences）的。這些後果當中，有些是組織所歡迎的（有利的），有些是組織所不歡迎的（不利的），我們研究組織行為，正是希望使有利的行為經常出現，而不利的行為盡量避免出現。

三　權變觀念

現代學者們大多同意，在研究組織行為時，最好是秉持著「**權變**

---

2 參閱 John A. Seiler, *Systems Analysis in Organizational Behavior* (Homewood, Ⅲ.: Richard D. Irwin, 1967), pp.18~20。

觀念」（contingency approach）。

所謂權變觀念，意指沒有一種辦法（管理作法）是可以解決所有問題或適用於所有情境的。管理者必須分析一特殊情境內的各項內外在因素，然後發展出一種最適切的解決辦法。

這種觀念的發展歷史很短。在二十一世紀初期，所謂的**科學管理學派**（scientific management approach）興起，一般人以為，只要以理性的方式去解決問題，則無往而不利；到了1930年代末期，**人群關係學派**（human relations approach）起而代之，強調人際面而忽略理性面或人機之互動。這兩種學派都認為，天底下存在一種「放諸四海皆準」的管理原則。事實上，這是不正確的。權變觀念則指出，欲解決管理問題，首先要分析情境，找出關鍵性因素，然後才能對症下藥，利用既有的理論和原理原則，來解決問題。

權變觀念說起來簡單，做起來則相當困難。困難點在於行為的因（情境）相當複雜，彼此交互影響、交互作用；而且，在情境中還有許多不相干的事物，如何將行為真正的因找出，而將不相干的事物拋在一旁，實有賴吾人對各項組織行為理論有深入的了解。唯有如此，管理者才能發展出適當的辦法，來解決組織設計、激勵、績效評估、訓練等組織上的問題。

第4節　ABC分析模式

在希臘神話中，萬能的天帝宙斯已表示，人必須為自己的行為和後果負責，不能再事事歸諸於神祇了。的確，人必須為自己的行為和後果負責，為此，他必須控制自己的行為，而為了自制，他必須了解行為的起因。同樣地，在組織裡面，管理者必須為所有的組織行為負責，為此，他也必須分析行為的起因，俾從消極的因應行為，轉為積極的誘導行為。

　　底下介紹一種研究組織行為及其因果的基本模式。這個模式可用圖 2-5 表示。模式中，A 代表行為的前因或原因（antecedents），B 代表行為（behavior）本身，C 代表行為的後果或結果（consequences）。

　　從組織的立場而言，組織行為學所研究的行為，乃是與組織的功能有關係的。換言之，在組織以外的行為，若對組織有影響，則亦為研究的對象；例如員工下班後在餐廳喝酒時，對公司或老闆的批評，也是組織行為的一部分；反之，如果員工在組織內休息時間打乒乓球，則不在研究範圍之內。

　　其次討論行為的原因。行為的原因主要是行為者（或團體）本身的特質和外界環境的特質二者。例如員工經常遲到，我們就必須分析遲到的原因，它可能是員工不重視時間，也可能是員工家庭中發生變故，或是他故意和領班作對、公司不重視遲到與否……等等，不一而足。我們必須找出真正的原因，而不可以遽下斷言說員工搗亂。

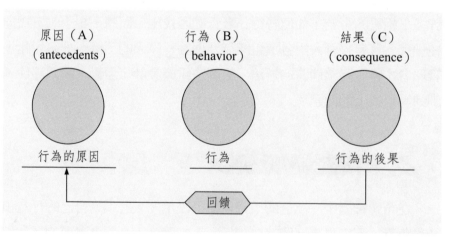

圖 2-5　ABC 分析模式

最後討論行為的結果。此處，我們不僅要分析此一行為對組織的影響，而且也要分析組織對此一行為的反應。後者可以幫助我們了解行為，因為人的行為常常是根據它所產生的結果而表現的。

由於本書在許多地方都應用了這種「ABC分析模式」，底下特再舉一完整的實例說明之。

〔實例〕

台南某食品公司業務員，經常不遵守公司規定「於週末填寫業務報表」。業務報表的內容包括：拜訪客戶的家數及情形，客戶的反應、訂貨量等，因此是極為重要的情報。業務部經理認為這是業務員「訓練不夠」，故要求企劃經理安排訓練計畫，好讓業務員知道填寫業務報表的重要性。

企劃經理因為曾在大學裡修過組織行為，所以他不去擬定訓練計畫，而是先進行「ABC」分析；分析結果如下：

1. A（原因）分析

‧業務員知不知道公司有這一項要求？

答案是：有些新進的業務員不知公司有此規定，所以應告訴他們。

‧業務員知不知道這項要求很重要？

答案是：有些業務員認為，其職責就是銷售，填報表是公司內部職員的事。所以，對這些業務員來說，公司應重新講解其重要性，諸如可作為市場預測基礎、加速電腦分析經營成果等。

‧業務員有無能力填寫業務報表？

答案是：大部分均有能力填寫，但少部分人不會填寫。所以應教這些人如何填寫。

‧哪些因素使有能力填寫的人不能及時填出報表？

答案是：業務責任區較遠（如花蓮）的業務員，抵達公司時已是十一點，在短短一小時之內，無法填完報表。因此，公司決定要求這

些業務員每日填寫報表，不得拖到週末回公司時才填寫。

2. B（行為）分析

行為本身：業務員經常不填報表。

3. C（結果）分析

‧行為的後果：使公司無法進行市場預測、電腦作業以及控制業務員。

‧公司的反應：

公司是否對填寫報表有所獎勵，或對不填報表有所懲罰？

答案是：填寫報表大約要花上兩個小時，但公司對業務員的獎勵，完全看營業額，對於拜訪客戶數及有無填寫報表，均未訂出獎懲標準。因此，業務員為了爭取業績，寧可將此兩個小時花在客戶身上，也不願花在填寫報表上。

經過上述分析，企劃經理決定了下列事項：

1. 修改報表格式，使其能在一小時左右填完。

2. 修改公司獎勵制度，使之包括訪問客戶及新客戶數。

3. 等上述兩項完成後，再開會解說填表對公司的重要性，並要求業務員於每天工作後即填寫，公司業務經理隨時派員抽查。

第5節　組織行為的評估指標

個體的行為及結果（C），是管理者所最關切的。管理者必須根據個體行為及其結果，適度調整組織的作為（包括一切組織與管理的相關規定、策略等）。因此，有必要對於行為的結果先作深入的探討。

一般而言，組織所採用的評估指標有五項：

1. 生產力（productivity）。

2. 曠職率（absenteeism）。

3. 離職率（turnover）。

4. 工作滿足（job satisfaction）。

5. 組織公民行為（organizational citizenship behavior）。

一　生產力

生產力其實就是每一個系統（組織、團隊、個人）績效的通稱。生產力高的系統，代表著此一系統兼具「**效能**」（effectiveness）與**效率**（efficiency）。前者代表做**正確的事**（do the right things），後者代表**正確地做事**（do the things right）。

過去企業界忽視生產力，原因在於企業賺錢並不一定依靠生產力。但是，今天激烈的競爭使得商品單價下降，企業界不得不要求降低成本，以求突破競爭、財務等等困境，於是大多數企業又回過頭來注意生產力！

生產力乃是系統化的產出與投入之間的比率。就企業內部而言，我們可以找出行銷、生產、研究發展、人事等各部門的生產力；就資源使用而言，我們可找出勞動、資本、設備、原料之生產力等。在這麼多指標中做權衡是很重要的。因此，我們提出總和生產力及系統生產力之觀念，主要是如何將所有資源總和，當作此一企業所耗用的投入資源，而與此一企業所創造出之產出（產品或服務數量）加以比較，這種比較稱為生產力指標。

下面二點是對生產力指標的一些說明：

1. 生產力指標並非個體，而是一個族群。企業界常會產生的困擾是，重視某些生產力指標，而忽略了其他因素。例如早期企業只重視勞動生產力指標，而常忽略其與設備更新的關聯，因而對企業經營的方向誤導，所以，若採用整體生產力指標來衡量，就可彌補此一缺點。在組織行為領域，個人（員工）生產力和組織生產力、團隊生產力都是焦點。

2.生產力指標畢竟只是一個數字，所以，在訂立生產力指標之前，應該先了解企業追求的目標在哪裡？除了與自己過去的績效或理想中的表現來做比較之外，還可與其他產業之平均數或產業中表現較優者比較，後者就是現代流行的「建立標竿」（benchmarking）作法。

接下來，便是生產力衡量的問題。沒有衡量就沒有改進，也無法評估努力的成果。

一般而言，企業生產力提高是緩慢、漸進的。因此，衡量生產力必須要有一個精確的指標。

美國生產力中心早已訂有如何使企業採用生產力制度的方向，從培養生產力意識著手，並將評量結果提供給企業界作為借鏡或參考，使其了解各種效果、作為企業獲利及應用資源的（如員工）參考。生產力指標的另一重要性在於，它可以作為企業編列預算時的重要工具，而且是極為實際的依據。而在組織行為領域，員工生產力的高低，是主管最關切的行為結果之一。[3]

二 曠職率

組織成員因為某種原因（生病、事故）而曠職（未上班）時，組織勢必蒙受到工作不順的損失。有時，重大決策可能因主管人員曠職缺勤而未能及時做出，對組織將產生難以估計的衝擊和影響。

當然，並不是所有的曠職都是對組織有害的，因此，當員工因生病、疲勞、壓力（如家庭變故）而請假（缺勤）時，反而是一種必要的曠職行為。不過，如果是因為發生工作意外或工作動機低落而造成較高的曠職率，那就是組織的一大病徵了。

---

[3] 參閱余朝權，《創造生產力優勢》，台北：五南圖書公司，2002 年。

三　離職率

組織成員可能因個人因素而自願離職，也可能因績效不佳而被迫離職，無論是何種性質的離職。組織的離職率較高時，組織就必須花費更多的成本於人員的招募、甄選及訓練上。

所有的組織都會有某種程度的離職率，也就是一定期間（如一年）內離職人數與組織成員總數之比率，如退休、健康不佳等都是離職原因。但是，正如曠職率一樣，適度的離職率可促進組織的新陳代謝，而過高的離職率將使組織無法順利遂行其任務。

四　工作滿足

工作滿足意指組織成員對其從工作上所獲得的整體報酬之看法。因此，工作滿足基本上是一種員工對工作的態度。

現代的研究仍然無法證明，工作滿足感較高的員工會有較高的生產力。但是，由於員工是組織最重要的資產，在知識經濟時代尤其如此，因此，提高員工的工作滿足本身已成為組織的目標之一，而不再只是視工作滿足為提高生產力的工具。

工作滿足的測量可以是整體式的，也就是直接詢問員工：「你對你的工作感到多滿意？」不過，現代學者對工作滿足的衡量，多半是採彙總式的，也就是將工作的性質區分為數個角度：如工作本身、上司、薪酬、晉升機會、同事關係、工作環境等。

整體而言，一個不滿足的員工，會表現出各種行為來反應他的態度。這些行為可從建設性／破壞性，及主動／被動而分為四類，如圖

2-6所示：[4]

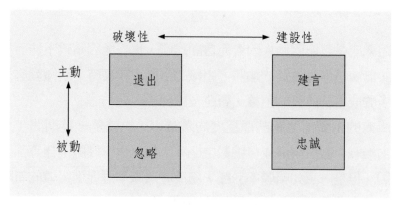

圖2-6　工作不滿足的反應

　　1. 退出（exit）：指離開目前的職務，調到另一項職務，或是逕自辭職離去。

　　2. 建言（voice）：指積極地提出建議，以改善現狀。

　　3. 忠誠（loyalty）：指被動消極地接受現況，對組織表現忠誠，並期望未來情況會好轉。在面臨外界責難時，還會挺身而出，為組織辯護。

　　4. 忽略（neglect）：指消極地坐視情況惡化，工作不再努力、經常遲到或曠職、做錯事的比率升高等。

　　滿足的員工不一定有較高的生產力；但反過來說，績效較高的組織或團隊，其成員的工作滿足感則較高。因此，設法先提高組織的生產力（績效），而不是先取悅員工，或許是現代管理者應先考慮的事

4 W. H. Turnley and D. C. Feldman,"The Impact of Psychological Contract Violations on Exit, Voice, Loyalty, and Neglect, "*Human Relations*, July 1999, pp.895~922。

項。工作滿足與員工各種變項間的關係,彙總如表 2-1 所示。[5]

五 組織公民行為

組織成員在組織正式的要求之外,所表現出有益於組織的行為,稱為「**組織公民行為**」（Organizational Citizenship Behavior, 簡稱 OCB）。這些行為包括公開支持本組織、愛惜公物、提出建言、訓練新人、準時上班開會、關心其他人（部門）的工作等。

國內學者林淑姬等人（1994）曾依據國外文獻及本國情況編製出「組織公民行為量表」,分為認同組織、協助同事、不生事爭利、公

表 2-1　工作滿足與員工其他變項之相關

其他變項	關係方向	關係強度
動機	正相關	中等
工作投入	正相關	中等
組織承諾	正相關	中等
組織公民行為	正相關	中等
工作績效	正相關	低度
人生滿足	正相關	中等
心理健康	正相關	中等
曠職率	負相關	低度
離職率	負相關	低度
心臟疾病	負相關	中度
知覺壓力	負相關	高度

---

5 修正自 Robert Kreitner and A. Kinicki, *Organizational Behavior*, New York: McGraw-Hill, 2001, pp.226~229。

私分明、敬業守法及自我充實等六個構面。6 晚進學者利用此一量表所作的研究顯示量表並不是非常穩定,有些研究僅粹取出四個因素構面。

　　組織公民行為與工作滿足有顯著的中度正相關。7 此外,正如組織公民行為的定義所暗示的,組織內的公民行為越多,組織的績效也相對較高。8 而員工的組織公民行為越多,所得到的考績也較佳。9

6　林淑姬、樊景立、吳靜吉、司徒達賢,〈薪酬公平、程序公正與組織承諾、組織公民行為關係之研究〉,《管理評論》,13 卷 2 期,1994 年,頁 87～107。

7　D. W. Organ and K. Rgan,"A Meta-Analytic Review of Attitudinal and Predispositional Predictors of Organizational Citizenship Behavior," *Personnel Psychology*, Winter 1995, pp.775~802。

8　P. M. Podsakof, M. Ahearne, and S. B. Mackenzie, "Organizational Citizenship Behavior and the Quantity and Quality of Work Group Performance", *Journal of Applied Psychology*, April 1997, pp.262~270。

9　T. D. Allen and M. C. Rush, " The Effects of Organizational Citizenship Behavior on Performance Judgement: A Field Study and a Laboratory Experiment,"*Journal of Applied Psychology*, April 1998, pp.247~60。

第二篇

組織中的個體行為

Organizational Behavior

第三章　個體差異

第1節　個體差異

　　每一個人在任何時刻都各自擁有不同的背景因素和獨特的特性，因而在組織內也會有不一樣的行為表現及績效。其中，背景因素包括年齡、性別、婚姻狀況、工作經驗及現職年資等。而獨特的特性則包括能力、性格（人格）、知覺態度、價值觀、動機、學習等。

　　因此，設法了解組織成員的**個體**（individual）**差異**（individual difference），就可以較容易了解個體在組織內的行為及其績效，進而採取適當措施來增進個體的學習或改善他的感受（如工作滿足感、組織承諾）。這一個個體層次的行為因果模式，可以用圖 3-1 來表示。

　　站在組織的立場，成員的生產力高低是組織最關切的，在全球化競爭的時代，任何組織都應以提高生產力為謀求生存與發展的基本前提。其次，從組織倫理的角度而言，提高員工的組織承諾與工作滿足感，也是組織份內的責任，其中，組織承諾較高的成員，也會有較低的缺勤率與離職率，因而也有助於提高組織的生產力。

　　底下就以這些指標為基礎，探討個體的行為如何受其背景因素和獨特性的影響。

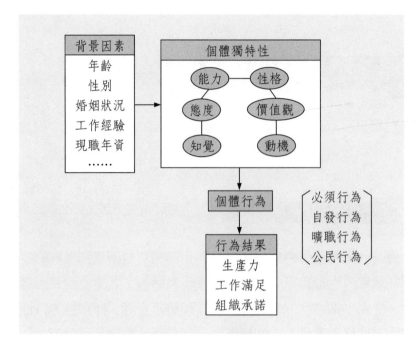

圖 3-1　個體行為模式

第2節　背景因素

在大多數組織內，都會保有成員（員工）的人事資料或人事檔案，而謀職者也會提供相關資料（稱為履歷），這些因素和工作績效有何相關呢？

一　年齡

年齡與工作績效的相關性，一向為人所注意。雖然勞動基準法中規定雇主不得對謀職者有年齡、性別或婚姻狀況的歧視行為，但只要看雇主所提的徵才條件，就可以看出年齡的重要性。在 2008 年底全球

發生金融海嘯後，幾乎沒有雇主願意僱用四十五歲以上的勞工。

事實上，從能力的角度來看，能力可分為體能與智能兩大項。體能大約在二十五歲左右就達到高峰，其後只能維持或下降，因此雇主才會想僱用「年輕力壯」的員工。而在智力方面，大約也是在二十幾歲就已確定，以後很難再增加。因此，僱用年紀大的員工，考慮的將是工作經驗豐富、判斷力強、心理成熟，可應付緊急狀況等。

不過，由於年齡越大者，越難適應變動劇烈的職場環境，學習新技術的能力也較差，因此年齡越大者，越不會主動離職。若把工作分為專業工作與非專業工作，則專業工作者的工作滿足感也會隨年齡增大而增加，但非專業員工的工作滿足感在中年時會下降，到老年時又逐漸回升。[1]

二　性別與婚姻

「男女有別」，這句話常被引申至男性比較積極，而女性則比較細心而且服從權威等，事實上，其間的差異並不大。勉強地說，大致上男性的體能比女性好，因此某些需要大量勞力的工作，大多由男性負責。不過，在某些種族（如海南島的擺夷族），農事勞作都是由婦女擔任，可見在一般工作職場中，性別與生產力是無關的。

婚姻狀況與生產力也是無關的，因此，刻意以已婚與否作為甄選限制條件的，大多已被公開取消，如空服員、售貨員等。

---

[1] Stephen P. Robbins, *Organizational Behavior*, Upper Saddle River, New Jersey: Prentice-Hall, 2001, p.35。

三　年資

　　一般而言，人對工作的熟練度，會因現職年資而增加，因此生產力也相對較高。而工作經驗越豐富，判斷力也越準確，決策的品質也較高。不過，隨著年資增加，年齡也會增大，在體能上將下降，因此，白領階級的生產力大致會隨年資而增加，但需要大量體力的藍領階級，可能就必須將年齡與年資同時考慮，才能確定生產力是否隨年資而增加。

　　至於在工作滿足感方面，年資越長者，工作滿足感越高，二者可能是互為因果，亦即滿足感越高，越不會離職，而年資越長的員工，越可能在工作上找到樂趣，與同事相知相熟因而有較高的工作滿足感。

第3節　能力

　　每個人的能力都有不同。**能力**（ability）是指個人執行職務內各種任務的**產能**（capacity）。可分成體能與智能兩類。

　　體能（physical abilities）是指一個人在肢體上的基本能力，可分為下列九種：

　　　1. 動態強度：指連續或重複使用肌肉力量的能力。

　　　2. 軀體強度：指由軀體（特別是腹部）肌肉發出力量的能力。

　　　3. 靜態強度：指使力對抗外物的能力。

　　　4. 爆發強度：指單一或連續爆發動作中施展最大能量的能力。

　　　5. 伸展彈性：指移動軀體與背肌到極限的能力。

　　　6. 動態彈性：指迅速而重複地扭動的能力。

7.身體協調性：指協調身體各部位同時動作的能力。

8.平衡性：指在外力存在下維持平衡的能力。

9.精力（stamina）：指長期持續付出最大努力的能力。

很明顯地，不同的職務或工作上，要求工作者的能力也不盡相同，組織在人事選用上，當然要因事求人，找到體能上能配合的員工。

接著探討智能。

智能（intellectual abilities）是指個人從事心智活動的能力。測試一個人的智能高低的工具，就是一般所熟知的智力商數或智商（IQ）測驗，以及美國研究所入學測驗（如商學院的 GMAT、法學院的 LSAT 等）。

一般相信，智能與遺傳有相當高的關係，也就是俗稱的「龍生龍、鳳生鳳」。但是，智能也會受到母親在懷孕時是否濫用藥物或酗酒的影響。此外，近幾十年來已開發國家的平均智力穩定而顯著地上升，顯然與營養較佳、學校改善及社會科技越趨複雜有關。因此，智力也受環境的影響。2 如果說，現代人比他們的祖先（包括父母）聰明，那是自然的（難怪許多父母在體會到子女比自己聰明時，會期望子女能「光宗耀祖」）。而許多人認為他們比老師聰明，也是很有可能的。「有狀元學生，而沒有狀元師父」的說法，則涉及其他比較對象，在邏輯上僅有部分正確性。

心理學家曾列出一百二十種智能，其中，能有效預測工作績效的包括語文理解、數學運算、空間概念、歸納推理和知覺速度等，其意義如下所示：3

2 Robert Kreitner and Angelo Kinichi, *Organizational Behavior*, 5th ed., New York: McGraw-Hill, 2001, pp.156~157。

3 同上註及註 1，p.37。由於新的實證結果不斷出現，各家說法難免稍有不同。

1. **語文理解力**（verbal comprehension）：指理解所讀文字及所聽語言的能力。

2. **數學運算力**（numerical）：指迅速而正確地做加減乘除等數學運算的能力。

3. **空間概念**（spatial visualization）：指能知覺物體的空間型態及其轉換形狀或位置時的幾何形狀。

4. **歸納推理**（inductive reasoning）：指從特殊事件歸納出一般性結論的歸納能力。

5. **知覺速度**（perceptual speed）：指正確而迅速地察覺圖像、確認異同的能力。

此外，常被提及的能力，還包括記憶力（memory）、**演繹推理**（deductive reasoning）和**文學流暢度**（word fluency）等。不過，在實證上尚難確認其與工作績效的關係，僅能說，許多名人在這幾方面都有高人一等的能力。

第4節 性格

性格（personality），在心理學上通稱「人格」，是指一個人在對己、對事物和對環境所持有之長期而穩定的生理和心智的特性。學者們曾羅列出這些通稱性格的**個人特質**（personal traits）大約有一萬多種；換言之，性格或人格就是這些個人特質的總稱。性格雖然是穩定的，但是和能力一樣，也是受到遺傳、環境、成熟、學習的各種因素的交互影響。

個人特質種類繁多，從生理的特質（容貌、胖瘦）到心理的特質（興趣、思維、觀念）不一而足。本節將先就性格的構面，再就與組織行為較有關的性格類型作說明。

一 五大性格構面

近年來，學者們嘗試將人的性格歸納出基本的構面，其中，**五大性格構面**（the Five-Factor Model，the Big Five，the Big Five Personality Dimension）最受肯定。[4]

性格的五種因素或構面如下：

（一）外向程度（extraversion）

指個人在人際關係上的舒適程度。

外向者通常比較多話、善於交際及肯定自我，而內向者則比較保守、沉默、害羞。

（二）合群（agreeableness）

指個人順從他人的傾向。合群度高的人比較合作、親切和相信他人，而合群程度低的人比較沉默、不好相處、與人意見不合。

（三）道德感（conscientiousness）

指一個人在做事上可靠的程度。有高度道德（良知）感的人，任事負責可靠、有組織和成就取向，而道德感較低的人，做事容易退縮不負責、不牢靠而且漫無秩序。

（四）情緒穩定性（emotional stability）

指一個人忍受壓力的程度。情緒穩定性高的人，比較冷靜、放

---

4 J. M. Digman, "Personality Structure: Emergence of the Five-Factor Model, " *Annual Review of Psychology*, vol.41, 1990, pp.417~440，相關的研究在應用心理學學報上甚多。

鬆、自信而不煩惱；反之，情緒穩定性低的人，則比較緊張、焦慮、頹喪和不安。

（五）勇於體驗（openness to experience）

指一個人對新奇事物感興趣與著迷的程度。勇於體驗的人，也就是**心胸開闊的人**（open peop-le），比較好奇、有想像力、有創意、有智力、有藝術敏感度；相反地，不勇於體驗的人則傾向於保守，只對熟悉的事物感到舒通（安於現狀）。

上述五個性格構面中，道德感與工作績效有密切的關係，任事負責可靠、有組織、有秩序而且勤勉的人，在大多數行業中都有相對傑出的表現。5 此外，道德感也與個人在**組織內的公民行為**（organizational citizenship behavior, OCB）有正向的關係。6 其他性格與工作績效較無顯著關係，有些則與職業性質相連才與績效有關，例如主管人員與事務人員都是外向者有較高的工作績效。

二 內外控

人們對於自己的行為及其後果有多少控制力或影響力？這就是**內外控**（locus of control）。性格學家羅特（Julia Rotter）提出此一性格特質，指出有**內控**（internal locus of control）傾向的人，認為自己可以控制個人的行為及其後果；反之，有**外控**（external locus of control）傾向的人，則認為個人的行為及其結果是由環境所支配的，個人對此沒有控

---

5 M. K. Mount, M. R. Barrick and J. P. Strauss, "Validity of Observer Ratings of the Big Five Personaity Factors, " *Journal of Applied Psychology*, April 1994, p.272。

6 D. W Organ, "Personality and Organizational Citizenship Behavior," *Journal of Management, Summer* 1994, pp.456~478。

制力。7

換句話說，內控傾向（取向）的人，相信他們可以掌握自己的命運，因此，成功是來自個人的努力與能力，而失敗則是因為能力不足或努力不夠；反之，有外控傾向（取向）的人，則認為環境影響一切，「造化弄人」，命運是上天的安排（上帝的旨意），所以，成功來自上天的恩賜，失敗則是自己的宿命（上帝的考驗）。

實證結果顯示，內控者的工作績效較佳、工作滿足感較高、缺勤率則較低、薪資較高和比較不焦慮；而外控者則反之。因此，就管理上的涵義來說，主管人員應將須自動自發的任務交給內控者，而不宜太嚴密地監督，而且，也可以採獎金制方式來激勵內控者。而對外控者則須嚴密監督，或讓外控者能參與討論與一起辦事，同時，少用獎金制而採用固定薪資為宜。8

三 馬基維利主義

十六世紀的作家馬基維利（Niccolo Machiavellia）寫了一本《君主論》（*The Prince*），指導人們如何獲得並運作權力。9

心理學家根據該書中所描述的性格，也就是以操縱方式獲得權力和私利的傾向，稱之為「**馬基維利主義**」（或權謀主義）（Machiavellianism），而有高度馬基維利主義傾向的人，稱為**馬基維利者**（Machiavelliam）或逕稱為權謀（主義）者。測量馬基維利主義傾向的量表也

----

7 J. B. Rotter, "Generalized Expectencies for Internal versus External Control of Reinforcement, " *Psychological Monographs 80*, no. 609, 1996。新版參見 J. B. Rotter, "Internal versus External Control of Reinforcement: A Case History of a Variable, " *American Psychologist*, April 1990, pp.489~493。

8 同註 2，p.151。

9 Niccolo Machiavelli, *The Prince*, trans. George Bull Middlesex, UK, Penguin, 1961。

已發展出來,稱為**馬氏量表**(Mach scales)。*10*

權謀傾向高的人,遇事深思熟慮、邏輯清楚、為達目的不擇手段,必要時也會說謊,不受友誼拘束,不重言諾(說話不算話),不忠誠、不聽別人意見,善於影響他人。這種人在結構鬆散的環境(組織)下,會想要取得操控權,而權謀傾向低的人,則會接受別人的指揮。相對地,在高度結構化的環境下,權謀傾向高的人,可能僅是敷衍行事;而權謀傾向低的人,則會努力工作。

權謀傾向高的人,在下列兩種情境下,有較佳的表現:

1. 需要面對面互動而非間接互動的場合。

2. 情境中的規則或規定很少,能有自由發揮的空間。

四 A型—B型性格

學者根據一個人是否渴望成就、追求完美、富有競爭性,而區分為 A 型或 B 型性格。*11*

A 型性格的人自認有競爭力、做事迅速、約會準時、行色匆匆,而且經常發怒與充滿敵意。

B 型性格的人則比較放鬆,一次只做一件事,而且能表達其感受。

目前,測量一個人具有 A 型或 B 型性格的量表,只採用七個問句(構面)即可測出:

1. 約會準時的程度。

2. 自認有競爭力(性)的程度。

3. 感覺急迫的程度。

---

10 Richard Christie and F. L. Geis, *Studies in Machiavellianism*, New York: Academic Press, 1970。

11 M. Friedman and R. Roseman, *Type A Behavior and Your Heart*, New York: Knopf, 1974。

4.設法一次做多件事而且立即思考下次要做何事的程度。

5.做事（包括飲食、走路）迅速的程度。

6.隱藏（不表達）感受的程度。

7.工作以外興趣狹窄的程度。

五　自我概念

自我概念（self-concept）是指一個人對自己在生理上、精神上、社會上及道德上等所有層面的整體看法。[12] 簡單地說，就是自問：「我是個怎麼樣的一個人？」

在自我概念中，有三個主題值得組織行為學者特別注意：(1)自尊；(2)自信；(3)自省。

自尊（self-esteem）是指一個人經過整體自我評估後，認為自己多有價值的程度。[13] 有**高度自尊**（HSE）的人，比有低度自尊的人更能面對失敗的狀況，他們相信有能力達成較高的績效，而且從成就中獲得較大的內在滿足感。不過，有高度自尊的人也比較會吹噓、有攻擊性甚至是暴力傾向。因此，雖然我們能夠設法提高一個人的自尊，但也要將之導引到正途上。

在組織內的自尊，或簡稱**組織自尊**（organization-based self-esteem, OBSE）則是管理者比較注重的，意指個人在組織內知覺到自我作為組織成員的價值。[14]

[12] Victor Gecas, "The Self-Concept, "in Ralph H. Turner and James F. Short, Jr., eds. *Annual Review of Sociology*, Polo Alto; CA: Annual Review, 1982. vol.8, .p.3 。

[13] N. Branden, *Self-Esteem at Work*, San Francisco: Jossey-Bass, 1998。

[14] J. L. Pierce, D. G. Gardner, L. L. Cummings, and R. B. Dunham, "Organization-Based Self-Esteem: Construct, Measurement and Validity, " *Academy of Management Journal*, September 1984, pp.622~648。

組織自尊的測試是由十個問句所構成：

1. 說話有分量的程度。

2. 被看重的程度。

3. 自覺重要的程度。

4. 被信任的程度。

5. 人們對我有信心的程度。

6. 能夠改變現況的程度。

7. 有價值的程度。

8. 對組織有幫助的程度。

9. 有效率的程度。

10. 合作的程度。

至於培養員工的組織自尊，在實務上的做法包括：*15*

1. 管理者應表現關懷與支持，包括關切員工的私人問題、地位、興趣和貢獻。

2. 對員工的自我管理能力有信心。

3. 努力建立彼此的互信，增進凝聚力。

4. 安排工作的性質（自主性、變化性、挑戰性）時，要配合員工的能力、技術和價值觀。

5. 獎勵成功者。

自信（self-efficacy）意指一個人相信他有機會完成特定任務的程度。自信的人比較會注意到績效好壞，而自信心的來源，則是一個人透過經驗而逐漸學習到複雜的認知技術、社會技術、語言與生理技術後所產生的。因此，自信與個人的績效（成敗）是一種循環的互動過程，成功的事件可以增進個人的自信，並進而使人更積極努力，設法

---

15 P. Pascarella, "It All Begins With Self-Esteem, " *Management Review*, February 1999, pp.60~61。

克服困難、排除障礙，進而獲得下一次的成功。[16]

培養員工自信的方法，與培養員工自尊的方法類似，不過稍有一些差別，例如工作的性質應具複雜性而非變化性、目標困難度應配合員工的自信程度等。

自省（self-monitoring）意指一個人調整自我以因應環境（情勢）的程度。高度自省的人，常被稱為「變色龍」（chameleon），隨時準備因應外在環境而變換身段；而低度自省的人，則活在自己的世界而不在乎別人的眼光。實證顯示，還是「變色龍」較能適應環境，他們較有能力獲得良師（mentor），事業也較為成功。[17]

不過，「變色龍」也容易做得太過火而被人認為不真誠、不老實、不可信任，因為你不能取悅每一個人（You cannot be everything to everyone.）。[18]

第5節　態度

態度（attitude）意指一個人對人、事、物、情境的感受及評價。這些感受與評價會進一步影響一個人的行為。

態度的構成要素有：(1)信念；(2)情感；(3)意圖。

所謂「信念」（belief）要素，是指人對人物或事件的認知，它來

[16] A. Bandura, "Regulation at Cognitive Process Through Self-Efficacy," *Developmental Psychology*, September 1989, pp.729~735。

[17] D. B. Turban and T. W. Doaghertty, " Role of Protege Personality in Receipt of Mentoring and Careen Success, " *Academy of Management Journal*, June 1994, pp. 688~702。有關良師部分，請參閱余朝權，《生涯規劃》，台北：華泰圖書公司，1999 年。

[18] 同註 2，p.146。

自人所具有的知識、思想、觀念等背景。例如傳統產業的工人認為公司「沒有明天」、組織成員認為最高主管「只謀私利而不顧員工死活」。

所謂「情感」（affective）要素，是指人對人事物的情感上的反應，亦即喜惡、愛恨等。

所謂「意圖」（intention）是指一個人的行為傾向。有些學者將行為意圖與態度分開，認為態度影響行為意圖，例如一般的消費行為學者或廣告學者。

一般而言，一個人的態度是長期（數年）穩定的，不過也會因為知識的增加而有所改變。管理者所重視的，乃是員工對組織和工作的態度，因此，他們常會作員工的態度調查，包括工作滿足、工作投入、組織承諾、組織認同等。

一　工作滿足

工作滿足（job satisfaction）是指員工對其工作（職務）所抱持的整體態度。通常我們可以直接詢問一個人對他的工作有什麼看法，來判定其工作滿足感，但因圍繞在工作（職務）的旁邊尚有其他因素，如上司、同事、薪資等，因此目前衡量工作滿足大多分成五個構面：(1)工作特性；(2)上司；(3)同事；(4)薪資；(5)整體組織。以此分別探索員工的工作滿足。[19]

值得注意的是，工作滿足感高的員工，不一定有較高的生產力。因此，當我們將工作滿足當成組織所重視的指標時，我們是本著人本主義或人道主義的立場立論的。不過，由於工作滿足感高的員工，較

---

[19] P. E. Spector, *Job Satisfaction: Application, Assessment, Causes, and Concequences*, Thousand Oaks; CA: Sage, 1997。

不會輕易曠職或離職,因此,對於需要員工有嫻熟技術或經驗傳承的組織而言,未嘗不是好事。

二 工作投入

工作投入(job involvement)意指個人對工作在心理上的認同程度,以及工作績效對其自我價值的重要程度。高度工作投入的員工,認同其所做的工作,在乎其所做的工作,而且也有較低的曠職率和離職率。

三 組織承諾

組織承諾(organizational commitment)意指員工認同組織及組織目標,並且希望自己永遠是組織一員的程度。組織承諾與曠職率、離職率均呈現負相關,而且比工作滿足更能預測離職行為。

不過,現代社會中的組織,在面對動盪環境時,經常有組織重整、再造、改組、合併以及組織違法等情事,因此,許多專業人員,例如會計師、稽核人員等,可能對組織的承諾不若其**專業承諾**(professional commitment)或**職業承諾**(occupational commitment)了。[20]

四 組織認同

組織認同(organizational identification)意指一個人在心理上將自己與一特定組織劃上等號。高度組織認同的人,對組織更忠誠、更承

---

[20]參閱余朝權與黃玉美,〈專業人員之承諾與衝突之因徑分析──以內部稽核人員為例〉,《國立編譯館刊》,二十卷二十二期,1991,頁317~348。

諾，工作也更賣力。*21*

五　認知失調

認知失調（cognitive dissonance）意指一個人對外在事物的兩組認知（知覺）彼此不一致或相互矛盾，而在心理上產生衝突和焦慮狀態。同樣的，一個人的行為與其態度不一致時，也會產生認知失調現象。

為了消除失調所帶來的不舒服感，人們會設法改變其態度，或是改變其行為，或是有意地曲解其所處情境（合理化）。例如「暴飲暴食」的人會選擇節制飲食，或無所謂地大吃大喝後，另一方面卻告訴自己：「下週開始瘦身」。

同樣地，在組織中，許多員工因不滿意而想離職，但終究還是沒有離開而且還在努力工作，其所持的理由可能是：「這個組織也沒有那麼差」、「我目前沒有其他的選擇」、「天下烏鴉一般黑，所有的組織還不都是一樣的」、「我即將離開」。

最後，認知失調的事件如果不很重要，許多人會將之擱在一旁，不予理會。畢竟，天底下不能兩全的事物太多了。（你的老闆或國家領袖很有能力，卻又貪污時，你會怎麼辦？）

---

21 S. Albert, B. E. Ashforth, and J. E. Dutton, "Organizational Identity and Idenfification: Charting New Waters and Buiding New Bridges, " *Academy of Management Review*, January 2000, pp.13~17。

第 6 節　價值觀

價值觀（values，或價值）是一個人對行為或事物的最終狀態所抱持的一種觀念或信念。人們內心對所有事物或行為的主觀判斷，就形成一個人的**價值系統**（value system）。

一般來說，一個人的價值觀在早年即已形成，而且呈持久穩定的狀態。換言之，什麼是「對的」、「好的」，而什麼是「錯的」、「壞的」，就是一個人的價值觀。

學者羅奇（Milton Rokeach）將價值觀分為二類，一類是**終極價值觀**（terminal values），意指一個人想達到的最終狀態，也就是一生所追求的目標。一類是**工具價值觀**（instrumental values），意指一個人偏愛的行為方式，或為達成終極價值的手段。每一種價值觀各包括十八個項目，其內容及範例如表 3−1 及表 3−2 所示。而衡量價值觀的調查表，稱為**羅氏價值觀調查表**（Rokeach Value Survey, RVS）。[22]

表 3−1　羅氏價值調查表—終極價值

終極價值
1. 舒適人生（confortable）〔以及富裕〕
2. 刺激人生（exciting）〔興奮（stimulating）而有活力（active）的人生〕
3. 成就感（accomplishment）〔持續的貢獻〕
4. 世界和平（peace）〔沒有戰爭和衝突〕
5. 美麗世界（beauty）〔自然與藝術之美〕
6. 平等（equality）〔人人親如兄弟、機會均等〕
7. 家庭安全（security）〔照顧所愛的人士〕
8. 自由（freedom）〔獨立、自由選擇〕

[22] M. Rokeach, *The Nature of Human Values*, New York: The Free Press, 1973。

9.快樂（happiness）〔滿足（contentedness）〕

10.內心和諧（harmony）〔沒有內心衝突〕

11.成熟的愛（love）〔性與精神上的親密〕

12.國家安全（national security）〔受攻擊時能保衛〕

13.愉快（pleasure）〔享受的、休閒的人生〕

14.普渡眾生（salvation）〔安全（saved）的永恆的人生〕

15.自我尊重（respect）〔自尊（self-esteem）〕

16.社會肯定（recognition）〔尊重、仰慕〕

17.真誠友誼（friendship）〔親密的夥伴〕

18.智慧（wisdom）〔對人生的成熟的了解〕

表 3-2　羅氏價值調查表－工具價值

1.雄心勃勃（ambitious）〔工作努力、有志氣（aspiring）〕

2.心胸開闊（broad-minded）〔心胸開放（open-minded）〕

3.有能耐（capable）〔勝任的（competent）、有效的（effective）〕

4.愉悅的（cheerful）〔輕鬆的（lighthearted）、喜悅的（joyful）〕

5.潔淨的（clean）〔清潔（neat）、乾淨（tidy）〕

6.勇敢的（courageous）〔堅持自己的信念（beliefs）〕

7.寬恕的（forgiving）〔願意寬恕（pardon）他人〕

8.助人的（helpful）〔為他人福祉而努力〕

9.誠實的（honest）〔誠懇的（sincere）、真誠的（truthful）〕

10.有想像力的（imaginative）〔大膽（daring）、有創意（creative）〕

11.獨立的（independent）〔自我依賴、自足〕

12.聰慧的（intellectual）〔聰明的（intelligent）、深思的（reflective）〕

13.邏輯的（logical）〔一致的、理性的〕

14.可愛的（loving）〔深情的（affectionate）、溫柔的（tender）〕

15.服從的（obedient）〔負責的（dutiful）、尊重的（respectful）〕

16.禮貌的（polite）〔有禮的（courteous）、舉止有度（well-mannered）〕

17.負責的（responsible）〔可靠的、可依賴的〕

18.自制的（self-controlled）〔節制的、自律的〕

一 工作價值觀

工作價值觀（work values, work-related values）意指個人在工作場合所表現的價值觀。工作價值觀顯然會影響員工在組織內的行為，例如重視休閒的員工，將不願加班；而重視家庭的員工，則寧願放棄晉升，也不願換到另一工作地點（如海外）。

學者羅賓斯（Stephen Robbins）曾將美國就業人士在工作價值觀上的轉換，劃分成四個階段：23

（一）新教倫理階段

指二次大戰結束（1945）前出生的一代，因為看盡戰亂與貧窮，其工作價值觀乃是努力工作、忠於組織，以追求終極價值中的舒適人生與家庭安全。

（二）存在主義階段

指 1945～1955 年間出生的一代，他們經歷越戰、為**披頭四**（the Beatles）瘋狂和**嬰兒潮**（baby boom，指戰後十年嬰兒大量出生）的就業競爭，深受存在主義哲學及**嬉皮**（hippie）倫理影響，其工作價值觀是追求自主與生活品質，不妥協而忠於自我。以追求終極價值中的自由與平等。

（三）**實用主義**（pragmatic）階段

指 1955～1965 年間出生的一代，也就是嬰兒潮後出生者，歷經雷根總統的保守主義、婦女大量就業後的**雙薪雙職**（dual-career）家庭影

23 同註 1，pp.64~65。

響，他們顯得更重實用，視組織為個人生涯的工具，其工作價值觀是成功、成就、雄心勃勃、努力工作和忠於自己的**事業生涯**（career），他們對終極價值中的成就感和社會肯定評價較高。

（四）X世代（generation X）階段

指 1965 年後出生者，受到全球化、MTV、**愛滋病**（AIDS）和電腦的洗禮，在工作價值上重視彈性、平衡生活和工作滿足，也重視家庭和關係，為了增加休閒和生活彈性而願意放棄加薪、晉升和頭銜，忠於關係。他們對終極價值中的真正友誼、愉快和快樂評價最高。

二　組織價值觀

就個別組織而言，它也會有其獨特的價值觀。

當一個組織明顯地偏好某些價值觀與規範，並明白陳述出來時，就稱為「**信奉價值觀**」（espoused values），通常是創辦人或最高主管團隊所建立。根據《華爾街日報》的報導，時代華納公司董事長李文（Gerald Levin）就倡導多元（diversity）、**尊重**（respect）和**正直**（integrity）。

至於在一組織內實際上由員工行為所展現出來的價值觀稱為「**顯現價值觀**」（enacted values）。顯現價值觀顯然不一定與信奉價值觀相符；換言之，即使組織大力倡導，還是會有人「我行我素」、「陽奉陰違」，繼續把自己的價值觀帶到職場來。而且各組織內的員工在年齡和其他背景上亦有不同，自然會呈現不同的價值觀。

※歷屆試題

■選擇題

The collective attitude or beliefs of workers toward the organization and work is known as:

A) group needs.

B) success.

C) competence.

D) morale.

【國立成功大學94學年度碩士班招生考試試題】

■名詞解釋

認知失調（cognitive dissonance）

【東吳大學91學年度碩士班研究生招生考試試題】

第四章　知覺與歸因理論

第1節　前言：一樣的世界，不一樣的眼光

　　世界只有一個，但不同的人對世界卻有不同的看法。同樣地，公司的作法只有一種，但不同的員工卻產生不同的感受。這中間的道理是：「我們所看到的世界，並不是真正的世界本身，而只不過是我們所希望『知覺』（perception）時，所必須先掌握的一個概念。」不過，這句話相當抽象，因此，底下用一個實例來說明之。

> 　　某大型電子公司在推選人事經理張君競逐當年度「全國傑出人事經理」時，由總經理、行銷副總經理、生產副總經理開會決定。在會議中，行銷副總經理認為張君績效不錯，但未達到傑出的水準，生產副總經理則認為張君績效很差，經常未能把缺額的作業員人數補齊，而總經理則認為張君表現卓越，值得推薦。為了證實張君的表現的確不錯，公司特別助理建議讓張君的部屬祕密填答一份對張君的評語。結果顯示，大多數人認為張君相當優秀，少數人則認為張君表現平平，而有幾個人則認為張君不勝任。最後，總經理還是決定推薦張君角逐傑出經理的榮耀。

　　在以上實例中，人事經理還是張君，可是眾人對他的表現卻有不

同的「看法」──知覺，連帶著他們的行為（是否推薦張君）也就有
所不同。

換句話說，人們的行為並非根據真實的世界，而是根據他們所知
覺的世界。知覺乃是人類行為的基礎。

我們再以溝通為例，說明員工的知覺（或選擇性知覺）會產生多
大的作用。

> 某公司總經理對各部門主管及全體員工講話：
> 「本公司近兩年來獲利能力很差，市場上競爭越來越激烈，大家
> 應該多想辦法來解決問題。」
> 會後，財務經理以為總經理是要嚴格控制成本，業務經理則去要
> 求業務員增加拜訪客戶次數，生產經理則提高產量標準，而一般
> 員工則有「山雨欲來風滿樓」之感，把總經理的講話視為「裁
> 員」、「減薪」的先兆。同樣的一句話，每一位員工都是撿他能
> 夠聯想的那一部分去聽，與總經理的原意（勉勵全體員工）都不
> 盡相符。

此一實例讓我們了解到，任何經營管理作法，都應該事先推測員
工的知覺、看法、需要、個性，然後採用較恰當的方式。

知覺的意義

所謂「**知覺**」（perception），意指個體將感官所接收到的外在刺
激，加以組織及解釋而賦予意義的過程。外在環境乃是客觀的存在，
但是每一個人所知覺到的狀態，卻不一定與此客觀事實相符。因此，
有人甚至說，在個體的眼光中，沒有客觀的存在，只有主觀的知覺。

而人對事物的反應，也是基於此一知覺，而非基於事實或真實狀態。

知覺的歷程，其實是以**感覺**（sensation）為基礎的。個體透過各種感覺器官，如眼、耳、舌、鼻、皮膚、口、齒而產生各種感覺，如視覺、聽覺、味覺、嗅覺、觸覺、痛覺、空間覺等。每個人在各種感覺的靈敏度都可能不同，進而也產生不同的知覺。因此，在強調知覺（和感覺）對個體行為的情況下，即可用圖4-1來顯示之。

第2節 知覺過程

知覺既然在個體的行為上扮演了相當重要的角色，當然有必要將之作詳細的剖析。一般認為，**知覺過程**（或歷程）（perceptual process）可以分成五個階段，如圖4-2所示。[1]

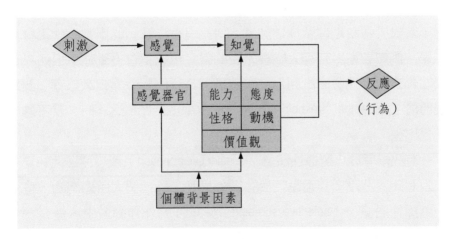

圖4-1 知覺的重要性

---

[1] 一般學者也有採用四階段說法者，此處觀點參見Richard L. Daft and R. A. Noe, *Organizational Behavior*, Fort Worth: Harcourt Collage Publishers, 2001。

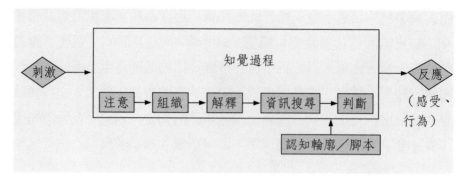

圖 4-2　知覺過程

底下扼要說明各個階段的意涵。

一　注意

注意（attention）意指察覺所獲得的資訊並且過濾。心理學研究顯示，人對於刺激是做選擇性注意，對於沒有注意到的事當然就不會有知覺。例如看電影時別人吃爆米花的聲音可能不會擾亂你，但如果有人站起來大叫就會擾亂到你了，這是因為我們對外界刺激都有一個**知覺門檻**（perceptual threshold），刺激的水準低於門檻之下時，就不會被感覺出來。

有些學者以「**選擇性注意**」（selective attention）或「選擇性知覺」來說明此一階段，其重點在於強調外界刺激是被個人所過濾的，這種「**選擇性過濾**」（selective screeing）使眾多的外界刺激中，僅有一小部分得以被吾人所感知（感覺與知覺到）。

二　組織

此處所謂的**組織**（organization）乃是心理學中**完形**（gestalt）學派

始祖 Max Wertheimer 在二十世紀初期的用詞，他認為組織是所有心智的基本，並將之稱為**知覺組織**（perceptual organization）。因此，與本書前面所通稱的組織乃意指營利組織或非營利組織有所區別。此處的組織意指對於所接受的刺激加以組織，賦予意義使其成為有價值的情報。一般而言，個體把外面世界組織起來的第一步，就是視覺分離。視覺分離開始於將物體從其背景中區分出來，脫離其背景，使其成為一個完整的物體。

對於組織刺激，一般人會根據五大因素，這些也稱為組織（刺激）的機制：

1. **閉鎖性**（closure）：人們會將不完整、各自獨立的資訊利用想像力，將資訊轉為完整的知覺型態。

2. **連續性**（continuity）：即使是一組不連續的資訊，人們傾向於用連續的型態來組織。

3. **接近性**（proximity）：當物體彼此接近時，人們會將這些物體視為相關的。

4. **相似性**（similarity）：指物體間具有相似性，會形成同一知覺型態。

5. **圖形－背景**（figure-ground）：圖形容易認定，但背景常被忽略。圖形與背景有一界線，成為形象知覺的主要依據。因視覺與聽覺的差異會有不同的認知，經由感覺經驗對環境中事物作失實的解釋也會產生錯覺。

所以當訊息進入組織的階段會被較有結構地安排起來，具有較高層、較抽象的觀念。例如身分證字號、體重、身高等，我們不是一連串記十五個數碼，而是分開記憶；對於中國字我們也是一個字一個字記憶。數字和文字都可視為訊息的組織。對於非數字性離散的訊息加以組織便稱為「**輪廓**」（schema，架構）。對於組織而言，有兩項認知輪廓。一是「腳本」，另一個是「定型」。

⑴**腳本**（script）：把一大堆的資訊，組織成一連串的動作或事件。

⑵**定型**（prototype）：累積訊息之後，為簡化之計乃透過經驗對於他人的人格或個性套上一個認知形式或架構，定型或原型有時也稱為「**刻板印象**」（stereotype）。*2*

確切言之，個體根據認知輪廓，對他人就產生「**人物輪廓**」（person schema），對自己則產生「**自我輪廓**」（self schema），對特定情境中的事件則產生「**腳本輪廓**」（script schema），而在人（自我與他人）及事件皆存在時，則形成「**人在情境輪廓**」（person-in-situation schema）。*3*

三　解釋

解釋（interpretation）意指對於抽象的觀念賦予意義。

解釋包含兩個部分。一為「投射作用」，另一個為「歸因作用」。

1. **投射作用**（projection）：知覺者以自己的思想、感覺與動機投射到他人身上來解釋他人的行為，而這種投射作用往往當事人自己沒有意識到。舉例來說，一個對公司滿意而留在公司的人，對於別人的離職往往解釋為追求更好的工作或更高的待遇，而不會認為別人是因為不滿意而離開。相反地，一個對公司不滿意卻留在公司的人，對於別人的離職會解釋為不滿意而走。通常投射作用會被當事人用來自我保護，例如偷公司材料的人說，很多人都在偷；蹺班的人說，很多人也蹺班。

---

2 John R. Schermerhorn, Jr., J. G. Hunt and R. D. Osborn, *Organizational Behavior*, 7th ed., New York: John Wiley & Sons, 2000, p.88。

3 J. G. Hunt, *Leadership: A New Synthesis*, Newberry Park, CA: Sage Publications, 1991。

2.**歸因作用**（attribution）：觀察者用觀察及推理的方式來解釋別人和自己的行為。例如關於任務的成敗，一位「內控傾向者」認為成敗取決於能力、努力與否，而一位「外控傾向者」則認為成敗取決於工作困難與否、運氣好壞。歸因一件事的成敗影響到解決方法的選擇，如果歸因弄錯了，演變成頭痛醫腳，仍然解決不了問題。

四　資訊搜尋

資訊搜尋（retrieval）意指知覺者注意到訊息，並且將訊息加以組織解釋之後，嘗試從過去事件中去回想的步驟。例如在做績效評估時，員工就會希望老闆所搜尋到的是偏向正面的記憶。所搜尋到的資訊是作為下一階段——判斷的依據。

五　判　斷

判斷（judgment）意指經過前面四個階段——注意、組織、解釋、資訊搜尋後，把得到的資訊加以整合，並賦予重要性的加權後得到的結論。

整合是指將一連串瑣碎的資訊加以蒐集；加權是指對資訊之間相對重要性的比較，知覺者認為較重要的資訊所給的權值會較高。由於整合及加權資訊不同，也會影響到判斷。

第3節 影響知覺的因素（influences on perception）

對於同一個刺激，雖然每個人都依循相同的知覺程序，但卻產生不同的知覺。一般而言，知覺會受到「知覺者的特徵」、「刺激的特性」及「情境的特性」等三項因素所影響，如圖4-3所示。底下分別詳論之。

一　知覺者的特徵

1. 對**刺激的敏感度**（sensitivity to stimuli）：有些人對刺激會相當敏感，他們會注意到每一個訊息，並且他們會在別人尚未發現前就先察覺。

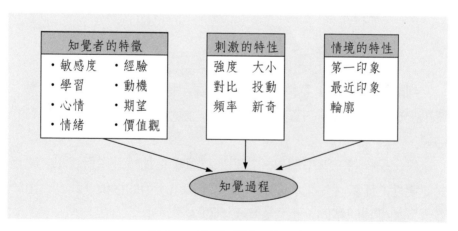

圖 4-3　影響知覺過程的因素

2.**學習**（learning）：也就是指過去的經驗。過去經驗會使知覺過程中，注意力集中窄化。一般人會選擇知覺與自己經驗有關的事物，個人所受的訓練和所從事的職業，會影響個人看問題的方式。例如面對一個計畫時，行銷部門的代表會注意銷售數字、市場潛力；生產部門的代表，則對原料、人力來源等問題較敏感。

3.**心情及情緒**（moods and emotions）：心情及情感會影響到我們對刺激的注意力及解釋。例如樂觀、快樂的人對於周遭的訊息會有正面的解釋，悲觀沮喪的人則相反。

4.**最近的經驗**（recent experiences）：例如最近買了新車，可能就會去注意路上的車子或有關車子的資訊。

5.**期望**（expectations）：為了確定或加強某一信念，就有一種準備狀態，對於將發生而終於出現的刺激會特別注意到。

6.**需求與興趣**（needs and interests）：例如欠錢的人對獎金比較敏感；職位岌岌可危的主管對屬下的言行比較敏感；成就動機高的人對於小困難較不敏感。

二　刺激的特性

1.**強度**（intensity）：強度指外在物體或刺激對人的整體衝擊的程度。強度越高越容易引起注意。例如強光、尖叫。通常廣告就利用這個特性，做體積大、亮眼、有聲效的廣告來吸引注目。

2.**對比**（contrast）：大字對小字、安靜人群中的一位嘈雜者、萬綠叢中一點紅、眾女生中的一位男生，都可能更引人注目。

3.**頻率**（frequency）：一定時間內重複出現的刺激較可能引人注目。例如電視廣告、歌星打歌等，都以高頻率出現，期望能獲得注意。

4.**新奇性**（novelty）：越新及越不同的刺激越會引起注意。例如：

以往平常的工地秀都只是唱唱歌，但突然請來辣妹表演鋼管秀，其實不管男女都會覺得特別而受到吸引。

　　5.尺寸和移動（size and motion）：體積大並且正在移動的物體較容易引起注意。例如廣告上的大標題，甚至有跑馬燈，都是為了吸引目光。

三　情境的特性

　　1.第一印象效果（primacy effect）：對於刺激的第一印象，決定個人對以後消息的知覺和組織方式。例如個人對於某人的第一印象，會使個人往後都以一種特定的方式來看這個人。

　　2.最近印象效果（recency effect）：通常我們會對訊息結束時的刺激特別注意。

　　3.輪廓（schemas）：對於不符合原先輪廓的刺激會特別的注意。例如我們對於主管的認知就應該是穿西裝、打領帶，如果有一天主管穿短褲上班，我們就會特別注意；相反地，如果主管穿西裝來上班我們就不會去注意。

　　有些學者比較專注於情境的分類，如將之分為物理情境、社會情境、組織情境等。

第4節　知覺扭曲

　　知覺過程既然受到知覺者、刺激及刺激所在的情境內諸多因素的影響，個體也就容易陷入**知覺的扭曲**（perceptual distortions）。個體的知覺一旦受到扭曲，隨之而來的反應也必定會受到影響。底下大致按知覺過程的順序，介紹可能產生的較常見的知覺扭曲種類，如圖4－4所示。

一 選擇性的注意

是指在每天的知覺歷程中是很容易察覺到的，訊息傳至個體要經由熟悉性所界定的心智往來過濾與接納，結果就是對人們來說，只注意對他們是顯著重要的及有關聯的部分是正常的。當一件事發生，我們通常都會選擇想要看的部分作研究或者探討。**選擇性的注意**（selective attention）某些事件，通常我們都會找尋最熱鬧的、最獨特的、最新奇的話題或觀點，來作為我們最閃耀的吸引力。例如平常我們在街上走路是一件很平常的事情，如果當有商家在街上大喊做宣傳時，大部分的人都會抬頭看看到底發生了什麼事，而且會注意到他們想要的東西和令他們心動的物品，並不會特別注意到他們不必要的東西和一些街上的住宅（除非住宅建築得很特別）。

因此，選擇性的注意就會對某些事物有期待。然而期待是為了確定或加強某一信念，而這個信念會關係到未來的事件，而且有一種準

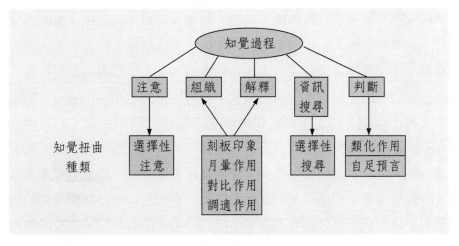

圖 4-4 知覺扭曲

備的狀態，對於將發現而終於出現的刺激特別會注意。需求和興趣在相同情況下塑造知覺，人們注意到什麼是他們所關心的和能幫忙他們什麼。「選擇性」的知覺在企業中對於溝通及決策過去的影響至鉅，像藉著給予個體想要的東西，及強化個體去高估過去經驗及環境的重要性，即可達到所欲訴求的目的。

二　單純化（simplification）和刻板印象

　　扭曲也發生在人們組織和翻譯資訊之中。人們使用一種標準去過度地標準化和使用不正確的知覺。這些偏見包括刻板印象、月暈效果和對比效果。刻板印象會模糊個人間的差異，使得人們無法個別了解別人的特性，並且正確的評估需求、喜好及能力，而且過度依賴刻板印象作決定時，可能會出錯。

　　1. 刻板印象（stereotypes）：是指個人對別人的看法往往受到別人所屬社會團體的影響。換句話說，當個人察覺到別人，並已形成印象時，個人就有可能會依據某些明顯的特性，將別人歸類。而這些特性包括性別、種族、宗教團體、職業、道德、年齡、國籍或所屬的組織等。然而如果個人對類別中某人的經驗，可能使個人相信這些人都具有某一些共通的特質存在。因此可知會認為某人也具有相同的特質，作直覺的判斷；相同地，非此類別中的特性，則也預期得出不可能在某人身上看到。總之，刻板印象就是忽略了「同中有異」的特性存在。例如法國人是浪漫的、台灣人是勤奮的、黑人都很會運動、法官是公正的、日本人是好色的、美國的東西都是大的、好學生都戴著大大的眼鏡等等。但這些並不是代表所有人皆如此，而是我們受到的感覺大多是如此，而我們就因此下這樣的結論。由此可知，刻板印象會導致知覺失真，因為人們隨時想將自己以為的想法特性加諸於個人身上。

2.**月暈效果**（halo effect）：是指當一個人或一種情境的某項特性或特性的評價，被發展成受到個人或情境的整體印象之影響，而這扭曲的現象跟刻板印象是一樣的，特別容易在認知過程中的組織階段出現。例如對於自己喜歡的人來說，就會有高估他人的表現或優點的傾向；相反地，對於自己不喜歡的人，則會有低估其表現與優點的心理。月暈效果有「以偏概全」的特性存在，以「點」擴充出去到他人所發生的行為，都產生了偏見。

3.**對比效應**（contrast effect）：就是說一件事的發生先後順序，都會因為順序較前者的評價好壞程度，來分析或影響後者的評價優劣程度。例如改作文的時候，我們通常會希望能夠放在較差的下一張，而比較不希望放在較好的下面，因為我們會以預期的心理來說明此種模式，由比較效應來使自己的分數比預期高出兩、三分。

4.**支撐與調適效應**（anchoring and adjustment effect）：一個知覺的錯誤是從安定的來源中（或者參考點中）製造出不足的調適。假如當人們分析出，如果用一個支撐點是不適當的，而且他們知道這個道理，但為了推證他們另一個想法是正確的，故意作成偏見來推論此說法是正確，於是就以此方向作決策，結果無法達到預期效果（偏見所設立的效果），因而才證明出，代表性說詞才是正確的。所以，當我們有偏見之想法，就要試著去改變。

5.**投射作用**（projection）：意指個體在主觀上認定他人與自己有相同的想法、看法或特徵。簡單地說，就是「以己之心，度人之腹」。你是什麼樣的人，就認為別人也和你一樣。從好的一面來說，善良慈悲者認為，別人也都善良慈悲，那麼天下可能因此而變好。但是在大多數時候，我們會碰到的是「以小人之心，度君子之腹」，也就是小人通常以為別人也和他們一樣都是小人，是一丘之貉。

同理，若君子老是坦蕩蕩，「害人之心不可有」，但卻忽略了「防人之心不可無」，就很容易對小人有錯誤的知覺，而被奸人所蒙

蔽，最後難免被人所害。

三　選擇性的搜尋（selective retrieval）

人們曲解知覺是由於他們取回被選擇的資訊上做了偏差，他們的記憶有可能淡去，但不可能隨便就忘掉的。所以心理學家就注意到人們的資訊上有所遺漏或偏差的原因就在於此。代表來說，人們忘記他們的回想與事實的真相及模式產生了不協調。「倒果為因」的**偏差**（per-formance cues）是知覺者嘗試從過去事件的回憶中去回想的一個步驟。要能搜尋得到資訊，前提為記憶中必須儲存有該資訊。而記憶中又是一個選擇性控制（而非自動）的程序。例如人家說：「這位同學成績很棒」，於是我們就會說：「沒錯，他是很棒的學生」，在話與話之間就有了偏差之詞，而我們又對另一個人說時，另外一個人是否知道最先說的人的說法？於是另一個人就不知道那同學是行為端正、品行優良、人緣很好，還是正確的說詞「成績很棒」，於是就有疑問他是否是一位各方面皆優的好學生。

四　在判斷的範圍中扭曲（distortions in the judgment stage）

知覺的扭曲也會造成誤會。判斷的錯誤可分成四類：類化作用和自我實現預言、寬大作用、集中趨勢。

（一）類化作用（assimilation effect）

以過去經驗來判斷同一方向去作新狀況的判斷。這判斷是以過去影響的方法，將知覺到未來的刺激。雖然這個傾向叫作類化作用，但人們傾向於以他們過去的判斷，對未來作出判斷的缺失及偏見，就因

為他們使用新的判斷，但仍然跟以前的很接近、類似。換句話說，他們將時間先後的判斷模式同化了。

（二）觸發作用（priming）

即是突然有一件事發生，會造成之後的相關事件的評價，而這種偏見是因為個人的想法、情緒在突發狀態下所產生的。例如如果有一位不理性的顧客打電話告訴主管，他們的某一位員工態度不佳、處理怠慢。之後當主管要打績效，就有可能以此為依據，把那員工的績效評估很差，這樣的偏見可能忽視到那員工的能力、心情，因為有可能員工那天受了什麼影響而造成這樣的疏忽，也許員工先前都表現得不錯，不應該以一件事來抹煞所有的評價。

（三）補強作用的偏見（confirmation bias）

找出新資料的證據，以吻合過去所作判斷的傾向。過度誇大和過去所作判斷吻合的資訊，而過度低估或忽視與過去判斷不一致的資訊，就會產生偏差。就是以過去的判斷為主題，但對現在而言可能會有些錯誤或疑問，但有人卻以可疑的部分利用新的資訊來解釋不足的地方，這樣會造成對過去的判斷產生誤解。因此時間的先後不同，造成環境的變動、想法不同等等的差異、變動，這樣一來，改變後的判斷就會產生偏差，而造成錯誤的判斷。

（四）自我實現預言（the self-fulfilling prophecy）

自足預言（self-fulfilling prophecy）亦稱為「自我實現預言」，它是出於皮哥馬里昂，所以又稱為「皮哥馬里昂效應」（Pygmalion effect）。皮哥馬里昂是希臘神話中的一位雕刻師，他討厭女性，但在為一名美麗女士雕刻象牙雕像時，他卻深深愛上了雕像本身，並進而乞求愛神（Aphrodite）將雕像賦予生命，愛神聽到他的祈禱，就讓他的

願望實現了。

因此，自足預言的本質，乃是「個體的期望或信念會影響他（們）的行為，進而促成該期望的實現」。底下以圖4−5說明組織內的自足預言現象：[4]

1.較高的管理期望會產生較佳的領導行為。因為管理期望高，所以自信力強，相對的，就有較高的領導效率，無形中領導力就會增強。

2.較佳的領導行為會產生較佳的員工期望。因為領導提升有利於正面積極的效果；相對地，對員工也採取正面積極的回應，讓員工也產生自信心，於是員工對自己的能力也受到了肯定，就這樣員工對自己的自我期望會很高。

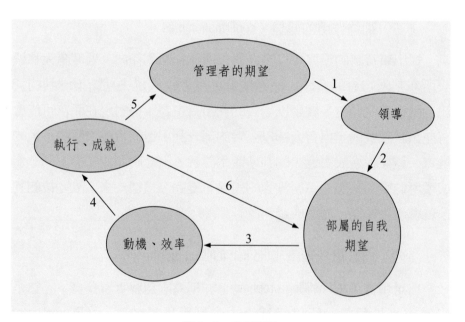

圖4−5　自足預言

[4] D. Eden, "Self-Fulfilling Prophecy as a Management Tool: Harnessing Pygmalion," *Academy of Management Review*, January 1984, p.67。

3.因為員工自我期望較高，會激發工作的動機及效率。因為員工受到上級和自己的肯定與鼓勵，就激發員工認真的態度，並且提升工作的動機，進而提高效率。

4.激發員工的工作效率，因此工作的執行力高、工作的成就就會越大，員工工作的表現就會越佳。

5.工作的表現越佳，會造成做出的成品及結果會越好，因此管理者就會高興，亦容易達到管理期望。

6.符合期望而就會有此回饋，企業也會跟著改善。

所以，從管理者期望、領導、部屬的自我期望、動機與效率、執行與成就到管理者期望，皆是環環相扣的影響。雖然如此，那也只是在正常的情況之下所產生的概念，因為凡事會有例外，而且人是複雜的，有些人本身就是勤勞的、懶惰的、早到的、遲到的、機警的、懶散的等等，不同的人會有不同的個性，也會產生不同的結果、發生不同的事件，所以自我實現預言仍有偏差存在，因為有時候做的並非如想像中的一模一樣，仍然有它的變數存在。

（五）寬大作用（leniency）

寬大作用是因為個人特質所造成的。亦即是在績效評估過程中，個體會對人或物給予過度正面的評價。例如主管人員對於全體部屬的績效，一律給予極高的評價，即是一種寬大作用。有時來自部屬的強大壓力，也會促使主管產生寬大的評價，不過，這應該是屬於壓力範疇中的屈服行為。

（六）集中趨勢（central tendency）

集中趨勢是在評斷人或物時，避免極端而以較集中於中間評價的趨勢，這也是俗稱的「德之賊也」。

第5節　歸因理論

　　一般而言，對人的知覺不完全與對物之知覺相同，因為前者尚須推演被認知者可能的行為及反應，物體、事件或活動則無生命，亦無信仰、動機及意圖；人則有生命、有信仰、動機及意圖。因此，對人的認知及判定，必須解釋為何會有該項行為，並作深入的探討。有關人對彼此的認知，稱為**社會知覺**（social perception）或**社會認知**（social cognition）。

　　歸因理論的基礎是在人們具有替行為推斷原因的傾向，歸因理論相信個人總是不斷地解釋自己或他人行為的因果關係。例如：如果一位學生在考試完後，發現自己的成績並非如預期的理想，那麼他可能會設想，這一次考試之所以會不好的原因，有可能是努力用功的時間不夠，或者是對考試的內容不甚了解。這些假設就是歸因，人們會有不同的原因來解釋行為結果。換句話說，**歸因**（attribution）就是為行為找原因。歸因對組織的影響及了解歸因的形成，在企業管理上也極其重要。

一　歸因的模型（models of causal attribution）

　　當人們在為別人行動後的成敗作歸因時，他們會用一些方法來衡量判斷：

　　1. 他們歸咎成功或失敗於一個人的**能力**（ability）。

　　2. 他們歸咎成功或失敗於一個人的**努力**（effort）。

　　3. 他們歸因成功或失敗於**運氣好壞**（luck）或其他外在因素（ex：神的保佑）。

4.他們歸因成功或失敗於工作的困難度。

為了能更了解這些方法，我們根據兩個判斷的標準加以分類：

1.原因的穩定度（stability of the cause）：影響行為的原因是永久的（穩定因素）或是短暫的（不穩定因素）。

2.控制傾向論（locus of causality）：又稱為因果控制論，指解釋一件事的成功或失敗是來自個人（內在）因素或是個人以外（外在）的因素。

由圖4-6可知，若將成功或失敗歸因在能力，則我們會把它歸在較為穩定，和偏向於內控傾向方面。當我們將成功或失敗歸因在努力，則我們會說它是屬於內控傾向方面，但會偏向於工作不穩定狀態。如果把結果指向工作困難度，意思就是較為穩定，但呈現外控傾向。若把結果指向運氣，則表示對於一個不穩定的狀況下，且屬於外控傾向方面。

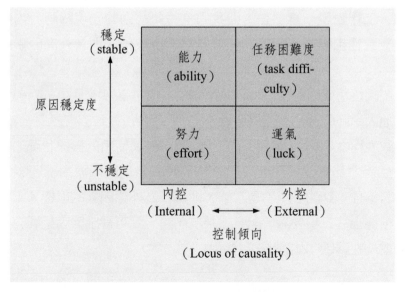

圖4-6　因人而異的成敗歸因論點

　　歸因理論之所以有助於解讀工作，係因其將重點集中在研究人們如何嘗試了解某一事的成因，及評估涉及此事件的個人特質。在運用歸因理論時，需要特別注意：一個人的行為到底是由內部或外部因素所引發的。一般認為，內部因素是個人可以控制的；而外部因素則是無法為個人所控制的。根據歸因理論的說法，透過觀察，決定影響行為之內在或外在因素，必須顧及到三項考慮：共識性、一致性和獨特性。

　　1.共同性（consensus）：是指在考慮所有人面對類似情境時，出現相同反應的機會。也就是說，每個人在相同情境下，行為方式皆一樣。例如：假設每一個人去組織（企業）學校的路線都相同，結果大家都遲到，這時我們會將其表現歸因於外部因素，共識性也較高。反之，某些人沒有遲到的話，我們就以內部因素來解釋。

　　2.一致性（consistency）：是指考慮一個人在不同時間的反應是否相同。也就是指個人行為不因時間不同而異。例如：某員工在任何時間內，工作表現一直很差，則我們會將此差勁的表現歸因於內部因素，一致性也較高。相反的，若偶然表現較差，則為外部因素所造成。

　　*3.獨特性*或**個別性**（distinctiveness）：旨在說明被觀察的行為如何與其他人示範的行為有差異。換言之，一個人的行為，在不同情況下的一致性程度。例如若某員工在工作時，不論使用的機器狀況如何，結果生產力都不佳，那麼我們會將不好的表現歸因於內部因素；反之，若這種差勁的表現不是常態，則解釋為外部因素的影響。

　　根據上述三項要素，配合因果控制論，就可得出歸因是屬於內在歸因或外在歸因，如圖4-7所示。

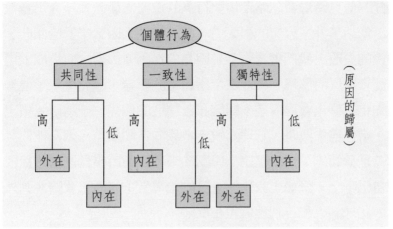

圖 4-7　內在與外在歸因

二　歸因偏差（bias in attribution）

除了上述三項影響因素外，學者將個人對他人行為表現的歸因偏差或**誤差**（errors）分為二類：自利性偏差、基本歸因偏差。

（一）自利性偏差（self-serving bias）

是指個人認為在成功時，自己應負的責任比在失敗時為大。員工傾向於將成功歸因於內在因素（能力強、夠努力），而將失敗歸因於無法控制的外在因素（工作太困難、運氣不佳、工作夥伴不理想）。相反的，若別人成功了，則是外在因素；失敗了，則是內在因素。

公司成功了，是內在因素，例如產品開發領先、推銷得法等；反之，公司遭遇困難，是外在因素造成的，例如景氣全面不好。

（二）基本歸因誤差（fundamental attribution error）

是指個人對他人行為表現的好壞歸因於人的特質，而非環境因

素。此一偏見將導致忽略環境對行為的重要影響因素。在衡量他人行為時，低估了外在因素的影響力，而高估個人因素影響的傾向。例如一個人的失敗，我們會認為其是因為內在因素影響，而造成太過注意內在因素，反而忽略了外在環境所產生的影響，因此產生了偏差。

文化影響也會形成基本歸因和自利性的偏差。一項研究指出，在南韓，當任務失敗時，管理者較不會傾向自利偏差，因為他們發現自利偏差是負面的；也就是說，韓國的經理人會將整個團體的挫敗，歸罪到自己身上，例如「我是個差勁的領導者」，而不會歸咎到外部因素上。此一結果和自利性偏差相反。

歐美文化有時很強調內部因素和低估外部因素。這種過度強調可能導致對員工做出負面的歸因。負面的歸因會導致處罰的行動、負面的績效評估等，而忽略了真正的原因可能是支援不足。也會從經理人錯誤的歸因接收一些訊息，產生負面的自我實現預言。因此，員工和經理人都應了解歸因概念，以幫助他們處理這種錯誤歸因的問題。

三　管理上的運用（manager's uses of attribution）

許多組織給他們的管理者一些責任，得以評估員工的工作。而且在控制功能下，管理者要求例行性地評估員工的表現，以及認定員工的表現是否和組織目標相符。所以，管理者會從員工之前的責任表現來歸因，而這些歸因也就直接影響員工本身。

我們知道在歸因過程中，當管理者評估個人或團體的表現時，很有可能會相互做比較。他們注意是否這個人或團體在過去的表現很好，並將個人或團體互相比較。這些比較很有可能會形成管理者對人成功或失敗的看法。此外，歸因偏差可能會影響管理者自我的想像。

管理者若了解知覺過程中的弱點，可以自我做改正。例如他們可

以在作結論前蒐集更多資訊，或者詢問其他人提供他們的評價。這些更正在今日對組織而言，是很重要的，管理者專注於員工的團體合作和授權，而且管理者需要帶領員工在團體合作中作歸因。不僅人的偏差影響對團隊的歸因，而且員工將會為自己的貢獻和別人作歸因。因此，當一個領導者，他們必須確認歸因員工的表現，這樣他們才能準確地認定有無改正的需要。

第 6 節　預防及更正錯誤知覺的方法

知覺既然如此重要，而且又容易產生扭曲，我們就應該在各個知覺階段去預防或更正錯誤。

一　注意階段

當我們意職到我們的預期或額外努力的注意，並不符合期望值的資訊。我們可以針對事物的看法和別人討論、分享。從他們的看法中，我們可以知道是哪些因素引起他們的興趣、引起他們的注意，如此我們才能知道，我們沒注意到哪些方面。增加觀察的時間，也避免觀察的時間、對象固定，以免被少次的結果誤導。也可以故意朝著自己期望相反的方向去觀察，以免自己只跟著自己想要的方向去進行，而不客觀。

二　組織階段

養成一個習慣去檢視那些圖案的內容，看看是否能適用於其他人的腳本和定型。也問自己，腳本和定型如何充分適用於周遭的情況，藉著學習其他人如何使用多樣的圖案，這樣自己會變得靈敏地使用圖

案。而當情況必須改變時，熟悉越多的人和情況，越多的準備，這樣可以適應自己的腳本的定型。

避免刻板印象、暈輪謬誤，跳脫自己既定的成見。不要多做推論，避免產生預設立場。

三　解釋階段

和別人注意相同的刺激物，然後詳細解說自己的解釋。如果你的解釋和別人不同，問問別人如何有這樣的解釋，也許人們注意不同的刺激因素或組織資訊。雖然有時存疑誰的知覺最準確，而無法取得一致的意見，至少你將發現有爭議的範圍和了解為什麼自己的知覺和別人不同。注意論事不論人，減少自我服務的偏差和自我防禦的錯誤，避免將自己的想法投射在別人的身上。

四　搜尋階段

我們可以藉著記錄相關資訊，以免當我們再回憶時，會有選擇性，導致後來判斷錯誤。我們也可以尋找不同的觀點，整合那些觀點形成較客觀的資訊。也可以試著從不同的角度、立場去搜尋資訊，發覺不同的資訊，以利我們作判斷。避免人云亦云發生，會影響搜尋的方向。

五　判斷階段

人們很容易傾向支持之前的判斷而作結論。在相同情況下，如果我們的判斷和其他觀察者有所不同，找出我們和他們不同的理由。在哪一個知覺過程中，我們的知覺是和別人不同的？試著找出我們上一

步的錯誤並更正它，或者是我們和其他人對於判斷資訊的比重不同？許多文化和個體因素形成我們和其他人產生不同的結果。因此，嘗試去預防和修正知覺錯誤的過程，能夠幫助我們了解一個情況的各種方法。或許能夠帶領我們做決定和創造解決問題的方法。別在同一時間做太多的判斷，以免在短時間中對資訊處理不足而偏差太多。

總而言之，知覺係人對事物或現象等刺激的看法，基本上為對外界刺激篩選、組織、解釋及反應之內在過程，知覺過程中的因素，均會對知覺產生影響，就刺激選擇而言，人們只對自己注意的刺激加以選擇；而組織過程中，則通常依接近性、相似性、連續性及閉鎖性原則而定；其次，情境因素亦是影響的因素，而認知者的人格特質、價值觀、動機均是影響主因。個人對自己努力認知的程度，影響生產力的提升；而自覺工作有意義，才會降低流動率及缺勤率，提高工作滿足感。管理者對員工的知覺心態應深入了解，並設法避免自己造成知覺偏差。如此一來，管理者和員工就有更高的期望，以促進企業的成長以及擁有更美好的未來。

※ 歷居試題

■ 選擇題

1. 認知失調（cognitive dissonance）理論認為修正不一致的壓力決定於
   A) 重要性、影響程度、報酬（importance, influence, rewards）
   B) 經濟、政策、組織結構（economics, polities, organizational structure）
   C) 穩定性、職位、權力（stability, position, power）
   D) 知覺、地位、懲罰（awareness, status, punishment）

E) 以上皆非

【國立台灣大學 96 學年度碩士班招生考試試題】

2. The ways in which people observe and the basis for making judgments about the stimuli they experience is _____.

A) stereotype

B) perception

C) semantics

D) barrier

【國立成功大學 94 學年度碩士班招生考試試題】

3. 主管可能因為不喜歡部屬的某些行為如抽菸，而在其他所有項目都給予負面評價，稱之為：

A) 低區辨力偏誤

B) 相似偏誤

C) 仁慈偏誤

D) 暈輪效應

【97 年特種考試交通事業鐵路人員考試及 97 年
特種考試交通事業公路人員考試試題】

■名詞解釋

1. Attribution theory

【國立成功大學 95 學年度碩士班招生考試試題】

2. Cognitive dissonance theory

【國立成功大學 98 學年度碩士班招生考試試題】

3. reinforcement theory

【國立成功大學 95 學年度碩士班招生考試試題】

4. 刻板印象（stereotyping）

【東吳大學 91 學年度碩士班研究生招生考試試題】

5. 基本歸因謬誤（fundamental attribution error）

【東吳大學 89 學年度碩士班研究生招生考試試題】

第五章　動機與激勵理論

　　從個人在組織內的種種行為看來，都可以找到所謂的**行為動機**（motive or motivation）。行為除了無意識的動作或下意識的動作不一定能找到原因之外，大部分行為都有其原因，也就是行為動機。在職場中的從業人員努力地工作，或許是為了金錢，或許是為了贏得上司的讚賞，或許是為了同事的敬重，或許是為了那一份潛藏在內心的成就感或對自我的肯定，正所謂「空穴不來風」，事出必有其因。因此，我們把動機定義為「導致人們從事某一行為而非其他行為的一組力量。」**1** 身為各單位的領導者，有必要深入了解從業人員的動機，藉以預測其可能的行為，並適時提出適切的誘因來激勵員工，提高員工的士氣，進而提高組織的效率與效能。

　　學者們對於動機的研究一直持續不斷在進行，由於其研究的焦點不同，故動機理論可以分成三大類別或派別。第一類研究是以了解人類需求的內容為主，故稱之為內容或**內涵理論**（content theory），組織可以根據員工的需求而設法滿足之，以達到激勵員工的效果。第二類研究是以激發人類行為的過程為主，故稱之為過程或**程序理論**（process theory），主管據此可了解員工如何在工作環境中以行動（行為）尋找滿足需求的過程。第三類研究則是以誘導員工產生及強化組織所期望的工作行為，而清除組織所不期望的行為為主，所以稱之為強化

---

1 Richard M. Steers, G. A. Bigley, and Lyman W. Porter, *Motivation and Leadership at Work*, 6th ed., New York: McGraw-Hill, 1996。

或**增強理論**（reinforcement theory）。這三種理論前後連貫，等於是把所有動機理論分為三個階段，也就是先了解當下員工的需求種類（內容理論），再解析員工滿足各類需求所表現出的行為（過程理論），最後提供適當的組織報償，以強化組織所期望的行為（增強理論），如果加上回饋歷程，就形成生生不息的激勵循環，如圖5–1所示。

第1節　動機的內涵

　　能夠促使或**導致**（cause）、**驅策**（drive）人們去採取某一行為的力量或動力，有時只有一個，如上述努力工作對於貧窮社會的人而言，可能只有金錢動機，但在富裕社會中，其動機可能有多種，包括被尊重、被讚賞、自尊或成就感（成就動機）等。當然，這裡面還有個別差異，如古代聖人顏回「一簞食，一瓢飲，回也不改其志」，正是孔子讚美顏回在陋巷過貧苦生活仍不改其讀書志向的情操。

　　由於動機種類甚多，近代學者遂力求將動機加以歸類，而不會如古代馬基維利在《君王論》一書中表示人多半在追求權力，或是十九世紀工業革命初期科學管理學派的泰勒認為，人只要用金錢就可以激

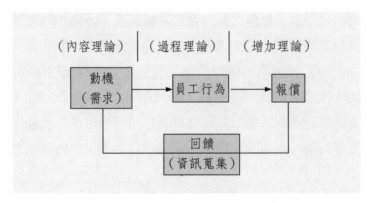

圖5–1　激勵模型

勵。當然，在 1930 年代霍桑實驗中所發現的工作場所的物理環境（如照明）會影響工人的互動關係，進而提高工作滿足感等，都只能片面描述人的行為動機。

近代學者對動機的分類，以馬斯洛（Abraham Maslow）的**需求層級論**（hierarchy of needs）最為有名，迄今仍是職場中的主管人員所津津樂道者。

需求（needs）是指一個人想要的，當一個人的需求尚未獲得滿足時，就產生所謂的「**需求匱乏**」（need deficiency）現象，並進而驅使此人去從事某一（些）行為來滿足其需求。因此，也有人認為需求和動機是同義詞。

需求理論的主要內涵，就是認為人的行為主要是因某一個（組）重要的需求有所匱乏未獲滿足所致。早期學者僅把需求分為「**基本需求**」（primary needs）和「**次級需求**」（secondary needs）二種。前者是指為了維持生命而不能匱乏的，如食物、水、住宅、性等，後者則是由環境中學習而得的，屬於心理層面的需求，如自主、權力感（動機、需求）、成就等。相對於主要來自生理或本能的基本需求而言，次級需求在現代社會中顯然複雜多了。

第2節　馬斯洛需求層級理論

馬斯洛在 1940 年代的研究，導引出包括五個層級的需求類別，如圖 5-2 所示。[2]

---

2 Abraham Maslow, *Motivation and Personality*, New York: Harper & Row, 1954。

（組織外）一般實例	需求層級	組織內實例
成就、成長	自我實現需求	發揮所長、訓練工作有挑戰
親朋社區肯定、自尊	尊重需求	（上司）肯定、社會地位、權責增多
家庭、朋友、社區、社團	歸屬需求	工作團體、上司
免於恐怖、污染、暴力	安全需求	福利（如退休制）工作保障、職場安全
食物、水、性	生理需求	薪資、工作上的物理環境

圖 5-2 馬斯洛需求層級

馬斯洛認為，每個人均有五種需求，從最基本的生理需求開始，分別是：

1.**生理需求**（physiological needs）：指身體或生理上的各項需求，如飢餓、口渴、蔽體、性等，這些需求平常是以衣食住行來滿足，在工作上則是透過獲得基本薪資來購買商品或服務滿足之。

2.**安全需求**（safety needs）：指保障個人不受傷害的需求，包括生理上的**安全**（safety）及心理上的**安定**（security）。在平常，人們會設法躲避各項天災人禍（如 917 納莉颱風），必要時會遠走他鄉（如阿富汗人民遠離家園，以避開美國可能的攻擊）。在工作上，則是希望工作物理環境不會不安全（如鋼廠溫度過高、化工廠空氣污染、電子廠重金屬毒害），以及不會被無故裁員或工廠遷移倒閉導致失業等。

3.**社會需求**（social needs）：指每個人都需要他人的認同，如家

庭成員彼此間的親情、朋友之間的友誼或愛情，以及社區、社團、故鄉、祖國內的歸屬感等。人因此會在平常結交朋友、集社結黨、返鄉探親（亦即是古籍所謂的「夜生之龍常回老家」），而在工作上則希望能被同儕所接納，甚至共同組成正式或非正式團體；此外，還包括對整個組織的認同等。

4.**尊重需求**（esteem needs）：此包括來自外界的尊重，如身分地位、被人尊重等，以及來自內在的自我尊重、行為自主等。人在工作外可藉助服務社區人群、培養出傑出休閒嗜好（如蒐集收藏物品）、擁有專業智能、技能等滿足其尊重需求。在工作上則以工作績效（或其他手段）獲得上司賞識，進而獲得較高職位薪酬來滿足其尊重需求。

5.**自我實現**（self-actualization needs）：指學習及發揮個人長處、潛能或實現理想的需求。在平常人會去做他想做的事，如求取新知、環遊世界、探險南北極，而在工作上則是自我的成長、工作目標達成的成就感。

馬斯洛的五個需求類別是有層次的。他假設人在較基本（低）層級的需求獲得滿足之後，才會去追求上一個層級需求的滿足。因此，他所謂的較低層次的需求（包括生理需求及安全需求）未滿足之前，人不會去追求較高層次的需求（包括歸屬需求、尊重需求及自我實現需求）。較低層次的需求應該首先被滿足，用中國的說法來說，就是「民以食為天」，也就是先求生理需求的滿足。而在生理需求滿足之後，人開始「不安於現況」，而是「飽暖思淫欲」，也就是追求性及其他需求（欲）的滿足。

馬斯洛的層級論具有簡單扼要的優點，因而容易被實務界領導者所接納，但是他所提的需求依層級而滿足，並沒有獲得實際研究上的驗證。雖然在臨床心理上可看到相符的實例，但如失戀的女士（歸屬需求未獲滿足）拼命地暴飲暴食變成肥胖，工作失意的男士（歸屬或

尊重需求未獲滿足）酗酒度日終至酒精中毒，這一類的退縮行為，就不是馬斯洛的理論所能解釋，另顏回無視於貧寒而追求自我實現；荷蘭畫家梵谷（Vincent van Goah）在窮極困頓下作畫；乃至烈士們拋頭顱、灑熱血；士兵及消防員的救人救災行徑。均遠非馬斯洛層級論所能解釋。

第3節 ERG理論

耶魯大學教授阿德弗（Clayton Alderfer）有鑑於馬斯洛理論所受到的批評，遂以實證方式找出更切合實際的需求，稱之為ERG理論，這是因為這個理論包含了三種需求：**生存**（existence）、**關係**（relatedness）和**成長**（growth）需求，取三個需求的英文字首命名，即是ERG理論。[3]

一 生存需求

生存需求（existence needs）是指人們欲求生存所必須滿足的各種生理的（或物質的）需求，如飢餓、口渴等，以及在組織中對於工作場所的物理環境、薪資、福利，以及工作保障的需求。因此，生存需求相當於馬斯洛理論中所指的生理需求及安全需求。

---

[3] Clayton P. Alderfer, "An Empirical Test of a New Theory of Human Needs," *Organizational Behavior and Human Performance*, May 1969, pp.142~75。

二　關係需求

關係需求（relatedness needs）意指人們想與社會上或職場中其他人互動的欲望。透過與其他人的互動，人們才能滿足其社交的需求，與他人建立某種親密關係，在社交圈中獲得某些身分、地位，或受到他人的認同與尊重。因此，關係需求相當於馬斯洛理論中的歸屬需求及尊重需求中屬於受人尊重的部分。

三　成長需求

成長需求（growth needs）意指人們期望自我有成長發展的需要，也就是能夠發揮所長，能夠發展新的智識或能力的機會。因此，成長需求相當於馬斯洛理論中的自我實現需求及尊重需求中屬於自我尊重的部分。

ERG理論除了以三項需求取代馬斯洛的五項需求外，它還提出幾項新的論點：

1.人們在同一時間可能有數項需求，而非如馬斯洛所提的只有單項需求。用中國話來說，就是希望「魚與熊掌能夠兼得」。

2.人們在高層次需求無法得到滿足時，會退而尋求較低層次需求的滿足。也就是本章稍早所提的失戀者（關係需求未獲滿足）退而變成嗜酒者或暴飲暴食者（滿足其生存需求），這是一種挫折後的退縮行為。

3.人們不一定要在滿足低層次需求後，才轉而追求高層次需求的滿足，亦即人（如梵谷、顏回）可在生存需求與關係需求均未達滿足之狀態下，仍然會去從事某些行為（繪畫、讀書或工作），以滿足其成長需求。

顯然地，馬斯洛理論的基礎是「**滿足→前進**」（satisfaction→progression）法則，ERG理論尚包括了「**挫折→退縮**」（frustration→regression）法則的成分，這種說法更接近人類的現實行為，實證研究也大多支持ERG理論。本書作者曾以三十個需求項目作因素分析，實證結果亦是將需求分為生存、關係和成長三大類，等於是驗證及支持ERG理論的三種需求分類法。

第4節　赫茲伯格的雙因子理論

心理學家赫茲伯格（Frederick Herzberg）於 1950 年代末及 1960 年代初，根據他和同事對二百零三名匹茲堡市的會計師和工程師的訪談，以特殊事件法研究受訪者到底想從工作中得到什麼。訪談結果有一千八百四十四項事件導致不滿足，經歸納後發現，受訪者覺得極端不滿足的（工作）因素，共計有十項，依事件數目依次為：

1. 公司政策與行政。
2. 督導。
3. 與上司的關係。
4. 工作環境。
5. 薪資。
6. 與同事的關係。
7. 個人生活。
8. 與部屬的關係。
9. 地位。
10. 工作保障。

赫茲伯格從訪談資料歸納得知，受訪者覺得不滿意其工作時，大多是因為上述這些「外在」因素，赫茲伯格遂稱此為「**保健因素**」（hy-giene factors），因為當這些事項是恰當的時候，員工就不會

「不滿足」（dissatisfied），而這些因素不恰當時，員工就會感到「不滿足」。

相對地，訪談中也有一千七百五十三項事件會導致員工滿足，經歸納後可分為六項，依事件數目依次為：

1. 成就（achievement）。

2. 認同（recognition）。

3. 工作本身（work itself）。

4. 責任（responsibility）。

5. 晉升（advancement）。

6. 成長（growth）。

赫茲伯格指出，當這些因素存在時，員工將會想到極大的**滿足**（sat-isfied），而當這些因素不存在時，員工將不會感到滿足，但是他們也不會因此就感到不滿足。因此，赫茲伯格將這些因素稱為「**激勵因子**」（motivators）。*4*

赫茲伯格理論受到相當多的批評，例如受訪者的主觀回答，常常會有「**歸因理論**」（attribution theory）中的現象，也就是把個人的不滿足歸咎於外在環境不良，而把個人的滿足歸功於內在因素。此外，迄今為此除了赫茲伯格及其同事以外，其他學者都尚未做出類似的研究結果，因此其效度頗受質疑。

不過，赫茲伯格理論卻相當受到管理實務界的注意，一般認為，三千多年來，在實務界所推行的工作豐富化（垂直擴大員工的工作職責），主要是因赫茲伯格的建議所引發的。*5*

---

4 Frederick Herzberg, "One More Time: How Do You Motivate Employees? " *Harvard Business Review*, September/ October 1987。

5 Stephen P. Robbins, *Organizational Behavior*, Upper Saddle River, New Jersey: Prentice-Hall, 2001。

第5節　麥克里蘭需求理論

　　學者麥克里蘭（David McClelland）及其同事也對需求做過廣泛的研究，他們的研究焦點是三個在組織情境中相當重要的需求，即成就需求（成就動機）、權力需求（權力動機）和親密需求（親密動機），簡單說明如下：

　　1.所謂**成就需求**（need for achievement, nAch），意指想達成有挑戰性的目標，想超越他人或自我，想完成艱鉅的任務等，簡言之，就是有追求成功的強烈欲望。

　　2.所謂**權力需求**（need for power），意指想要影響別人，打敗對手、在爭論中勝過對方或取得較高的職位，使別人順從自己意志的欲望。

　　3.所謂**親密需求**（need for affiliation），意指希望和別人建立或維持親密的友誼、參加各類團體的社交活動、與家人或朋友分享經驗、建立和諧的人際關係等。有高度親密需求的人，在被他人接受或喜愛時，會得到很大的滿足感。

　　成就需求強烈的人，偏愛具有下列特性的工作：

　　1.工作績效來自能力和努力，而非來自運氣。

　　2.任務有適度的危險和困難，而非太容易或太艱難。

　　3.工作表現好壞可以經常得到回饋（亦即很快獲知績效好壞）。

　　4.工作上有機會主動做事，而非僅是被動地因應環境變動（亦即救火）。

　　一般而言，中小企業的老闆或經理人、娛樂界人士、業務員及房

地產經紀人、科學家等，都具有這種特質。6

相對地，有強烈權力需求的人，則會表現出下列行為：

1. 喜歡強調暴力性或競爭性運動的影片或書籍。

2. 喜歡蒐集可象徵地位、權力或影響力的物品。

3. 從事競爭性的運動，特別是單打獨鬥的運動（如賽車）。

4. 喜歡喝酒、吸毒、參加神祕的宗教儀式，希望藉此增強個人的力量或影響力。

5. 喜歡幫助別人或予人忠告，一副比別人優越的樣子。

6. 加入各類組織並設法成為領袖人物。

一般而言，大機構主管、政客、律師、法官、警官、軍官、勞力領袖等人，偏愛能行使影響力的職業，都是有強烈權力需求的人。7

最後，有高度親密需求的人，會想和他人建立或維持親密的情誼，甚至會不惜降低工作績效，亦即他在必要時會犧牲工作上的要求，以和他人維持和諧的關係。《論語》所謂的「鄉愿，德之賊也。」或許就是指這種現象。

麥克里蘭的研究與前人不同之處，在於以前的心理學者認為，成就動機（或是與成就有關的行為）是在人們的兒童時期即已學習（或發展）而得，而麥克里蘭則認為，成人亦即透過訓練而提高成就動機。因此，麥克里蘭的說法顯然較符合現代「天助自助」的論點，而不會淪於成敗宿命論。

其次，麥克里蘭也發現，有中高權力需求但親密需求較低者，能成為大型組織內有效的高階主管。其實際意涵是：高權力需求使人想去影響他人，而低親密需求使人敢於去作困難的決策（如裁員），而

6 David C. McClelland, *The Achieving Society*, New York: Van Norstrand, 1961。

7 David C. McClelland, *Power: The Inner Experience*, New York: Irvington, 1975。

不擔心被人討厭。[8]

第6節 公平理論

學者亞當斯（J. Stacy Adams）在研究社會比較現象後指出，人們在工作後所得到的**結果**（outcomes）與投入的比率，在與他人相較時，若二者相同，則會感到公平，否則就會感到不公平。這種知覺到的不公平就會形成一種激勵人心的狀態，[9] 這就是**公平理論**（equity theory）。

知覺到的（perceived）或**感覺到的**（felt）的不公平，可分為二種，一種是**負面不公平**（negative inequity），亦即人們覺得他們所得到的回報相對較少；反之，正面不公平則是人們覺得他們得到的回報相對於別人顯得較多。在任何一種情況下，人們都會採取行動來回復公平的感受。

例如當一個人感到負面不公平時，他可能會採取下列行為：

1.減少工作產出的品質或數量。在計時制薪資下，通常會減少產出數量，而在計件制薪資制度下，人們通常會降低工作產出的品質。

2.要求增加報酬（如加薪）。

3.在上述二種行為無效下，選擇離職。

4.改變比較的對象，也就是傳統所謂「比上不足，比下有餘」。只要去和同樣受到不公平對待的人相比，心理也就不會那麼不平衡。

[8] David C. McClelland and David H. Burnham, "Power is the Great Motivator," *Havard Business Review*, Vol.54, March-April 1976, pp.100~110。

[9] J. Stacy Adams, "Toward an Understanding of Inequity", *Journal of Abnormal and Social Psychology*, 67, 1963, pp.422~436。

5.改變比較（或參考）對象的產出或投入。例如逼使比較對象承擔更多工作量，或以同儕壓力逼使比較對象不敢有太多產出。

6.在心理上自我安慰，如不公平現象只是暫時存在，老闆以後會補償我的。*10*

人們所選擇的比較對象或參考對象，可能有所不同，使得人們在面對類似的情境下，仍可能有相異的公平與否的感受。*11* 例如人們會拿目前的工作與同一組織內的上一個工作相比，稱為**組織內自比**（self-inside），或是和自己在前一個組織的工作相比（self-outside）。第三種情況則是**和組織內其他人相比**（other-inside），或是**和組織外其他組織中類似工作的他人相比**（other-outside）。

上述比較對象的選擇，又與性別、年資、職位、教育程度等有關。*12* 首先就性別而言，由於兩性在就業市場上的薪酬仍有差距（一般是男性高於女性），所以人們會傾向於只和同性相比。其次就年資而言，年資淺的員工，多半與自己以前的工作作比較，而年資久的員工較傾向與同事作比較。此外，高階員工及教育程度較高者，通常擁有較多的資訊及視野寬廣，所以也較常和外界人士作比較。

以上所探討的公平性，都是指分配到多少的公平性，亦即**分配正義**（distributive justice），近年來，學者開始注意到**程序正義**（procedural justice），也就是決定分配多寡的過程是否讓人覺得公平，以及互動正

10 J. Greenberg, "Cognitive Reevaluation of Outcomes in Response to Underpayment Inequity," *Academy of Management Journal*, March 1989, pp.174~84。

11 P. S. Goodman, "An Exam nation of Revenants Used in the Evaluation of Pay," *Organizational Behavior and Human Performance*, October 1974, pp.170~195。

12 C. T. Kulik and M. L. Ambrose, "Personal and Situational Determinants of Referent Choice," *Academy of Management Review*, April 1992, pp.212~237。

義（指是否受到關心、關懷）。*13* 試看 2002 年英國火車出軌意外，台籍死亡旅客雖獲高達新台幣五千餘萬元的賠償金，但家屬仍因未能在事前參與協商而深表不滿，即為一例。

第7節　期望理論

學者弗侖（Victor Vroom）認為，人之所以想要採取某種行為，乃是一種理性計算的結果。*14* 具體地說，一個人是否有努力工作的意願，決定於：(1)努力是否能帶來可接受的績效；(2)工作績效是否能帶來報酬；以及(3)該報酬是否為此人所高度看重，此即是**期望理論**（expectancy theory）。

期望理論的觀念，可以用圖 5-3 來加以說明：

1. 個人主觀認定，努力可帶來多少工作績效的機率或可能性，稱為**期望值**（expectancy）。如果個人認為努力將徒勞無功，則期望值為 0；反之，如果個人認為努力必然（100%）帶來績效，則期望值為 1。套用俗話來說，就是「一分耕耘，一分收穫」。

2. **工具性**（instrumentality）意指工作績效可帶走各種報酬結果的機率。此一機率亦是從 0 到 1。例如個人認為工作績效好，就可以獲得加薪、晉升、分紅入股、**股票選擇權**（stock option）等。

3. **價值**（valence）意指個人對各種報酬結果所賦予的價值。此一

---

13 M. A. Kovsguard, D. M. Schweiger and H. J. Sapiensza, "Building Commitment, Attachment and Trust in Strategic Decision-Making Teams: The Role of Procedural Justice," *Academy of Management Journal*, February 1995, pp.60~84; M. L. Ambrose and C. T. Kulik, "Old Friends, New Faces: Motivation Research in the 1990s," *Journal of Management*, Vo1.25, no.3, 1999, pp.231~292。

14 Victor Vroom, *Work and Motivation*, New York: John Wiley, 1964。

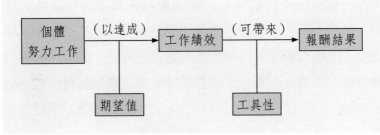

圖 5-3　期望理論

價值可從 -1 到 +1。-1 意指個人非常不想得到的結果，如減薪、降級、解僱等。+1 意指個人非常想得到的結果，而 0 則代表該項結果對個人而言，不具任何價值，同時也沒有負面的意義。

弗侖認為，動機（或激勵 M），就是期望值（E）和工具性（I）及價值（V）三者相乘的結果：$M=(E) \times (I) \times (V)$，因此，站在管理者的觀點，設法提高期望值、工具性和價值三者，都是激勵員工所不可或缺的工作。在提高期望值方面，管理者應審慎選任有能力的員工，或施以適當的訓練，將工作任務明確交代清楚，這樣一來，員工才不會徒勞無功。

其次，管理者在提高工具性上，亦可以有許多做法，例如明確指出對應各種績效所能給予的報酬結果、對於公司所渴望的績效，提供更優渥的報酬等。

最後，管理者亦應設法提高報酬結果的價值，在作法上，首要工作就是發掘員工的需求或動機，然後對症下藥，設法滿足員工的動機。例如對於窮困缺錢的員工，就應該多用金錢做獎勵，而對於不缺錢的員工，就應考慮滿足其親密、尊重或是更高層次的自我實現、成長、成就等需求。實際的例子包括中鋼公司為男性工程師舉辦聯誼會，以滿足其親密需求，IBM 公司為績優業務員設立百萬年薪俱樂部，並讓其擔任訓練新進業務員的講師，以滿足其尊重需求。

作為一種激勵過程的理論，期望理論確實獲得相當多的實證支持。但在實務上，許多組織在提供報酬時，可能是根據年資、學歷、努力程度、技能水準等，而非根據實際績效表現，因此，與其說期望理論獲得實證支持，不如說，期望理論促使組織盡量釐清個別員工的期望值（E）、工具性（I）及價值（V），以免員工只是虛應故事、陽奉陰違，在工作上不樂意盡心盡力地去做事。

第 8 節　其他激勵理論

學者們在研究需求（動機）與組織所提供的報酬之間的關鍵時，發現組織所提供的外在金錢（財務）報酬，對員工的**內在動機**（intrinsic motivation）有很大的影響。[15] 簡單地說，就是因工作本身所帶來的內在報酬（如工作的有趣性、重要性等）會因為外在報酬的加入而降低其激勵效果，最後使得整體的激勵效果反而不及僅有內在報酬存在的情況。此一理論也稱為**認知評估理論**（cognitive evaluation theory），在實證上獲得相當多支持。

不過，讀者當可看出，一般基層工作通常並未提供高度的內在報酬，因此，認知評估理論較適用於管理者、專業人士等，這些人常為了工作的內在報酬而賣力工作，甚或自動加班且不領加班費。此外，義工（如醫院義工、宗教義工）也是為了奉獻而做事，他們不去領任何金錢報酬，若是給予報酬，反而降低了工作的神聖意義。

此外，學者洛克（Edwin Locke）在 1960 年代末期指出，適切地設

---

[15] R. D. Pritchard, K. M. Campbell and D. J. Campbell, "Effects of Extrinsic Financial Rewards on Intrinsic Motivation," *Journal of Applied Psychology*, February 1977, pp. 9~15; P. C. Jordan, "Effects of an Extrinsic Reward on Intrinsic Motivation, A Field Experiment," *Academy of Management Journal*, June 1786, pp.405~12。

定目標,可以讓員工有所依循,知道努力的方向及程度,因此可以激勵員工達成較佳的績效。*16* 此處所謂的適切目標,意指目標是明確(數量化)的、具有挑戰性(但可達成的)而且能迅速回饋者。而洛克的論點即被稱為「**目標設定理論**」(goal-setting theory)。

明確而具體的目標,本身就富有激勵人心的特性,試看各項運動(如高爾夫)迷人之處,即在於有一明確的目標擺在選手面前。此外,困難或具有挑戰性的目標,也相當具有激勵人心的作用。俗話說:「取法乎上,行乎其中;取法乎中,得乎其下」,就是指這種設定較高目標者的績效,也可能較高的意思。*17*

增強理論(reinforcement theories)是有關連結個體行為及其結果(後果)的相關理論,它們顯示出管理者如何透過特定結果的給予而改變(操弄)個體的行為。由於增強理論與「學習」有密切的關係,將留待下一章再探討之。

第9節 整合性激勵理論

以上雖然介紹了許多個探討需求內涵或激勵過程的理論,但似乎都只是說明了現實狀況中的某一部分。換言之,受限於實證上很難同時操縱多項變數來做研究,一般研究大多只能探討少數變數之間的關係,因此也就無法呈現激勵的全貌。

---

16 Edwin A. Locke, "Toward a Theory of Task Motivation and Incentives," *Organizational Behavior and Human Performance*, May 1968, pp.157~89; 另參考 Edwin A. Locke and G. P. Latham, *A Theory of Goal Setting and Task Performance*(Englewood Cliffs, NJ: Prentice-Hall, 1990)。

17 在生涯目標的訂定上亦有類似的情況,參閱余朝權,《生涯規劃》,台北:華泰文化事業公司,1999 年。

　　底下所提的，是整合性激勵理論模型，是將既有的激勵理論融為一體的模型，如圖5-4所示。在此一模型中，包括了激勵理論中的內容理論（如馬斯洛需求層級論、阿德弗ERG理論、赫茲伯格雙因子理論、麥克里蘭三需求理論）、程序理論（如期望理論、公平理論、增強理論）以及其他理論（如目標設定理論、認知評估理論）等。此外，也提及個人「能力」及環境是否給予個人表現的「機會」等因素對個人績效的影響。[18] 因此，從理論模型的角度而言，這是一個較完整的激勵模型。

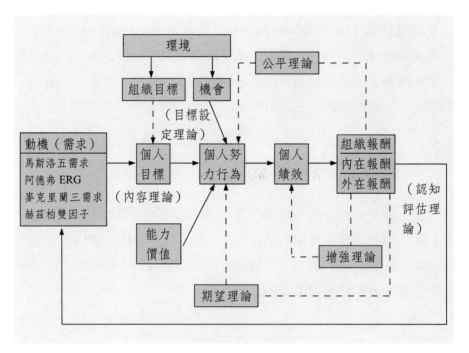

圖5-4　整合性激勵模型

[18] 同註5，頁173。

※歷屆試題

■選擇題

1. 哪一個期望理論（expectancy theory）解釋了以下信念，得到高分
   對於找到好工作是關鍵的？
   A) instrumentality
   B) expectancy
   C) goal setting to achievement
   D) valence
   E) 以上皆非

   【國立台灣大學96學年度碩士班招生考試試題】

2. 根據Herzberg's Motivation-Hygiene Theory，下列哪個因素與工作不
   滿意度（job dissatisfaction）無關？
   A) 與主管的關係
   B) 與同事的關係
   C) 工作保障
   D) 成就感
   E) 薪資

   【國立台灣大學96學年度碩士班招生考試試題】

3. According to the expectancy model of motivation, a salesperson who ex-
   pects a bonus if he performs above his sales quota is dealing with
   A) valence
   B) avoidance learning
   C) performance-outcome expectancy

D) effort-performance expectancy

E) negative reinforcement

【國立台灣大學 98 學年度碩士班招生考試試題】

4. Which of the following is an employee involvement program that educates and encourage employee to make decisions and conduct tasks as if they were the firm's owners?

A) Theory X management

B) Theory Y management

C) Theory Z management

D) Open-book management

E) Open-door management

【國立台灣大學 91 學年度碩士班招生考試試題】

5. Which of the following theories of motivation suggests that workers will be motivated if they are compensated in accordance with their perceived contribution to the firm?

A) expectancy theory

B) equity theory

C) reinforcement theory

D) need theory

E) fuzzy theory

【國立台灣大學 91 學年度碩士班招生考試試題】

6. According to Maslow, the authority and responsibility of an effective manager focuses upon which level of needs?

A) safety

B) social

C) physical

D) esteem

【國立成功大學 94 學年度碩士班招生考試試題】

7. McCelland's needs theory recognized that people may have different mixtures or combination of the needs; an individual could be described as the following except:

A) high achiever

B) power-motivated

C) hygiene oriented

D) affiliator

【國立成功大學 94 學年度碩士班招生考試試題】

8. McGregor suggested _____ as a philosophy of management with a positive perception of subordinates' potential for work.

A) theory X

B) theory Y

C) high needs

D) need for affiliation

【國立成功大學 94 學年度碩士班招生考試試題】

9. Herzberg's maintenance factors are the _____ context of the job and the motivational factors are the _____ content.

A) satisfaction; dissatisfaction

B) low-quality; high-quality

C) external; internal

D) secondary; primary

【國立成功大學 95 學年度碩士班招生考試試題】

10. David McClelland's needs theory is based upon the _____ of an em-

ployee.

A) experiences

B) innate aspects

C) hereditary factors

D) uncontrolled subconscious

【國立成功大學95學年度碩士班招生考試試題】

11. 哪個理論提出「個人會根據行為所產生某種結果的期望，以及此結果對個人吸引力的大小，而有某種行為的傾向」？

A) 權變理論

B) 公平理論

C) 增強理論

D) 以上皆非

【國立成功大學97學年度碩士班招生考試試題】

12. 依據三需求理論，成功的管理者為

A) 高成就需求；低權力需求

B) 高成就需求；高權力需求

C) 高權力需求；高歸屬需求

D) 以上皆非。

【國立成功大學97學年度碩士班招生考試試題】

13. According to Herzberg, removing dissatisfying factors from the work-place would result in which of the following?

A) no dissatisfaction

B) satisfaction

C) no satisfaction

D) motivation.

【國立成功大學97學年度碩士班招生考試試題】

14. An individual who would enjoy taking on the challenge of personally re-designing the workflow of a manufacturing line to improve productivity would probably be rated high on which of the following?

    A) need for achievement

    B) need for power

    C) need for fulfillment

    D) need for achievement

【國立成功大學 95 學年度碩士班招生考試試題】

15. Which of the following is NOT included in Maslow's hierarchy of needs?

    A) Safety

    B) Esteem

    C) Compensation

    D) Belonging

    E) Self-actualization

【國立成功大學 96 學年度碩士班招生考試試題】

16. 「衣食足然後知榮辱」，是屬於何種激勵理論的論述？

    A) 公平理論

    B) 期望理論

    C) 增強模式

    D) 需求層級理論

【97 年特種考試交通事業鐵路人員考試及 97 年
特種考試交通事業公路人員考試試題】

17. 人類需要愛情、友情及歸屬感是屬於馬斯洛（A. Maslow）需要層級理論的哪一部分？

    A) 生理需要

    B) 安全需要

C) 社會需要

D) 自尊需要

【97 年特種考試交通事業鐵路人員考試及 97 年
特種考試交通事業公路人員考試試題】

18. 赫茲伯格（Herzberg）的兩因素（two-factors）理論中，以下何者
是屬於激勵因子？

A) 工作環境

B) 人際關係

C) 薪水

D) 責任

【97 年特種考試交通事業鐵路人員考試及 97 年
特種考試交通事業公路人員考試試題】

19. 下列何者不是目標設定的目的？

A) 目標是可以設定明確的方向與指引

B) 目標是可以協助管理者考核績效

C) 目標是可以協助資源的分配

D) 目標是可以讓政府知道企業要完成的工作

【97 年特種考試交通事業鐵路人員考試及 97 年
特種考試交通事業公路人員考試試題】

20. 麥克里高（D. McGregor）的 Y 理論觀點，以下何者符合？

A) 員工天生不喜歡工作

B) 喜歡逃避責任

C) 普遍具有良好決策能力

D) 認為安全是工作中最重要的因素

【97 年特種考試交通事業鐵路人員考試及 97 年
特種考試交通事業公路人員考試試題】

■申論題

1. 有哪些動機理論（motivation theories）認為在某些特定情況下，員工入股及發股票選擇權作為主要激勵員工方式是不適當的作法？（12分）

【國立台灣大學 92 學年度碩士班招生考試試題】

2. 隨著台商赴大陸投資的規模與範圍的增加，管理大陸員工漸成為台商新的經驗與挑戰。由於大陸所得與生活水準普遍低落，員工在企業服務多以財務性報償為其工作之主要目的，而長期處於共產的社會制度環境，以及強烈的地域主義，員工之間，員工與企業之間的互信不易建立。對一個原本採行較為傾向人性化、員工自我控制型管理的製造業企業而言，面對大陸的管理環境時，是否需要修正其原先（在台灣實施）的管理作法？如何修正？為什麼？請就：(1)基本管理信念；(2)組織內權力分布；(3)組織協調方式；(4)激勵誘因；(5)內部控制機制等五方面回答。（每一小項 4 分）。

【國立台灣大學 87 學年度研究所碩士班招生考試試題】

3. 權變（Contingency）觀念在管理的理論與運用上都極為重要，請從(A)規劃；(B)組織；(C)激勵等三方面分別各舉出一種管理理論或技術是有運用到權變的觀念，針對這三個理論與技術，請一一分別：(1)簡要說明其內容；(2)並請說明為何這些理論與技術有運用到權變的觀念。（20%）

【國立成功大學 97 學年度碩士班招生考試試題】

4. 請說明 Hofstede 評估文化的構面，以及其與目標設定理論（Goal-setting Theory）的關係。

【國立成功大學 98 學年度碩士班招生考試試題】

5. What are the goal-setting theory and reinforcement theory. Describe how use these two theories to explain employee motivation.（20%）

【國立成功大學 96 學年度碩士班招生考試試題】

6. 試比較激勵理論中，西方學術界所發展出的內涵論（content theories）與過程論（process theories）的內涵與差異。這些理論可否適用於東方社會？有何種東方的激勵理論或觀點（古今）可以來闡明激勵的本質，以與西方理論並駕齊驅？

【國立政治大學 91 學年度研究所碩士班入學考試試題】

7. 公平理論主張員工的公平認知對於員工的行為有所影響，近年來公平的概念更進一步被區分為「分配公正」（distributive justice）、「正式程序公正」（formal procedural justice）以及「互動公正」（interact ional justice）等三種構面。請說明此三構面之意義為何？並討論此三種公正的概念對於員工的態度、行為的影響效果將有何種差異。

【東吳大學 90 學年度碩士班研究生招生考試試題】

8. 工作中的激勵因素可約略區分為「工作內激勵因子」與「工作外激勵因子」，試以激勵理論為基礎，討論二者對於員工的心態與行為的影響效果有何差異？

【東吳大學 90 學年度碩士班研究生招生考試試題】

9. 何謂激勵？（10 分）請列舉三項激勵理論，並簡述其內容。（15 分）

【98 年交通事業公路人員升資考度及 98 年交通事業港務人員升資考試試題】

10. 試說明如何能成為一位好的部屬，如何能成為一位好的主管。試由領導、溝通、協調、激勵及其它您認為重要的面向來說明您的看法。（25分）

【96年交通事業郵政人員升資考試試題】

11. 「激勵的效果源自於員工有未被滿足的需求，因此若無法明確了解員工未被滿足的需求為何，就無法設計有效的激勵措施」。請問你是否同意此段敘述？並請以激勵理論討論你同意或不同意的原因。（25分）

【96年交通事業郵政人員升資考試試題】

12. 工作或業績獎金是許多企業慣用的員工激勵方式，許多研究亦肯定工作或業績獎金對於績效的正面影響，但亦有研究質疑工作或業績獎金可能造成一些負面效果。試由激勵理論的角度分析工作或業績獎金對於員工可能造成的影響效果。（25分）

【96年交通事業郵政人員升資考試試題】

13. J. Stacey Adams' "equity theory" holds that an employee always compares his or her Job's input-output ratio with that of relevant others and then corrects an inequity. Please describe how this theory proposes to employee motivation （15%） and discuss the flaws of this theory（10%）.

【國立成功大學96學年度碩士班招生考試試題】

■個案申論

有時候員工會因為雇主允許他們做自己想做的事而受到激勵。蔡至名是一位自由工作的藝術家，但他也希望能有工作安全的保障。他說：「我應徵了 SAS 的景觀設計工作。雖然我不太符合資格，他們

仍在一個星期後通知我錄取了『駐廠藝術家』的工作。」現在，他一年約完成六十幅作品，擺設在公司展示。蔡至名說：「我會一直畫到我退休為止，就算到那時候，我仍舊是個藝術家。」

當高績效工作者定義出他們夢想中的工作後，他們可能會有非傳統的想法引導公司往創新有趣的方向發展。徐木文在一家財務服務公司工作，他開拓出一項獨特的利基：開發頂級客戶市場。他專門服務投資金額一千萬以上的顧客。結合他在這個利基市場的廣泛知識與對財務商品的理解，讓徐木文成為推薦客戶從事管理投資的理想人選。王心玲發現，他夢想中的工作是管理某家企業在花蓮的公司度假中心。他之前在公司的生產線工作，但一直想要有所改變。他說：「事實上，我是個自然主義者，我享受我現在的工作，樂在其中。」王心玲發現工作的本身就是一種獎勵，因為這項工作讓他充分發揮天分與技能。

就像上面所列舉的例子一樣，如果公司想要激勵員工，也許他們不應該只注重提供誘因給那些覺得自己工作無趣的員工，而是應該問問員工，什麼東西能讓他們的工作更具有激勵效果。員工最清楚什麼能激勵他們，或許他們也是最有效的工作設計者。

1. 對於本個案中提到的每位員工，請用 Maslow 的需求層級理論來說明他們的工作是為了滿足哪種需求？並說明你的理由。（15 分）

【國立成功大學 94 學年度碩士班招生考試試題】

2. 請論據 Herzberg 的理論來分辨本個案所述的每位員工在滿意與不滿意兩個概念上的程度。這些例子是否支持 Herzberg 提出的理論：滿意與不滿意不是相互對立的概念，而是兩個不同、獨立的概念。（15 分）

【國立成功大學 94 學年度碩士班招生考試試題】

■名詞解釋

1. expectancy theory

【國立成功大學 98 學年度碩士班招生考試試題】

2. Three-needs theory

【國立成功大學 98 學年度碩士班招生考試試題】

3. 管理之「X 理論」與「Y 理論」。（5 分）

【國立政治大學 97 學年度碩士班暨碩士在職專班招生考試】

4. 激勵的「期望理論」（Expectancy Theory）。（5 分）

【國立政治大學 97 學年度碩士班暨碩士在職專班招生考試】

5. Maslow 的「需求層級模型」。（5 分）

【國立政治大學 97 學年度碩士班暨碩士在職專班招生考試】

6. 保健（維生）因子（hygiene factor）

【97 年特種考試交通事業鐵路人員考試及 97 年
特種考試交通事業公路人員考試試題】

7. Expectancy theory

【國立成功大學 95 學年度碩士班招生考試試題】

8. Herzberg's Two-Factoe Theory

【國立成功大學 94 學年度碩士班招生考試試題】

9. 保健因子（hygiene factor）

【東吳大學 89 學年度碩士班研究生招生考試試題】

第六章　學習理論與組織學習

第1節　學習

　　在管理領域中，學習是經常被忽略的主題，以至於組織常認為訓練的效果不佳，員工經常犯相同的錯誤，而主管也不分青紅皂白就責罵部屬。這些都是不了解學習的方式與程序之故。

　　站在人性管理的立場，吾人有必要深入探討人的學習過程，以作為訓練培育人才的基礎。

　　首先說明學習的意義。學者一般認為，「學習是行為上一種相當持久的改變，它是增強練習或經驗的結果」。由這個定義可知，學習具有下面幾種特徵：

　　1.學習包含行為上的改變，但不一定是改善。

　　2.行為上的改變必須相當持久。

　　3.為了達到學習的目的，某些形式的練習與經驗是必須的。

　　4.練習或經驗要受到增強作用才能達到學習目的。

　　此外，也有人強調，「由於加強練習的結果，人在行為上一種相當持久的改變，稱為學習。」此一說法的重點，在於「加強練習」或「**強化練習**」（reinforced practice），意指練習過程應加入激勵措施。因此，「強化」或許是學習過程中最重要的觀念。

　　總而言之，學習乃是「經驗的結果」，此一經驗可以直接得自於

練習或觀察，也可能間接來自於閱讀。

第 2 節　學習理論概述

　　從心理學的觀點來看，學習是一種經由練習，而使個體在行為上產生較為持久改變的歷程。根據這個界說，個體經由練習而使行為改變，「改變」究竟代表什麼？又學習既是一種**歷程**（process），在這個歷程中，受何種因素所影響？關於這兩個問題，心理學家們的意見迄今未一致，所以才產生了不同的學習理論。有些心理學家用**刺激與反應的關係**（stimulus response relationship），把學習解釋為「**習慣的形成**」（habit formation），即認為經由練習，使某一刺激與個體的某種反應間，建立一種前所未有的關係，此種刺激反應間連結的歷程，就是學習。因此，此種理論就被稱為「**刺激—反應論**」（stimulus-response theory），亦稱為**聯想學派**（Associationism），以桑代克（Thorndike）的**試誤學習**（trial-and-error learning）、巴夫洛夫（I. P. Pavlov）的**古典式制約學習**（classical conditioned learning）和史肯奈（B. F. Skinner）的**工具式制約學習**（instrumental conditioned learning）為代表。

　　另外，一些心理學家不同意學習即習慣形成的看法，他們特別強調「**領會**」（understanding）在學習歷程中的重要性。他們認為，學習是個體在環境中對事物間關係**認知的歷程**（cognitive process）。因此，這種理論被稱為「**認知論**」（cognitive theory），亦稱為**完形學派**（Gestaltist）。以庫勒（W. Kohler）的**頓悟學習**（insightful learning）、托爾曼（E. C. Tolman）的**符號學習**和盧溫（K. Lewin）的**場地學習**（field learning）為代表。

　　上述兩派學說看法不同，但沒有一家學說能說明全部學習歷程。各派的努力對心理學都有貢獻，有的成為心理學的一部分，有的是心

理學研究的方法之一。從學習的歷程來看，試誤說與領悟說是一體的兩面，領悟是學習的結果，試誤是學習的過程，學習中含有領悟及試誤兩種現象；在領悟之前必有試誤，在試誤之後才有領悟。只不過「知識性的學習」較著重於領悟，而工人機械性操作的學習較著重於試誤而已。

底下簡單描述各種學說的要旨。

一　刺激—反應論（S-R）

（一）桑代克（Thorndike）的連結論（connectionism）

桑代克認為個體的學習是經由「嘗試與錯誤，偶然的成功及選擇與連結」，在此種方式下，個體經過對刺激的多次反應，終會使其二者間建立一個連結或結合。

桑氏認為 S-R 之間的連結就是學習，而連結又受以下三個原則所支配：

*1.*練習律：練習越多，學習效果越佳。

*2.*準備律：個體自身的準備越多，學習效果越佳。

*3.*效果律：反應後的結果越好，學習效果越佳。

（二）霍爾（Hull）的需要消減論（need reduction theory）

霍爾的理論中心乃是個體習慣強度之形成。習慣係經由制約反應而形成，而其強度則受**增強**（reinforcement）的支配。

霍爾強調學習歷程包含三個要素：

*1.***驅力**（drive）：乃是一種推動個體產生行動的內在刺激。

*2.***線索**（cue）：引發個體反應，並決定個體於何時、何地產生何種反應。

*3.*反應（respond）和**酬賞**（reward）：驅力推動個體向線索反應，反應後獲得酬賞，則同樣反應會繼續產生，若繼續獲得酬賞，習慣即可形成。驅力因酬賞而消減，表示增強的效用，對個體來說就是需要的滿足，也正表示需要程度的消減。

二 認知論（cognitive theory）

認為學習是個體在其環境中，對事物間關係認知的歷程。換言之，個體在學習情緒中的一切反應，不是零碎的、亂動的，而是對整個情境有目的的活動，學習不是盲目的嘗試，也不是片段的交替反應，而是對環境的領會，進而把握關鍵獲得學習。

三 符號完形論（sign-gestalt theory）

托爾曼（Tolman）認為個體學習是有目的的，在學習歷程中，個體的學習是逐步進行的，在全程中可以分為幾個指標或符號，個體之所以能辨別這些符號，要靠他們知覺與**認知**（cognitive）的能力。個體行為決定於其對刺激的知覺與否；換言之，構成學習的必須條件，是個體對刺激的了解，亦即個體對符號、符號與目的間的關係的認知。

第3節 四種主要學習途徑（learning pathways）

一 操作制約（operant conditioning）

B. F. Skinner 曾被美國心理學會選為最有影響力的心理學家之一，

他發現有些行為不需有早先的刺激來引發，這些行為常常是一種自發的行為，由於它的出現引起了環境的變化，又因為環境的變化使它強化、維持或消失。Skinner 把這種行為叫作「**操作性行為**」（operant behavior）。*1* 所謂**操作性**（operant），是指這種行為能操作環境事物，能改變環境事物。例如工人打開車床開關，是導致機器運作的操作性動作。

Skinner 發現，如果「操作性行為」之後，產生了若干後果，這些後果對個體又具有鼓勵、酬賞的作用；一旦行為和後果之間建立了新的連結關係，在類似的情境下就可以提高它的反應率。因此 Skinner 把這種建立連結關係的過程，稱為「操作制約」。

例如白鼠置於 Skinner Box 中的實驗過程，可以圖 6-1 表示：

操作制約在組織行為領域中，有時被稱為「**行為調整**」（behavior modification），或逕稱為「**增強理論**」（reinforcement theory）。*2* 人們從經驗中學習到如何改變行為，以便從環境中得到最大的好處或將最壞的結果降至最低。*3* 其實，這也就是前面所提及的**效果律**（law of ef-

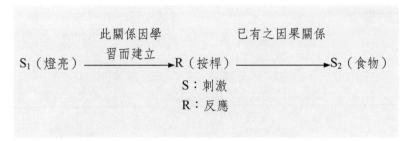

圖 6-1　操作制約

1 B. F. Skinner, *The Behavior of Organizations*, New York: Appleton-Century-Crofts, 1938。

2 Stephen L. McShane and M. A. Von Glinow, *Organizational Behavior*, New York: McGraw-Hill, 2003, pp.40~46。

3 R. G. Miltenberger, *Behavior Modification: Principles and Procedures*, Pacific Grove, CA: Brooks/Cole, 1997。

fect）之延伸。行為學者將結果分成四類，合稱為**增強情境**（contingen-cies of reinforcement）：正強化、負強化、懲罰和消除，如圖 6-2 所示。

增強效果還會因**增強的時程**（schedules of reinforcement）而有所不同。如圖 6-3 所示，增強可以分為以時間為基礎和以行為為基礎二類，每一類又分為固定時程和變動時程，因此總共可分為四種：固定期間、變動期間、固定比率和變動比率。

二 社會學習

社會學習（social learning）有時又稱為代理學習（vicarious learning）。社會學習理論是操作制約的延伸，意指人不僅能由自己親身去做（doing）而學習，亦能藉由觀察別人做的情形而獲得學習，甚

		結果		
		結果引入	無結果	結果取消
行為	增加或維持	正增強（例如完成任務而獲獎）	——	負增強（例如績效改善而不再受責罰）
	減少或消失	懲罰（例如作業瑕疵而受罰）	消除（例如吵鬧行為不再受到注意）	懲罰（例如因違規而被取消休假）

圖 6-2 強化情境

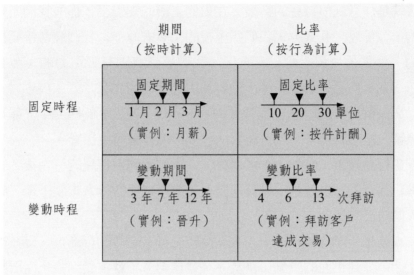

圖6-3　增強時程

至是由別人告訴我們的事件中也能學習，這種學習學就是「從歷史中獲得教訓（學習）」。

　　人類是最會模仿的，當我們看見了別人表現某種行為且因而獲得報酬，我們便較會從事此種觀察到的行為；反之，殺一儆百，別人因某一行為導致懲罰，我們也就較不會去做了。

　　稱為「社會學習」，因為它是透過社會現象或在社會中發生的。在社會學習理論中，偶像或**模特兒**（model）的影響力是整個理論的重心。人們透過對模特兒的觀察而在行為上受到影響，故有時被稱為「**行為模仿**」（behavior modeling）。

　　更詳細地說，社會學習的過程，可分為四個階段：4

　　1. 注意（attention）：人們從模特兒身上學習的第一個過程或階

---

4 Stephen P. Robbins, *Organizational Behavior*, Upper Saddle River, New Jersey: Prentice-Hall, 2001, pp.42~43。

段，就是注意到模特兒的特徵。在人們主觀的知覺下，那些我們所熟悉的（如雙親、長輩）、我們所重視的（如老師）、我們經常接觸得到的（如電視中的人物、角色）、我們感到特別有吸引力的（如偶像——電影明星、歌手）等，最容易引起我們的注意。

2.**保留**（retention）：模特兒的一言一行，在人們的腦海中，能夠被保留、記憶的部分，就可能對人們的行為持續產生影響。

3.**行動複製**（motor reproduction）：人們看到模特兒的行為後，必須轉化為行動，也就是「見賢思齊」，將模特兒的行為複製下來，成為人們自己的行為。

4.**強化**（reinforcement）：人從模特兒身上學得的行為，一旦在現實生活中受到正面的獎酬（誇獎、金錢獎勵），就會受到強化而更常出現在此人身上。

行為模仿與**自信**（self-efficacy）有相當密切的關係。所謂「自信」，意指一個人相信他有足夠的能力、動機和資源去完成任務。[5]

行為模仿是在一個人觀察到別人做某一件事，因而覺得自己也能做得到，而不僅是別人告訴你怎麼做，因此，可以增進一個人的自信。這也就是俗稱的「身教重於言教」或「言教不如身教」。因此，主管人員時常必須以身作則，親自動手，而後部屬才會較有自信地學著去完成類似的任務。

社會學習理論中，還有一個重要的元素，就是「**自我增強**」（self-reinforcement）。自我增強意指人們可以控制某一**增強物**（reinforcer），而在達成自訂目標後，可以取用此一增強物。[6] 例如在完成某一任務

---

5 A. D. Stajkovic and F. Luthans, "Social Cognitive Theory and Self-Efficacy : Going Beyond Traditional Motivational and Behavioral Approaches, " *Organizational Dynamics*, 26, Spring 1998, pp.62~74。

6 A. W. Logue, *Self-Control: Waiting Until Tomorrow for What You Want Today*, Englewood Cliffs, New Jersey: Prentice-Hall, 1995。

後，人們可以決定要休息或渡假、休閒，就是自我增強（也是一種正增強），則社會學習效果也就會提高。

三　古典制約（classical conditioning）

巴夫洛夫（Pavlov）發現狗進食時會分泌唾液，這是一種不需經過學習的自然反應，他稱之為「**非制約反應**」（unconditioned respond）。但他發現狗只要看到食物時，也會分泌唾液。巴夫洛夫認為這種反應是經由學習而獲得的，於是他進行實驗，在狗進食當中或之前，另外伴隨一**中性刺激**（neutral stimulus），如鈴聲或燈光。經過若干次後，那狗不僅看到食物會分泌唾液；即使沒有看到食物，或只聽到鈴聲，也會自動流出口水。像鈴聲或燈光，本來與分泌唾液的反應是毫無關係的，但與食物（非制約刺激）經過多次配對連結之後，也會使狗產生流口水的反應。巴夫洛夫稱鈴聲或燈光等為「**制約刺激**」（conditioned stimulus）。這種「非制約刺激」隨著「制約刺激」之後出現的程序，可以強化狗對「制約刺激」的反應，故稱之為**增強作用**（reinforcement）。經過多次的增強作用後，即使鈴聲出現後沒有見到食物，狗仍會分泌唾液，此即為「**制約反應**」（conditioned respond）的建立。可由圖 6-4 表示：

巴夫洛夫還發現，若「制約刺激」出現後，未伴隨「非制約刺激」，即沒有增強作用，經過幾次之後，「制約反應」就會逐漸消

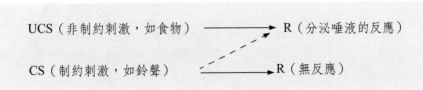

圖 6-4　制約反應

失，此稱為「消弱作用」（extinction）。

四 頓悟學習（insight learning）

頓悟現象是由心理學家 Wolfgang Kohler（1925）在研究猴子時發現的。頓悟的產生是個體領會了環境中各事物間的關係；換言之，頓悟之產生是由於個體在學習情境中知覺的突然改變。

四種學習途徑之比較，如表 6-1 所示。此種情況在宗教上亦很類似，例如在佛教裡，各宗派所主張的學習途徑亦各有不同，如表 6-2所示。

表 6-1　四種學習之途徑比較

型態	機制 （mechanics）	因果原則 （causal principle）
1.操作制約	隨機行為與成形（shaping）	直接強化
2.社會學習	觀察與敘述（rehearsal）	觀察到的與直接的強化
3.古期制約	某些刺激與已具有之物質的配對（pairing）	連結（association）
4.頓悟	形式與解答在突然間變成很清楚	問題的重組（restructuring）

表 6-2　佛教宗派的學習途徑

主要修道	宗派名稱	主要內容	代表性人物
追求真知	唯識 華嚴 天台 般若	一切有 七分有三分空 三分有七分空 一切空	熊十力 方東美 牟宗三 ——
講求實行	淨土 禪宗 密宗 律宗	修身唸經 講究頓悟 持咒與手印 托缽苦行	星雲、聖印、白聖 廣欽（水果師） 廣定

資料來源：洪姓居士提供。

第4節　學習的機制

學習作用包括兩種機制：一為學習的生理基礎，另一種則為學習的法則。如圖 6-5 所示。

一　學習的生理基礎

包括由外界獲得訊息的器官，例如眼睛、耳朵……等感官，以及表現行為的肌肉、骨骼系統，此外，還包括儲存記憶的大腦神經系統。大腦神經系統可以利用既有的經驗面對新的問題，如果沒有這種記憶裝置，任何經驗都將是新經驗，根本談不上學習了。除了這些外顯的機制外，學習還必須有一些連結裝置，將輸入的訊息和表現的行為連結在一起。人若缺乏這種連結機制，就無法從經驗當中學習到新的東西。

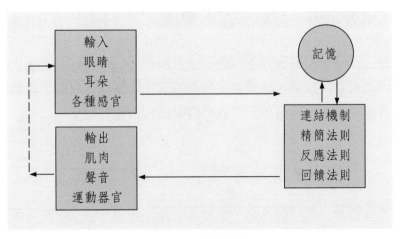

圖 6-5　學習的機制

上述由獲得訊息，儲存經驗、連結，到表現行為的歷程中，有一定的法則可循，這就是學習法則。

二　學習的法則

1.精簡法則（stinginess rule）：誰都要選擇最有效的行動，所謂有效的行動就是簡單而省時、省力的行動。

2.反應法則（response rule）：人不能只接受訊息而不反應。接受外界訊息的時候，除非有所反應，否則這些外界訊息會被遺忘。換言之，學習歷程中，隱含一種需要，那就是人有工作或行動的需要，透過這些練習，而且是重複的練習，學習效果將較佳。

3.回饋作用（feedback）：人要從其表現出的行動中，得到新的訊息，亦即必須知道自己的行為是否正確，才能增進學習效果。例如建築師不知道自己的缺點就無法修正缺點；管理人員不知道工廠設計的錯誤何在，就無法修正設計。

第5節　有效學習的原則

雖然許多學者對有效學習的看法有差異，但有些較為普遍化的原則已經為大家所接受。這些較重要而普遍化的原理，有些來自連結理論，有些來自認知理論，而有些來自動機和人格理論。

一　連結理論的原則

*1.*學習者必須採取主動，邊做邊學比「光學不練」更有效。
*2.*重複學習有助於學習各項技能。

*3.*增強作用（reinforcement）相當重要。一般而言，正增強（例如獎勵）比負增強（例如懲罰）更有助於學習，而間歇性強化比連續性強化更有效果。

*4.*概化（generalization）和辨別（discrimination）的效果；在不同的情況下練習，有助於學習。其中，概化意指「舉一反三」，即學習者能將學得的行為應用在類似的情境。而辨別意指學習者能分辨出兩個情境之差異，進而採用不同的行為。

*5.*透過不斷的模仿或暗示，我們的行為才能不落窠臼而有**新意**（novelty）。

*6.*在學習困難材料的過程中，人們會產生衝突和挫折，這些情緒性的反應必須加以解決，才能增進學習效果。

二　認知論的原則

*1.*了解認知的原理有助於學習，因此，在發現問題時，要盡量把主要特徵讓對方認知出來。

*2.*學習素材的組織要合理，素材由無意義的**部分**（part）整合到有意義的全面，由簡單到複雜皆有助於學習。

*3.*了解的學習比死記、硬記而不求了解來得有效。

*4.*給學習者回饋，有助於他了解正確的知識，改正錯誤的觀念。

*5.*學習者自己設定特定的目標，比較容易達到學習效果。

*6.*分散式學習比集中式學習效果佳，此稱為「**分散學習原則**」（principle of distributed learning）。

三　動機和人格理論的原則

*1.*每一個人的能力有差異，因此，對某些事物來說，有的人學得

快，有的人卻學得慢。在訓練過程中，宜「因材施教」，效果才會較佳。

2. 後天的發展與先天的遺傳條件對學習者都同樣重要。

3. 焦慮程度也許對學習者有利或有害，一般原則是：高度焦慮的個體在學習過程中，不接受批評或建議可能表現較佳；反之，低焦慮的人在學習過程中接受批評，則可能提高學習效率。

4. 個人的動機和價值體系，能夠影響學習欲望及效率。

5. 學習的團體氣氛（競爭或合作，獨裁或民主，個人孤立或團體認同）會影響學習成果與滿意度。

第6節 學習移轉

學習移轉（transfer of learning）是一種學習效果的擴展現象，在訓練時所學到的行為，必須能移轉到工作上，學習才算有效果。

學習移轉理論主要有二種：

1. **相同元素論**（theory of identical elements）：由 Thorndike 和 Woodworth 所提出，意指舊學習之所以對新學習有遷移作用，是由於新舊二者之間具有相同元素。相同的元素越多，移轉之成就越大，如算術乘法中有一部分加法，故會加法，有助於乘法之學習。

2. **共同原則論**（theory of general principles）：C. H. Judd 主張學習移轉的可能，在於由舊學習中學得的原則能否應用而定。

學習移轉現象主要可分成二類：

1. **正向移轉**（positive transfer）：指舊學習的效果有助於新學習時稱之，如學英文後，學法文較快。

2. **負向移轉**（negative transfer）：指舊學習的效果阻礙新學習的現象。如在台北靠右駕車，到日本後靠左駕車反覺不習慣。

學習移轉之種類則可分為三類：

1.對邊移轉：亦稱「交叉訓練」，屬於運動性技能學習的一種遷移現象。

2.轉介移轉：個體對某一刺激學得固定反應之後，以此反應為媒介或線索，而對同類刺激構成新的反應，如學會人體素描，則有助於學習人體雕塑。

3.累積技巧：個體透過多次同類練習之後，從經驗中獲得一種如何學習的新技巧，這種技巧並非僅由前一學習而來，而是透過多次學習經驗的綜合，如寫小說的技巧。

表6-3是訓練技巧與學習原則之對照。

一　記憶

記憶係指過去經驗的維持，包括記住、保存、回憶與辨認四種心理功能。

記憶的基本過程，可分為三個階段：

1.轉譯（encoding）：接受訊息，並轉換成可以保存的形式。

2.儲存（storage）：指長期的保有訊息。

3.提取（retrieval）：從記憶中找出某一特定的訊息。

在學習進行的過程中，學習的成果常隨練習次數的增多與時間的經過而有變化，若將此種關係畫成曲線，即成為學習曲線，如圖6-6所示。又因為該線性質只是實作的結果或所記憶的多少，故又可稱為**記憶曲線**（memory curve）或**實作曲線**（performance curve）。

學習進步的速率，主要可分二類：

1.負加速變化（先快後慢）：如圖6-6虛線所示，其原因包括(1)初學時興趣大、動機強；(2)所學材料易；(3)學習者已有類似經驗（正向遷移）。

表6-3　訓練技巧與學習原則之對照

	激勵學習者主動參與	強化將訓練結果回饋	刺激素材經過組織	反應練習與重複	移轉容易與否
在職訓練技巧					
1.工作指導	○	△	○	○	○
2.學徒制	○	△	?	△	○
3.實習與助理	○	△	?	△	○
4.職務輪調	○	×	?	△	○
5.初級董事會	○	△	△	△	○
6.教練	○	×	△	△	○
工作外訓練					
1.新生訓練	○	△	○	○	△
2.演講式	×	×	○	×	×
3.特殊研究	○	×	○	?	×
4.影片	×	×	○	×	×
5.電影	×	×	○	×	×
6.研討會	○	△	△	△	×
7.個案研究	○	△	△	△	△
8.角色扮演	○	△	×	△	△
9.模擬	○	△	△	△	△
10.程序教學	○	○	○	○	×
11.實驗	○	○	×	○	△
12.程序式團體練習	○	○	△	△	△

符號解釋：○是，△有時，×否

　　2.正加速變化（先慢後快）：如實線所示，其原因包括：(1)初學時缺乏心理準備；(2)材料困難；(3)舊習慣之干涉（負向遷移）；(4)技能學習之方法尚未熟悉。

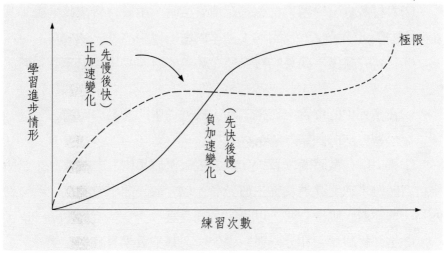

圖 6-6　學習曲線

學習曲線上，有四種現象值得吾人注意：

1. 高原現象：學習進步到某一階段，可能停滯不前，學習曲線呈現一段近似水平的直線，若再練習，稍後又進步，原因為學習方式的改變、學習動機減弱（因進步慢）、學習習慣改變。

2. 起伏現象：學習曲線絕非平滑的，通常呈起伏狀態，亦即有時學習得快，有時學習得慢。

3. 極限現象：受生理限度影響所顯示的最大學習狀況。吾人可利用極限現象來測度學習效果好壞。

4. 瞬間恢復：在學習過程中，如果有休息，則在休息後，學習的效果將大幅增進，且高於休息前的學習程度。此係因休息前學習程度受到疲勞因素之影響，另一個可能的原因則係學習移轉中的累積作用所致。

影響記憶的因素，一般而言可分為三類：

1. 學習素材因素

(1)意義性（meaning-fullness）：指所學素材與學習者個人經驗間的關係而言，二者關係越密切，即表示對個人越有意義，越易記憶。

(2)素材多寡：學習素材超過記憶廣度時，由於材料彼此干擾，其長度增加後，學習也就越困難，且呈遞增的現象。

(3)材料的難度：簡易的材料較之艱難的材料易學，但未必易於記憶。

(4)在序列中的位置：首尾二端，較列在中間者易於記憶。

　2.學習方法的因素

(1)集中與分散時間學習：分散之效果優於集中。一般言之，若所學材料較難，缺乏興趣及易生疲勞者，以分散時間學習為宜，若材料簡易、興趣濃、動機強時，以集中時間為宜。

(2)全部材料學習和分段材料學習（又稱整體學習或部分學習）：

　①所學者為有意義、有組織、前後有連貫性之材料者，宜用整體法。

　②用分散學習法時，整體法較部分法為佳。

　③若學習者之智力較高，並對所學已具有相當經驗時，較宜採用整體法。

(3)學習的程度：指個體正確反應所能達到之地步而言，「過度學習」乃學習後多加練習是構成記憶之重要因素，過度學習較多，習後記憶也較多。

(4)學習結果的獲知，有利於學習，因可糾正錯誤，是種誘因，引起學習興趣。

(5)閱讀學習與背誦學習，二者並用。

　3.學習者個人的因素：有智力、年齡、性別、動機、學習技巧、情緒、其他。

二　遺　忘

過去經驗不能持續之現象，稱之為遺忘。

1. 經驗為學習後在個人神經系統中留下的記憶遺跡。

2. 當經驗不能持續時，即屬遺忘。

3. 遺忘與記憶實為同一歷程的不同方向。

構成遺忘之原因，有四種不同說法：

（一）時間與遺忘

有人認為，在學習後，個體神經系統中留下記憶遺跡，此記憶遺跡若經久不用，會隨時間消逝而自動泯沒。

（二）學習的干擾（逆攝抑制和順攝抑制）

1. **逆攝抑制**（retroactive inhibition）：新學習活動干擾舊學習活動之現象，其對舊學習記憶之影響，視新舊學習活動的情形及學習材料之變化而異。如相似性、學習程度、學習量、時間關係。

2. **順攝抑制**（proactive inhibition）：又稱習慣的干涉，指舊學習的結果影響到新學習記憶的一種抑制現象，又稱**聯想抑制**（associative inhibition），是一種負向移轉的現象。

（三）記憶的質變

心理學家認為，吾人對剛學到的事物，多能將整體記憶，但經過一段期間後，整體被分解成片段，片段與片段間便產生了空隙，回憶時須靠舊有經驗中類似的記憶，將片段連結在一起，因而難免添枝加葉、加油添醋，而使整個內容變質。

（四）動機性遺忘

遺忘是由於個人不願意記憶，亦即有意把學得的經驗忘掉，特別是屬於罪疚感、羞恥感以及其他不愉快的經驗，總希望把它們排除於自己的記憶之外。但事實上這些經驗並未消失，而是暫時予以**壓抑**（repression），使其不能記憶，或是予以較為持久的壓抑而成潛意識狀態。

　　把學習後保留量隨時間加長而產生變化之情形繪成一條曲線，稱之為遺忘曲線，如圖 6-7 所示。其特點在於停止練習後，立即陡降，而後則為緩慢遺忘。

　　綜上所述，可知學習係個體經由練習，而使其在行為上產生較為持久改變的歷程。對於學習歷程，有各種不同的學說與觀點，但均可說是一體之數面，只是更凸顯學習現象之本質而已。

　　對有效學習之原則，學習移轉及記憶與遺忘之內容與特性能具有較廣泛之認知時，則對於個人之「學習」效率與效能，必有莫大之幫助。

第7節　學習理論之應用：人才培育

　　人才培育乃是運用**學習原理**（learning principles），透過**員工訓練**（training）與**組織發展**（development）的方式，來增進員工的知識和技能，進而提高員工目前和未來的工作績效，同時也促成員工個人在組織內的成長。

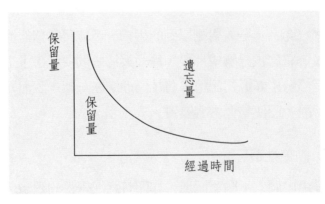

圖 6-7　遺忘曲線

一　人才培育的目的

許多企業已在人才培育上做鉅額的投資。這些企業的目的，均不外乎下列三項：

　　1.提高員工績效水準。

　　2.使員工更具彈性。

　　3.使員工認同於企業。

底下分別說明之。

（一）提高員工績效水準

提高員工績效水準，可以說是大多數企業從事人才培育的主要目的。企業在營運過程中，經常會面臨兩類困境，一為員工的生產力不再提升，甚或趨於下降，另一為新科技不斷出現，導致員工的技術水準顯得落伍。為了因應這兩類困境，利用訓練、再訓練或發展來培育人才，已是企業不得不注重的人事功能。底下是一些美國大型企業的實例：

- 全錄（Xerox）公司每年耗資一億二千五百萬美元從事員工的訓練與再訓練（retraining）。
- 惠普（HP）公司以一百萬美元訓練員工轉任新職務。
- 位於達拉斯（Dallas）的得來塞企業（Dresser Industries）提供五百種訓練與發展課程給員工。

（二）使員工更具彈性

企業如果能夠注重人才培育，使員工有機會接受各種訓練發展課

程，則其未來所能適任的職務將更多，所能勝任的工作也越廣，如此一來，企業將不會受到科技急劇變遷所帶來的衝擊，因為企業將可迅速調整組織、人事、產品、技術等，而不虞缺乏勝任各項新職位的人手。

（三）使員工認同於企業

一個企業要如何顯示出其重視員工的心意，絕非口頭上說說或略施口惠即可，而人才培育措施正是使員工感受到企業重視他們的最佳表現。透過各種訓練方案的提供，企業可向員工證明，它是真心地在關切員工的發展，因而員工將認為該企業是可以久待之處，而非一個純粹在剝削人力之處。

嚴格地說，培育與訓練有所不同，如表 6-4 所示。

一般說來，人才培育的執行過程，可如圖 6-8 所示。

至於培育辦法，主要分為在職培育與在外培育二種，其內容如圖 6-9 所示，這些培育方式之優缺點，如表 6-5 所示。因此，學者建議依培育程度與內容選擇培育方案，如表 6-6 所示。

表 6-4　人才培育的角度

發展	
短期訓練 ————————	長期培育
為了提高生產力 ————————	為了改善工作生活素質
想到就做 ————————	系統性、有計畫
適任目前工作 ————————	可廣泛運用
個別培育 ————————	群體培育
個人不參與規劃 ————————	個人可參與規則

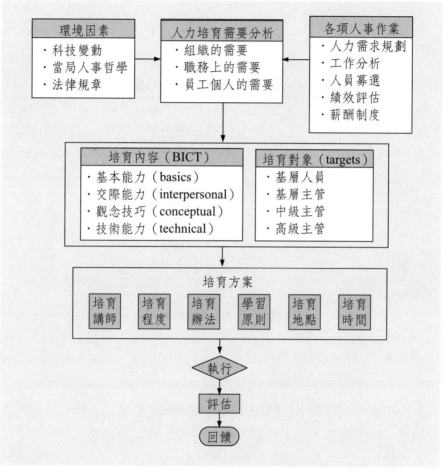

圖 6-8　人才培育程序圖

二　人才訓練

　　企業一旦決定了某一職位的人選，接著就應進行訓練工作：新進人員必須加以引導，而晉升人員與原有人員則應加以訓練，兩者都是為了讓員工獲得基本工作知識與技能。

　　底下首先探討訓練前的準備，其次說明訓練後的安置。

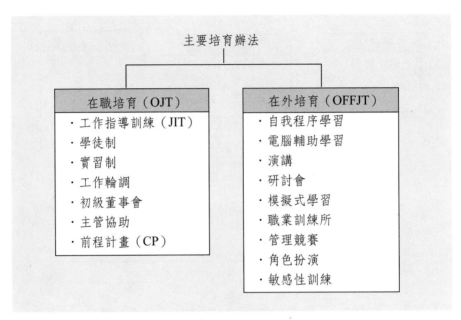

圖6-9　主要培育辦法

（一）訓練前的準備

近年來，辦理員工訓練的企業有驟增的趨勢，一些學有專精的專家學者，經常應接不暇，成為不景氣時期的景氣服務業之一。

一般企業在辦完訓練後，評估其訓練效果時，不外乎列舉訓練的場次、時數、或參加人數等。許多規模較大的企業，更進一步繪製曲線、圖表，來顯示公司對訓練的重視。

不過，這些場次、時數、人數等指標，只能代表企業所付出的訓練成本，卻不一定能代表訓練成果。為了進一步了解訓練成果，企業有必要對受訓的人員，來一次考核。套用新兵訓練時的術語，這叫做「成果驗收」。

表 6-5　主要訓練培育方式之評估

在職訓練	優　點	缺　點
工作指導	・容易移轉 ・毋須另找設備	・干擾工作績效 ・損壞設備
學徒制	・不干擾實際工作績效 ・可提供長期訓練	・可能與工作無關 ・耗時較長且昂貴
實習與助理	・容易移轉	・不全是真正工作
職務輪調	・現場實地學習 ・可接觸多種工作	・可能在一職務上的時間太短
初級董事會	・可試煉高階決策	・無法讓太多人參加 ・可能很昂貴
主管教練	・不昂貴	・效果因主管而異
前程計畫	・員工參與前程發展 ・有利於主管繼承計畫	・可能產過多期望
在外培育		
正式課程	・不干擾工作 ・不昂貴	・須有語文能力 ・不易移轉
模擬	・容易移轉	・現實很難重現
角色扮演	・可增進交際能力 ・可了解他人	・現實很難重視
敏感性訓練	・可促進了解自我 ・可了解他人	・不一定能移轉

　　也許有人認為，員工接受訓練，應該會自動自發地去學習，力求上進的。如果企業內的文化，的確是這類民主式的管理型態，則負責訓練的人，應該把管制重點從訓練後的驗收，移到訓練前的準備。

　　訓練專家們指出，最好的訓練方式，乃是和員工共同決定訓練內容，再聘請內部或外界專家擔任講師。根據筆者的體驗，企業在外聘講師方面，經常發生的幾個問題，都是由於講師來自外界而非來自公司內部所致。舉例說明如下：

表6-6 根據培育程度與內容選擇培育方案

		培育的技巧內容		
		基本能力／技術能力	交際能力	觀念技巧
培育的程度	基本知識	·職務輪調 ·初級董事會 ·學徒制 ·工作指導	·角色扮演 ·敏感性訓練 ·正式課程	·職務輪調 ·初級董事會 ·模擬 ·個案研討
	技術發展	·職務輪調 ·初級董事會 ·模擬 ·主管教導	·職務輪調 ·初級董事會 ·模擬 ·角色扮演 ·敏感性訓練	·職務輪調 ·初級董事會 ·模擬 ·個案研討
	操作效率	·職務輪調 ·初級董事會 ·學徒制 ·工作指導 ·模擬 ·實習與助理 ·主管教導	·職務輪調 ·初級董事會 ·學徒制 ·工作指導 ·模擬 ·角色扮演	·職務輪調 ·初級董事會 ·個案研討 ·模擬

資料來源：取材自 T. Von der Embse, "Choosing a Management Development Program A Decision Model", *Personnel Journal* (October 1973), p.911。

1. 外聘講師不了解公司實況，而負責訓練的人，事先未和講師做一番溝通。

2. 訓練的舉辦太倉促，臨時才想到要找講師，結果不是找不到優秀的講師，就是講師沒有時間做充分的準備，使訓練效果大打折扣。

3. 企業喜歡聘請知名度高的講師，而不去聘請有實力的專家。一般來說，知名度高的講師，實力大致不錯，不過，術業有專攻，若是找一個不專精的知名人士來講課，不如一個有實力的專家來得恰當。

4.企業捨不得花錢聘請適當的講師，結果隨便抓個人來充數，這在偏遠地區的企業最常發生，而訓練效果也就無法彰顯。有時，企業本身財大氣粗，把聘請講師當作是一種「施惠」、「給面子」的行為，以致有操守的講師「不食嗟來食」，結果企業同樣找不到好的講師。許多公營機構負責訓練的人當中，不乏有這種心態者。

基本上說來，訓練是為員工辦的，而不是負責訓練的人辦的，所以一定要講求實效。如果事後不做驗收，則事前準備一定要充分。否則，當前最需要訓練的，可能就是負責辦理訓練的人了。

（二）訓練的後遺症

為了提高員工的技術能力與管理能力，企業界逐漸肯花錢在員工的教育訓練上。有些企業為了引進更深入的技術，更不惜耗費鉅資送員工出國或到國外企業考察，或逕至某一工廠駐廠學習，以利學成後提升公司的科技水準。

其中，有些企業卻嘗到了苦果。就像公費留學生滯留國外不歸一樣，未經詳細規劃的訓練方案，也可能在告一段落之後，形成員工滯留國外就業，或是回公司後，短期內跳槽、被挖角，變成楚材晉用，出現公司血本無歸的「訓練後遺症」——員工流動率大增。

業界的反應多有不同。以事務機器買賣起家的某關係企業老闆，在六、七年前遭遇電腦人才訓練後跳槽之事後，決定從此不再於員工身上做重大投資（培育員工）。結果在此一訓練政策下，公司的員工逐漸老成、凋謝。員工素質未能提升，故該企業雖也想在電腦業有所作為，卻總是振作不起來，枉費老闆本人很早就踏入電腦業的先見之明。這件事例告訴我們：因噎廢食並不是面對訓練問題的適當作法。

還有一類企業家比較寬宏大度，他們認為員工跳槽無所謂，因為他們終究是為這個國家在貢獻力量；因此他們只管訓練（耕耘），不管回報（收穫）。當然，如果我們站在國家觀點來看，這種說法是不錯的。然而，企業本身是個獨立經營的個體，而且具有獲利的基本目的，如果它不把幫別人（甚至是對手）訓練人才放在心上，那它似乎應該變更登記，成為「慈善機構」或「職業訓練局」的一分子。換言之，故意忽略訓練後遺症，隱疾諱醫，也不是辦法。

還有一類企業採用簽約方式，即員工在受訓前，先和公司簽一紙服務契約，學成後服務相同年限或加一倍、二倍，或逕自訂立三年、五年的「賣身契」不等。結果這種作法只是延緩了受訓員工跳槽的時間，且其在職時，是否把學到的東西貢獻出來，仍是一個未知數。套用一句小說上的用詞：「留得住他的身，留不住他的心。」這也不是企業所樂見的情形。

總之，訓練或培育員工，必須從長計議。因為訓練結束並非事情的結束，而是另一個管理問題的開始。

（三）訓練後的安置

上文提到，員工的訓練並不是結束，而是一個開始。業者如果不防，將面臨訓練的後遺症。

如能分析後遺症發生的原因，設法對症下藥，或可思患預防，使後遺症消弭於無形。

員工受訓後，其才能或技術已有所增進，若企業仍將其安置在舊日的職務上，做相同的工作，則這位員工可能會覺得工作內容不具有挑戰性，或是本身空習得一身本領，卻無處發揮，因而想到另謀發展。面對這一類員工，企業宜賦予更大的職責，甚至在訓練之前，就安排此人回來後的職務，未雨綢繆，才能真正嚐到員工成長的果實。

附帶一提的是，有些員工重視的也許不是**職務**（job），而是**職位**

（position），因而在這一類員工受訓回來後，宜調整其職位，而不僅是加重其職務、量才適任一番而已。

其次，對於受訓後的員工，宜重新考慮其薪資，亦即量能給薪，使薪資和其才能相配合。許多企業存有一個觀念，即員工進修花的是公司的錢，回來以後當然得為公司服務，「作牛作馬」以不辜負公司的恩情。這純粹是從「情」的觀點在看事物。如果我們從「法理」的觀點來說，則任何事物的考慮，似乎不可**忽略當下**（here and now）的事實。當下事實有二：一為他能力變強而薪資低，心中可能不平，而且是越來越不平；另一為公司外其他機構張開雙手在歡迎他。「不去嘛，對不起老婆；去了嘛，又對不起老闆。」這種內心的交戰，可說是企業加諸員工的痛苦之一。

面對這種情況，筆者建議受訓後員工薪資宜以人力競爭市場為考慮基礎，再酌減某一百分比，後者當作公司訓練費用的回收。如此必可雙方都感到滿意愉快。

訓練方案一旦起了頭，員工到外界增長了見識，可能會希望有更進一步受訓的機會。誠如哲學家威爾杜蘭論哲學的趣味：「一丁點的知識是危險的事。痛飲吧！否則你將無法嚐到哲學的美味。」一旦企業為員工開啟了訓練的大門，就必須持之以恆，否則，嚐到訓練美味的員工，只好到其他機構去痛飲了。

三　善待地下領袖

企業要特別重視受訓後員工之安置，主要是因為這些員工的知識和能力已經精進，故不可再以往日的方式去對待。還有一種員工，其在平日即已表現不凡，可是卻很容易被忽略，那就是企業內部各單位的（及至全公司的）地下領袖或意見領袖。

企業經營者都知道，當產品的銷售深受參考群體的影響時，行銷

人員必須設法找出「意見領袖」，確認這些人的特徵，然後選用他們會接觸的媒體、他們能接受的訊息等，從事行銷廣告活動，則行銷效果自必大增。

然而，在對待公司內部的員工時，經營者往往忽略了，不同的員工群體當中，也有所謂的「意見領袖」，他們雖然不一定擔任主管職位，但在工作期望、工作意願，乃至於實際行動上，卻時常扮演著「一呼百諾」的角色。這些「地下領袖」的影響力甚大，絕不可等閒視之。

扼要地說，企業內部的地下領袖通常對於公司的政策、制度比較敏感，他們能比其他員工更快地感應到某項政策或制度推行以後，對員工有何切身的影響。因此，他們將很快地把這些影響轉告其他員工，並率先採行因應作法。如果其因應係正面的，公司將蒙受其利；若其因應係負面的，小則將使制度不易推行，大則將使公司造成重大損失。

　　某電子公司副總經理葉先生，為了解除產品價格節節下落的危機，決定大幅度提高標準產量，冀以降低人工成本來競爭。然而作業員已習於閒散的工作方式，此刻驟然緊縮，許多人紛感不能適應。雖然公司所訂獎金比率也大幅提高，仍有不少員工因覺過分緊張而求去。

　　筆者遂建議葉先生逐層找出地下領袖，然後舉行聚餐。結果在餐會中，有課長級的地下領袖，也有領班級和作業員。公司首先指出當前的財務及市場危機，表示員工再不努力，則有倒閉之虞（此即灌輸危機意識）；其次，葉先生說明在新制度下，產量少的人固然可能減少收入，但產量大的人，其收可能提高40%或更多，因此，只要員工工作努力，也有好處（此即灌輸福禍與共的觀念）；最後，葉先生誠摯地請求與會的地下領袖，發揮其影

響力（此即承認其在公司的無形地位）。

　　到下一個月，各單位績效紛紛改善，有些組別的產量竟有提高 60%者。這種「擒賊先擒王」的作法，在現代企業經營上，實意指改變組織制度或政策時，能事先說服地下領袖之意。僅按正式組織層級，往下公布新制度或新政策，而忽略地下領袖的影響力，其室礙難行，更可顯示公司善待地下領袖之重要性。

第8節　組織學習

　　現代組織逐漸體會到，生存的唯一法則，乃是維持昨日的競爭優勢，因此，組織也就面臨極大的學習壓力，也就是學習到改善營運與勝過對手的方法。這種組織的學習能力是近年來頗受注意的主題，換言之，組織要如何變成一個「**學習型組織**」（learning organization）。

　　麻省理工學院（MIT）的彼得‧聖吉（Peter Senge），出版過暢銷名著《第五項修練》，將學習型組織描繪為「一群人共同努力，以促進他們真正關心的結果之能力。」更精確的定義，則是「主動創造、獲得及移轉知識，進而基於真知灼見而改變行為的組織。」[7]

　　基於此一定義，組織的**學習能力**（learning capabilities）正是大家關切的核心，它代表著由特殊知識、技能或技術 know-how 所組成的一套核心勝任能力，組織因此與其對手有別，並能迅速適應環境。[8]

　　學習型組織與傳統垂直式組織顯然在許多方面有很大的差異。表

7　D. A. Gawin, "Building a Learning Organization," *Harvard Business Review*, July 1 August 1993, pp.78~91。

8　W. Miller, "Building the Ultimate Resource ," *Management Review*, January 1999, pp.42~45。

6-7僅是其中較特殊的部分。從表中可以看出，傳統垂直式組織其實是在環境穩定下運作的組織，而學習型組織則是在動盪環境下的產物。

一 組織學習的種類

組織學習基本上可分成四種：獲取能力、實驗、持續改善和跨界：[9]

　　*1.*獲取能力（competence acquisition）：意指組織內的團隊和個人發展出新能力，組織在經營策略上強調對於學習的執著，並且不斷地尋找新的工作方式。

　　*2.*實驗（experimentation）：意指組織不斷地嘗試新觀念，企圖成為市場上新產品或新製程的創導者。

　　*3.*持續改善（continuous improvement）：意指組織戮力於精熟各項作業程度，成為全市場公認的技術領導者。

表 6-7 學習型組織與傳統（垂直式）組織之差異

	傳統組織	學習型組織
組織成員	同質性高	多元性
工作方式	個別操作	團隊運作
成員關係	競爭／衝突	合作
領導方式	獨裁式	授權、分散式
重視價值	穩定、效率	彈性、改革
營運焦點	利潤	顧客、員工

---

[9] Helen Rheem, "The Learning Organization: Building Learning Capabilities," *Harvard Business Review*, March-April 1995, pp.3~12。

4.跨界學習（boundary spanning）：意指組織持續觀察競爭對手的長處，並建立標竿或直接派員去成功的企業學習取經。

一般而言，透過「實驗」來學習的效果較佳，但組織通常還要考慮本身的組織文化，才能決定何種學習方式較有效。

二 學習型組織的特徵

一個能夠因應快速變動環境的學習型組織，通常具備五項特徵：系統思考、共享願景、人員幹練、共同心態、團隊學習：*10*

*1.*系統思考（systems thinking）：意指組織成員將所屬組織視為一個程序、活動、功能相互攸關的互動系統。任何組織內的活動都會影響到組織（系統）內其他地方的動作。

*2.*共享願景（shared vision）：意指所有成員深切認同於同一目標，為了達成共同願景，部門利益和個人利益可以暫時放在一旁。

*3.*人員幹練（personal mastery）：意指組織成員持續學習與成長，願意捨去舊思維與舊方法，以獲致較佳成果。

*4.*共同心態（mental process models）：意指成員對於組織及外界環境的運作有共同的看法和推理，並願意在環境變動時也改變這些看法（假設），而開創更適切的做事方式。

*5.*團隊學習（team learning）：意指組織成員敞開心胸，願意和部門外的成員溝通，彼此互助以解決問題。成員不再只求個人輸贏，一切都是為了團隊的運作。

---

*10*Peter Senge, The Fifth Discipline; The Art and Practice of the Learning Organization, New York: Doubleday, 1990。

※歷屆試題

■申論題

1. 傳統的企業管理思想，近年來受到下列三項因素的挑戰：(1)資訊科技（如 Internet、Intranet 或 Extranet）所帶來的網路交易衝擊；(2)企業網路（corporate networking）與跨組織間關係的形成；(3)組織學習（organizational learning）觀念的興起。試以控制（controlling）的觀點出發，說明上述三項變化對控制理論與實務的影響。（每題 25 分）

【國立台灣大學 89 學年度研究所碩士班招生考試試題】

2. 何謂組織學習（Organizational Learning）？組織學習之方法及方式為何？影響組織學習績效及原因有哪些？（25 分）

【92 年交通事業公路人員升資考試試題】

■名詞解釋

1. Characteristics of learning organization

【國立成功大學 98 學年度碩士班招生考試試題】

2. learning organzation

【國立成功大學 95、98 學年度碩士班招生考試試題】

第三篇

人際關係

Organizational Behavior

第七章　團體特性與團隊運作

第1節　團體的定義與分類

　　所謂**團體**（或群體，group），是指兩個或兩個以上的人**彼此互動**（interact）及**相互影響**（influence），就形成一團體。在這個定義中，強調的是這兩人或這些人彼此有互動。如果有兩個人距離很近，但缺乏主動，就不能視為一團體。例如在上班時刻的車站，人潮洶湧，但卻不能視之為一個團體。同理，組織內二個獨立的部門，即使在同一辦公室內工作，不能視為同一團體。

　　現代管理學對團體的研究興趣與日俱增，其中，最主要的理由，乃是許多組織內的工作或任務，都是透過團體來完成的。由於組織的分工，促使大多數工作都是交由特定一群人來完成，例如一群人負責行銷工作，另一群人則負責生產作業。而在行銷領域中，可能又分由一群人負責營業管理，而另一群人則負責廣告推廣作業。這些都是團體日益受到重視的主因，也唯有如此，我們才能區分出哪些單位（群體、團體）的績效較佳或較差，而可以進一步採取獎勵或改正措施。

　　團體研究興起的第二個原因，是因為我們每個人或多或少都隸屬於許多團體，如家庭、乒乓球隊（如各種球隊）、俱樂部、社團、學會、工會，以及職場內的工作團體等。因此，了解人們在這些團體內的行為，有助於我們對於更大的單位（或系統）之了解。

團體成因與類別

團體形成（group formation）的原因，一般認為是能同時滿足組織的目標與個人的目標。[1] 但在實際上，團體一開始形成時，通常只是為了單方面（組織或個人）的目標。例如在組織內所形成的正式團體，就是因為管理者認為（或期望）人員組成小團體較能協調組織所交付的任務並迅速完成之，所以正式團體的形成主因是為了達成組織目標，至於是否能達成個人目標，則在未定之天。[2]

相對地，團體的形成是因為成員個人的需求而自然結合成群，此種團體就稱為非正式團體。非正式團體一般可分為二類。第一類是**友誼團體**（friendship group），成員因為彼此間的友好情誼而形成團體，也就是俗稱的「同黨」、「死黨」、「哥兒們」，成員亦因能彼此在一起相處而感到愉快。第二類則是**興趣團體**（interest group），也就是成員因共同的興趣或活動而結合在一起，如前述運動或休閒俱樂部等。[3] 一般而言，友誼團體較能持久，而興趣團體則較不持久，一旦共同興趣消失或共同的活動結束時，興趣團體就可能瓦解消失。因此，興趣團體的領導人如欲長期維繫該團體，便應設法讓成員彼此間發展出友

---

1 Gregory Moorhead and Ricky W. Griffin, *Organizational Behavior*, 6th ed., (Boston, MA: Houghton Mifflin Company), 2001, p.282。

2 組織目標達成而團體成員的目標無法達成時，該成員就會以缺勤、怠工、降低工作品質、降低生產力等作法來因應，更嚴重的情況，則是離開該團體，換到另一團體（單位）或甚至是離職，也就是對個人生涯重新作規劃，詳細內容可參閱余朝權，《生涯規劃》，台北：華泰圖書公司，1999 年。

3 一般吾人常對民意機關（如立法院、縣市議會）被利益團體所把持、或脅迫、賄賂等而頗為反感。在此處的利益團體，亦是英文「interest group」的中譯，只是此種利益團體是為其利益在運作，具有負面意涵，而許多因興趣組成的團體不一定有負面意涵，因此僅以興趣團體稱之，而不稱為利益團體。

誼的成分。

正式團體是透過組織所形成的團體，其重要目的在達成組織目標。正式團體又可分為兩種類型：一種是**指揮團體**（command group，或命令團體），另一種是**任務團體**（task group）。指揮團體乃是在正式組織結構下明定的單位，也就是組織圖中所出現的單位主管及其所轄部屬所形成的團體。

例如營業課長和其轄下十三名業務員就形成一指揮團體；同理，事業部經理和其轄下工廠廠長和營業課長亦形成一指揮團體。至於任務團體同樣是由組織所決定的，它是為了完成某項非指揮團體所能完成的特定任務而組成。一般而言，當任務只有一個或一次，如求援行動，在任務完成後團體即予解散。典型的例子是行政院在2002年夏初成立抗旱救災小組，由行政院公共工程委員會郭瑤琪主任委員負責，而在7月初，由颱風帶來二度豪雨後，即於7月9日宣布解散。

另外一類的任務團體，雖然其成員可能來自組織不同的單位，但因其任務可能定期或不定期地再度出現，因此這一類任務團體在一次任務結束後仍會繼續存在。例如教育部的大考中心就是一任務團體，成員由各大學教授組成，每年舉辦大考後仍然存在，而不立刻解散。許多企業設有品質委員會，以提高服務品質或產品品質為職志，這些委員會也不會隨意地裁撤。

無論是正式團體或非正式團體，成員彼此間均有互動，成員彼此的關係也比較密切，故可通稱為**會員團體**（membership group，或成員），而與之相對應的，則是成員彼此關係並不密切，而且不一定有互動的團體，如參考團體。**參考團體**（reference group）是由一群人們想要模仿或想要引以為戒的成員所組成。**正面參考團體**（positive reference group）乃是我們想模仿的對象，在古代可用孟子的說法作為代表：「舜，何人也；堯，何人也！有為者，亦若是。」亦即孟子認為人人可以模仿堯舜的偉大情操。而在現代，則有各式各樣的政治、影

視、歌唱明星,是許多市井小民的偶像(即參考團體)。這些擁有相同參考團體(或共同偶像)的人,自己也會形成一個興趣團體,如哈日族、哈韓族、扁迷、馬迷等。在企業內,為了塑造強勁的組織文化,相對地配合公司而較為成功的個人,常被塑造成組織內的英雄人物,也是高階主管希望用他們作為一般員工的正面參考團體。

相反地,**負面參考團體**(negative reference group)乃是人們極力想要避免與之有相似行為的對象。大凡左鄰右舍、親戚朋友中有行為不檢或個人生涯從世俗眼光看來相當失敗者,皆是父母用來告誡子女的負面參考群體。例如在 2002 年夏天,全台青少年在暑假時到俱樂部或 KTV 嗑禁藥而大搖其頭者,亦是相當典型的負面參考群體。

根據以上的探討,我們可以將團體的類型繪如表 7-1 所示。[4]

表 7-1 團體類型

	正式團體 (formal groups)	命令團體(command groups) 任務團體(task groups) --Open-ended --Closed-ended
會員團體 (membership groups)		
	非正式團體 (informal groups)	友誼團體 興趣團體
參考團體 (reference groups)	正面參考(positive reference)	
	負面參考(negative reference)	

資料來源:修正自 Daft, Richard L. and Raymond A. Noe, *Organizational Behavior*, Orlando, Florida: Harcourt College Publishers, 2001。

---

[4] Richard L. Daft and Raymond A. Noe. *Organizational Behavior*, Orlando, Florida: Harcourt College Publishers, 2001。

第 2 節　團體發展階段

　　每一個團體基本上都是一個「**開放系統**」（open system）[5]，就如同團體內的每一個成員或是團體所隸屬的組織也都是開放系統一樣。由於是開放系統，團體也會因**投入**（inputs）因素，如組織情境、工作或任務的性質、成員的特性、團體的大小（成員多寡）等，而有所改變、演化。處在不同演化階段的新舊團體，亦將有不同的行為與績效表現。因此，我們除了了解團體的形成原因外，亦應注意團體的發展。

　　一般而言，學者們大致上可以接受教育心理學家 Bruce W. Tuokman 所提的五階段團體發展模式，如圖，7-1 所示。[6] 底下扼要地說明團體在各階段所呈現的特色，及團體領導者所面臨的挑戰。

第一階段：形成

　　團體在一開始形成時，對於團體的目的、結構、領導人等都存在許多的不確定性。在這個階段，領導（leadership）是非常重要的。這個團體可能會有一個正式的領導人，例如工作團體中的經理。如果團體成員認為這個人的行為不符合領導者應有的表現，其他人隨時可能取而代之。一直到所有成員開始認定自己已成為團體的一分子之後，才結束本階段。

5　Jack Wood, Joseph Wallace and Rachid M. Zeffane, *Organizational Behavior*, 2nd edition, Brisbane: John Wiley & Sons Austratia Ltd., 2001, p.254。

6　Bruce w. Tuckman and Mary Ann C. Jensen, "Stages of Small Group Development Revisited", *Group and Organization Studies*, Vol. 2, December 1977, pp.419~27。

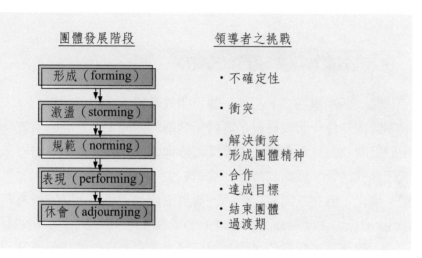

資料來源：Tuckman, B. W. and M. A. C. Jensen(1977), "Stages of Small-Group Development Revistted", *Group and Orangization Studies*, Vol.2, December, pp.419~427。

圖 7－1　五階段團體發展模式

第二階段：激盪

這個階段的特色就是成員彼此間的衝突。成員會不斷地測試先前對這個團體所設定的領導和目標。雖然接受團體存在的事實，但又會抗拒團體的控制和規定。在這個階段若沒有技巧性的領導，則這個團體可能會解散。

第三階段：規範

團體內的成員開始相互尊重、了解彼此間的差異以及專注於共同的目標。這個階段，會開始解決成員間的衝突，並且成員會定義其他人的角色和產生團體精神。

第四階段：表現

這個階段著重於實踐團體的共同目標。團體的成員相互合作、有效溝通並且互相幫忙。每一個成員開始發揮個人的專長，以達成組織的目標。

第五階段：休會（或停滯）

一個團體的任務結束，團體可能會因此而解散或仍舊持續存在，此時為過渡期，成員會等待下一個任務。因此，這個階段在任務團體才會出現，在指揮團體則較少見。

以上是團體形成的五個階段。其實每一團體的發展不一定各個階段之間都可以劃分得很清楚，有時各個階段混合在一起或跳過某些階段。

第3節 影響團體績效的因素

每一個團體形成的原因及發展的階段互有不同，加上其他因素的影響，以致彼此的績效也有差異。因此，要能使團體的績效超過每一個團體成員個別貢獻的總和，也就是能夠產生**團體綜效**（group synergy），也就值得吾人深入地去探討。這些因素包括團體組成、規模大小、規範、凝聚力、任務與資源、報酬等，如圖7-2所示。

一 團體組成

所謂**團體組成**（group composition），是指團體成員在達成工作上具有關鍵作用的背景條件之相似性。如果成員背景條件相似，就稱為**同質團體**（homogeneous group），否則，就稱之為**異質團體**（heterogeneous group）。而背景條件可能包括年齡、教育程度、工作經驗、技術、專業、文化背景、社經地位、性別、性格等。

整體而言，團體的組成是同質的或是異質的較能有高績效，顯然不是一個絕對的答案，而是因情況而定。

同質團體較適於處理簡單例行性或須迅速完成的任務，因成員彼此容易合作、溝通方便、人際困擾較少，因此團體績效較佳；但因為易流於固定化、形式化，較難處理非例行性工作。

相反的，異質團體對於處理複雜及需要創造或革新的新任務就顯得較有效，因成員的背景、訓練有所不同，可以互補不足；而人格物質互異，相互激盪，易有突破性看法，不過也因此產生較多的衝突。

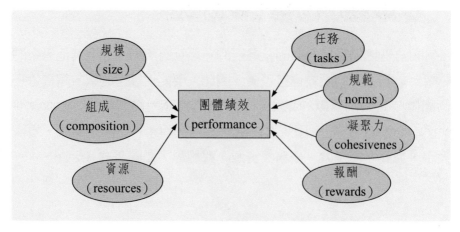

圖 7-2　影響團體績效之因素

因此，銀行、保險公司及公用事業的業務，由同質團體來執行較有效；開發新產品、高科技研究發展等業務，則較適於異質團體來處理。

二 團體大小

最適的團體的大小（size，或規模），其實是由團體的任務或工作性質所決定的。以工作團體而言，為了產生綜效，團體成員不宜過少，而為了避免增加過多的溝通與協調時間及精力，團體成員亦不宜過多。換言之，團體成員的人數，應有其上限和下限，而不當地擴大團體規模，將會產生下列問題：

1. 團體規模增大後，團體的資源總量也增加，其中有些資源將難以被有效利用或被忽略。

2. 團體規模增加後，成員彼此所需溝通協調時間也增加，無形中消耗了成員實際做事的時間。

3. 團體規模增加後，成員之間的異質性也增加，而衝突發生的可能也會提高。

4. 團體成員人數增加後，成員彼此的了解程度會下降，也越來越難形成共識。

5. 團體成員人數增加後，每位成員可能獲得的關心、精神上的鼓勵或領導者的獎勵也會相對減少，使成員的滿足感下降。

6. 團體人數增加後，有些人會偷懶，也就是產生**社會閒散**（social loafing）的現象。社會閒散意指，個人在團體中所付出的努力，比其獨立作業時所付出的努力來得少。團體如何減少社會閒散的產生呢？以下有四種方法：

1. 形成規模適中的團體：因為這樣每個人的表現和重要性較可能被注意到。

2. 工作特定化：如此一來，就較容易去衡量團體中個人的貢獻。

3. 定期衡量每個人的表現績效，如每月、每季、年終考績等。

4. 增加工作豐富性：此法可增加員工工作動機。但必須在員工具有高度成長需求或高度成就動機之員工才有效。

以上的探討可用圖 7-3 說明之。

三　團體規範

所謂**團體規範**（group norms）是指團體中成員行為的準則或標準。一般而言，所有的團體都會建立起規範，也就是建立可被成員接受的行為準繩，以供團體成員在特定情況下一致遵守。規範告訴成員們，在特定的場合裡，哪些行為是對的，以及哪些行為是不對的。從個體

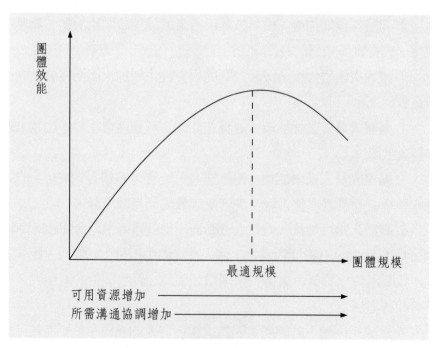

圖 7-3　團體規模與團體效能之關係

的立場來說，規範就是在特定的場合中，對其行為（與工作有關者）的期望。當全體同意且接受之後，規範就會產生影響團體成員行為（而非思想或感覺）的作用。不同的團體，所制定出來的規範或許不同，但每個團體都一定會有規範，且有一定影響力。

扼要說來，團體規範可以協助團體辨認偏離團體目標的行為，並進而加以排斥且有助於團體的生存，而不至於分崩離析。團體規範亦隱含著團體的核心價值，藉此讓外界認識到該團體和本質。此外，團體規範使成員的行為較可預測，進而提高團體的生產力。

不過，一旦團體規範越來越多時，就可能對成員產生困擾與束縛，使成員積極創新的行為減少，以避免觸犯到團體規範。這種順從團體規範而改變行為或態度的現象就稱為**從眾**（conformity，或順從）。

團體規範固然會因團體的性質而互異，但在大多數工作團體中，仍普遍存在四種團體規範：

1. **績效規範**（performance norms）：指對成員績效有高度影響力的行為，例如如何完成工作、如何溝通、產出的品質與數量水準、努力工作的程度，甚至是準時上班等，皆可使員工績效更易於預測與掌握。

2. **外表規範**（appearance norms）：指如何穿著、如何表現忠誠或表現認真等。

3. **社交安排**（social arrangement）**規範**：指成員間的互動，包括與誰吃午餐、與那些人交往或一起運動娛樂等。

4. **資源分配**（resources allocation）**規範**：指分派工作、薪資、資源分配等事項的規範。

四　團體凝聚力

團體凝聚力（group cohesiveness or cohesion）意指團體內的成員彼

此相互吸引，且願意留在團體內的程度。團體凝聚力對團體績效有相當大的影響，具有高凝聚力的團體，通常較能達成團體目標，亦即俗稱的「眾志成城」，而成員之間互動的數量與品質都會增加，連帶地也促成成員個人滿足感的提高。高凝聚力的較大缺點，就是可能形成「同思」（groupthink，或群思）。[7]

所謂「同思」，意指團體成員不計任何代價也要形成同意的傾向或心態。這種心態所造成的問題，乃是壓抑成員有不同的意見或想法，最後逼使成員接受多數成員的想法。在解決問題時，同思常會扼殺成員的創意，使團體的決策產生錯誤。不過，一旦團體面臨危急狀況、或是被隔絕孤立時，加上同儕壓力很大，或領導人相當獨斷時，同思還是很可能出現。[8]

促成團體凝聚力提高的因素，包括團體規模較小（成員人數較少）、團體組成較同質、成員經常互動、團體目標較明確等。當然，外在的威脅或競爭加劇時，也能促成團體更加團結，正應了孟子所說的「無敵國外患者，國恆亡。」許多團體領導人都是以塑造強大的外敵來凝聚人心，如希特勒即是一例。

最後，團體的成功或達成任務，亦能提高凝聚力，而團體的失敗則造成「樹倒猢猻散」的團體崩解。

不過，值得注意的是，團體的凝聚力高，並不必然能對整體組織的績效有正面作用，此時還應考慮團體目標是否與組織目標一致。如圖 7-4 所示，若團體目標與組織目標一致，則團體凝聚力越高，組織績效也越高；反之，若團體目標與組織目標不一致時，團體凝聚力越高，反而成為組織達成目標的絆腳石，因而組織績效也反而下降。

---

[7] 此處將「groupthink」譯為「同思」，乃是取孔子的說法：「君子合而不同」。

[8] Don Hellriegel, Susan E. Jackson and John W. Slocum, Jr., *Management*, 8th edition, Cincinnati, Ohio: South-Western College Publishing, 1999, p.594。

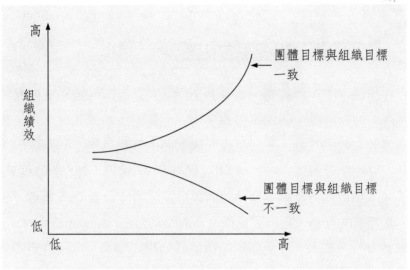

圖 7-4　團體凝聚力與組織績效之關係

五　團體任務與資源、報酬

團體績效也會因團體所擁有的資源是否足以達成所交付團體的工作或任務而定。團體資源包括資金、設備、原物料、技術、人才等，其中人才的能力、專業知識是相當關鍵性的資源，因此，如何採用適切的報酬制度，激發成員的士氣，就顯得相當重要。

團體績效的獎酬可分為兩類：

1. **合作的團體獎酬**（cooperative group rewards）：獎酬是依據團體的整體工作成果，因此團體成員得到相同的獎酬。此種類型的獎酬主要目的在鼓勵團體成員間彼此相互合作。

2. **競爭的團體獎酬**（competitive group rewards）：獎酬是依據個別成員在團體中的工作表現。主要在於獎勵個別成員的努力，此類獎酬相對於合作的團體獎酬，對於認真負責的成員較公平。

第4節　團體間的互動

　　在組織中不同的團體，如：各部門、跨功能團隊或正式團體等，各團隊會彼此互動。組織不僅需要每一個團體成員的相互合作，更需要團體間有效的互動。一般來說，團體間的互動透過不同團體的不同成員之間的相互溝通。在組織的正式結構中，透過「**連結針**」（linking pin）這個角色進行互動，通常這個角色是經理（如圖7-5所示）。9

　　團體間的互動，可以簡單稱之為**團際動力**（intergroup dynamics，或群際動力），基本上要受到組織情境的限制或約束，無論是組織的連

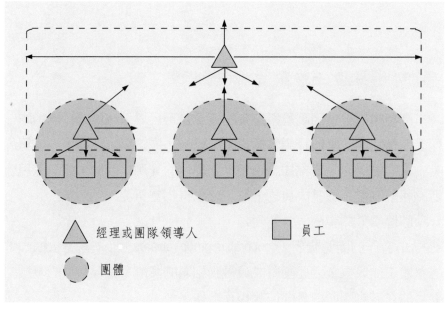

△	經理或團隊領導人	□	員工
◯	團體		

圖 7-5　連結針

9 R. Likert, *New Patterns of Management*, New York: McGraw-Hill, 1961。

結針規定、程序、歷史、傳統、文化、目標、報酬制度，以及決策過程等，都會影響團隊的互動。

其次，互動的團體依所在的相對位置、資源、時間／目標相依，任務的不確定性／相依等因素，也會影響團體互動的頻率、資訊交換的數量，以及溝通協調的方式等。

最後，同時也是最基本的，乃是參與互動的團體本身的特性。這些團體的成員有自己獨特的個人特質及帶有所屬團體的特徵（如凝聚力），當然也會影響互動的情形。

第5節　團隊的意義與類型

管理專家彼得‧杜拉克（Peter Drucker）曾提到，未來（明日）的組織將會更扁平化，以資訊為基礎及以團隊為**組織重心**（organized around teams）。*10* 事實上，許多組織早已注意到團隊的重要性，並在作業過程中引進團隊模式。

所謂「**團隊**」（team），意指一小群擁有互補技能的成員，彼此相互扶持、共享資訊，為同一目標而努力。團隊與前述團體或群體不同之處，在於團隊是一個已趨於成熟運作的團體。以工作團體為例，當它變成一工作團隊時，在本質上已有許多變化，略述如下：*11*

1. 成員技能已由多元／隨意的，改變成互補的。

2. 責任由各自承擔，改變成個人承擔與相互承擔並存。

---

10 Peter F. Drucker, "The Coming of the New Organization", *Harvard Business Review*, January-Febrary 1998, pp.45~53。

11 部分參考 Stephen P. Robbins, *Organizational Behavior*, Upper Saddle River, New Jersey: Prentice-Hall, 2001, pp.258~259。

3.領導由上級獨裁，轉變成共享的領導。

4.目標由分享資源，改變為注重團體績效。

5.成員對組織有共同的承諾。

6.綜效由無或負綜效，轉為正面綜效。

一　工作團隊類別

學者曾經以工作團隊組成的目的不同，而將工作團隊分為四種：
(1)建議或顧問團隊；(2)生產團隊；(3)專案團隊；和(4)行動團隊。*12*

*1.*顧問團隊（advice team）主要在提供資訊、建議等，以供主管人員作為決策之參考。在企業界行之有年的品管圈以及許多智庫，都是屬於顧問團隊。顧問團隊有時稱為「**解決問題團隊**」（problem-solving team）*13*。

*2.*生產團隊（production team）則是以直接進行生產作業為目的，如裝配團隊、維修小組、資料處理團隊等。

*3.*專案團隊（project team）則是以完成全新的專案為目的，包括研究團隊、計畫小組、工程小組、任務團隊等。專案團隊有時稱為跨功能團隊，因為團隊成員常來自同一層級但不同功能的部門。

*4.*行動團隊（action team）意指需要高度專業技術及協調的團隊，例如棒球隊、醫院的手術小組、探險隊、樂團等，它們通常在緊急狀況下需要超高的表現。

有些學者研究的重點不在於工作團隊應如何分類，而是在於介紹新的工作團隊，如自治團隊、虛擬團隊等。

---

12 E. Sundstrom, K. P. Demeuse, and D. Futrell, "Work Teams", *Amarican Psychologist*, February 1990, pp.120~133。

13 同註 11，頁 259~260。

所謂「自治團隊」或「自我管理團隊」（self-managed work team），意指一群人執行數項工作且承擔原本由上司負責的責任。[14] 典型的自治團隊員在組織所交付的任務下，自行計畫及安排工作、自行指派成員、控制工作步調、自行解決作業問題。高度自治的團隊，甚至會自行甄選隊員及彼此評估績效。

所謂「**虛擬團隊**」（virtual team）乃是在空間上分離而靠網路聯繫，以達成共同目標的一種團隊。[15] 虛擬團隊與其他「面對面」的傳統團隊有三點不同：(1)虛擬團隊沒有非口語或**附屬口語**（para verbal）的線索；(2)社交脈絡有限；(3)有能力克服時間與空間的限制。附屬口語意指音量、語調、語氣等有助於溝通表達的成分。至於社交脈絡較少，易使虛擬團隊成員缺乏足夠的社會支持，因此成員必須能「享受」孤獨、可以獨立作業。

二　工作團隊的效能

工作團隊的效能除了看該團隊的工作績效外，也要考慮該**團隊的活力**（team viability）。團隊活力由二個特性所組成，一為成員的滿足感，另一為成員繼續貢獻的意願。[16]

根據這樣的定義，一個有效能的團隊，將具備下列特徵中的大多

[14] B. L. Kirkman and B. Rosen, "Beyond Self-Management: Antecedents and Consequences of Team Empowerment", *Academy of Management Journal*, February 1999, pp.58~74。

[15] A. M. Townsend, S.M. DeMarie, and A.R. Hendrickson, "Virtual Teams: Technology and the workplace of the Future", *Academy of Management Journal*, August 1998, pp.17~29。

[16] Robert Kreitner and A. Kinicki, *Organizational Behavior*, New York: McGraw-Hill, 2001, pp.417~418。

數項目：*17*

　　*1.*目標明確：成員有共同的願景、目標或任務、使命、行動計畫。

　　*2.*氣氛和諧：沒有緊張、無聊。

　　*3.*鼓勵參與：以討論解決問題。

　　*4.*彼此聆聽：尊重其他成員意見。

　　*5.*禮貌地表示不同意：解決衝突而不逃避，不同的意見不會引起不快。

　　*6.*共同決策：決策時不採投票式，而是所有成員都同意。

　　*7.*開放式溝通：有不同意見也毋須私下才表示。

　　*8.*角色明確：成員清楚各人的職責所在。

　　*9.***分享領導**（shared leadership）：雖然有正式領袖，但常依不同任務而由不同成員擔任領導工作。

　　*10.*積極聯外：積極與組織內其他部門（單位）建立良好關係。

　　*11.*風格多元：成員保有各自的行事風格。

　　*12.*自我評估：團隊定期評估本身的效能及運作方式。

　　這些有效團隊的特徵，顯然不太會出現在每一個團隊身上。因此，當某些特徵不存在時，團隊的效能就可能大打折扣。例如團隊應鼓勵團結、合作、互信，但組織卻可以採取以個人表現為基礎的薪酬制度，而非以團隊為基礎的薪酬制度，此時，團隊成員難免仍存有彼此競爭的心態，使團隊合作變得有些困難。

　　此外，管理者對一特定團隊的期望過高或不切實際時，也會導致團隊成員備感挫折。*18* 因此，在團隊成立初期，管理者必須先和團隊（成員）有足夠的溝通，以確定雙方對於目標的看法一致。

- -

17 G. M. Parker, *Team Players and Teamwork: The New Competitive Business Strategy*, San Francisco: Jossey-Bass, 1990, p.33。

18 S. Wetlanfer, "The Team That Wasn't", *Harvard Business Review*, November-December 1994, pp.22~38。

第6節　著名的團隊範例

現代組織對於如何建立有效的團隊，可說是不遺餘力，許多新的團隊名稱在各大企業也不斷出現，底下僅介紹其中較著名的幾種，包括品管圈、虛擬團隊。

一　品管圈

品管圈（quality control circle, QCC）是由同一工作領域的一小群人自動組成，目的在分析品質、生產力、成本等相關問題，並做出建議。品管圈有時也稱為**品質圈**（quality circles, QC），參加的成員人數以十至十二人為宜，因為圈內成員定期開會，故人數不宜過多。開會時有些是在上班時間內，有些品管圈則在下班後開會。[19]

品管圈也像眾多時髦的管理工具一樣，在 1980 年代相當盛行。許多企業紛紛引進品管圈概念。但也因為各企業為了因應其所處產業特性（如服務業與製造業之別）、部門差異（作業部門與工程部門），各個品管圈也大異其趣、人數多寡不等，其成效也相當分歧。

不過，可想而知的是，實施品管圈的單位內，成員的滿意度雖然不一定較高（想像一下，在下班後開會），但生產力的確多半有提高。此外，參與品管圈的人在績效評估時，也比不參與的人獲得較佳的評等，並且進而較常獲得升遷。[20]

---

[19] 同註 16，頁 425~427。

[20] R. P. Steel and R. F. Lloyd, "Cognitive, Affective and Behavior Outcomes of Participation in Quality Circles: Conceptual and Empirical Findings", *The Journal of Applied Behavioral Science*, no.1, 1988, pp.1~17。

二　虛擬團隊

　　虛擬團隊是在電腦網路盛行後所發展出來的團隊。許多公司利用電子會議、電子郵件等電子資訊系統工具，將具有相同功能的成員由各地（全球、全國）聚集在一起，共同解決相關問題。目前所熟知的包括工程團隊、產品開發團隊等。

　　虛擬團隊通常是跨組織，並且是跨時空的。此團隊的成員通常藉由電子媒體來進行溝通。在許多高科技組織或利用高科技的組織中，虛擬團隊已越來越普遍。原因除了資訊科技的進步外，加上未來的工作會趨向於知識型工作，企業營運走向全球化外，也由於知識經濟講究知識分享所獲得的利益驅使下，使得此團隊相形重要。

　　虛擬團隊與品管圈有許多差異，如成員通常是組織所指派而非自動參加、溝通時採電子資訊系統而非當面溝通，成員通常是管理者或專業人士，而非一般作業人員，此外，成員人數可多可少，多則可達數百人。

　　值得注意的是，虛擬團隊成員雖然毋須面對面溝通，但在團隊成立初期，仍有必要來一次當面接觸，以便成員可以相互想像對方的臉孔而增進溝通效果。此外，基本的團隊運作條件，如最高主管的支持、有效的領導、訓練及明確的使命和目標等，也都是不可或缺者，否則，虛擬團隊極易淪為網路聊天室。

三　自治團隊

　　自治團隊（self-managed team）也稱為自我管理團隊，或自動團隊，意指一群人被賦予任務及行政權。換言之，傳統上由管理者負責的計畫、排程、監督、用人等權力及職責，現在則是由團隊成員共同

負責。

　　一個組織一旦要採用自治團隊，則在管理哲學、組織文化、組織結構、用人法則上都必須有革命性的變革。此外，組織也必須更改薪酬制度及強化訓練，使自治團隊的成員能夠扛起自我管理的責任。

　　在實務上，並非所有的自治團隊都享有相當的權力，例如有些自治團隊可以自訂生產（銷售）目標、自訂預算或自行決定開革成員，但有些則無此權力。不過，這些團隊都有三種共同的自主性，包括工作方法、排程、績效評估指標三者的決策。

※歷屆試題

■選擇題

1. 一個團體（group）的成功或失敗被團體特質所影響，像是成員的能力、團體的大小，以及下列哪一個敘述？
   A) 衝突的程度，成員服務團體規定的內部壓力
   B) 團體成員服從的能力，目標清晰程度
   C) 目標對於團體的價值，團體內的衝突程度
   D) 團體內的衝突程度，目標對於團體的價值
   E) 以上皆非

   【國立台灣大學 96 學年度碩士班招生考試試題】

2. 下列對於群體（group）與團隊（team）的差異的比較，何者為非？
   A) 群體著重個人責任；團隊兼顧個人與彼此間的相互責任
   B) 群體目標與組織目標相同；團隊具有本身獨特的目標
   C) 群體著重個人的工作成果；團隊著重集體的工作成果
   D) 群體以直接方式衡量其績效；團隊以間接的方式衡量其績效

   【國立台灣大學 98 學年度碩士班招生考試試題】

3. A strong attachment to the group and a closeness measured by a single-ness of purpose and a high degree of cooperation is known as:

A) aconflict.

B) performance standards.

C) cohesion.

D) discipline.

【國立成功大學 94 學年度碩士班招生考試試題】

4. A team organizational structure is designed to be flatter with:

A) more management control.

B) more management authority.

C) more employee responsibilities.

D) less management control.

【國立成功大學 94 學年度碩士班招生考試試題】

5. Large groups consistently get better results than smaller ones, when the group is involved in

A) a fast and appropriate decision

B) free rider tendency

C) problem solving

D) goal clarity

【國立成功大學 98 學年度碩士班招生考試試題】

■申論題

1. 從團隊管理的觀點，何種作法有助於改善知識管理的成效？（5 分）

【國立台灣大學 92 學年度碩士班招生考試試題】

2. Please list and describe the four most common types of team likely to be

found in today's organizations. Under what organizational context and/ or structure will they be most effectiveness?

【國立成功大學 95 學年度碩士班招生考試試題】

3. 團隊逐漸成為企業安排工作流程與組織工作的重要方式，而團隊成員的組成方式亦是近年來的研究重點、試討論團隊組成的多元化（diversity）或異質性（heterogeneity）（亦即團隊成員間彼此在某些特性上截然不同）對於團隊成員之互動以及團隊績效的可能。

【東吳大學 90 學年度碩士班研究生招生考試試題】

4. 目前許多企業的運作採用工作團隊（Work Team）之作業方式，且有相當好的成效。請問有效的團隊會具有什麼共同的特徵？又企業如何能將個人轉變為團隊的隊員？（25 分）

【90 年交通事業郵政公路人員升資考試試題】

5. 團隊近年來逐漸成為工作與組織設計的主流方式，也有愈來愈多的員工在團隊中工作，請討論要如何建構一個有效的工作團隊？（25 分）

【96 年交通事業郵政人員升資考試試題】

6. 請討論團隊規範及團隊衝突對於團隊過程及團隊績效可能造成的影響。（25 分）

【96 年交通事業郵政人員升資考試試題】

7. 「團隊合作」是現代組織中必須的作法。請問何種性質的任務，適合以團隊合作的方式來進行？團隊領導者及團隊成員，在「心態」、「能力」、「行動」上應如何，才有助於團隊合作的成功？

【國立政治大學 94 學年度研究所碩士班入學考試命題紙】

第八章　溝通理論

第1節　溝通過程

　　現代企業經營管理過程中，最需要注意的一項機能，就是「溝通」（communication）。企業與顧客之間有了良好的溝通，公司才能把產品的特性與優點充分讓消費者和中間商了解，進而使後者願意購買或經銷本公司的產品。因此，企業對外的「行銷溝通」，相當重要。

　　同樣地，在公司內部的溝通，也非常重要。舉例來說，為了讓公司上下均能了解公司經營目標、經營使命、企業文化、經營政策、戰略戰術、施行細則等，均有賴於良好的溝通。而平常情報資訊的交換與情感的交流，亦莫不有賴於溝通。

　　更確切地說，所謂「溝通」，意指兩方（人）或多方（人）交換情報的過程，而情報則包括事實、行為、態度、感受等。[1]

　　現代電子與通訊科技發展迅速，使得人際溝通更為迅速，然而，溝通的效果卻不一定隨著溝通工具的增多而改善。這其中的影響因素之一，在於各項溝通工具所富含的訊息程度（information richness，簡稱

---

[1] Judith R. Gordon, *Organizational Behavior: A Diagnostic Approach,* Upper Saddle River, New Jersey: Prentice-Hall, 2002, p.213。

訊息富含度）有所差異。2 以《華爾街日報》最近所作的報導顯示，在各項溝通工具（media，或媒介）中，訊息富含度以電話為最高，其次是電子郵件、語音郵件、郵件、內部郵件、傳真、便條、電話留言單、傳呼機、手機、快遞、航空郵件等。3 而有效的溝通顯然必須依當時情境的複雜度來與訊息富含度相配合。

總之，溝通的障礙層出不窮，使得即使是一項簡單的溝通歷程，也容易發生扭曲、受阻。我們可以從溝通的歷程來檢討溝通障礙將出現在何處。圖8-1就是一幅簡易的溝通系統圖，其中，公司或個人是溝通時的訊息來源，透過「譯碼」過程，將資訊送入溝通的通路，而資訊接收者則透過「解碼」過程來接收與解釋資訊，並對溝通來源做「回饋」。第一類溝通障礙，來自譯碼不當；第二類溝通障礙，源於通路不當；第三類障礙，來自解碼問題；第四類溝通障礙，則源於缺乏適當的回饋。這四種障礙構成了組織內部溝通時的主要障礙，當然，在溝通過程中，如果出現「噪音」的干擾，也會使溝通效果大打折扣。

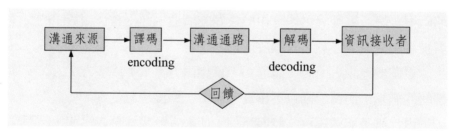

圖8-1　簡易溝通系統

---

2 有些學者稱之為管道富含度（channel richness）。參見 Stephen P. Robbins, *Organizational Behavior*, Upper Saddle River, New Jersey: Prentice-Hall, 2001, p. 295。

3 D. Clark, "Managing the Mountain, " *The Wall Street Journal*, June 21, 1999, p. R4。

第 2 節　溝通障礙

底下分別就溝通障礙的四種原因，做一條列式的分析。

一　譯碼不當（表錯情）

譯碼不當的原因，大致上可分成三項，如圖 8-2 所示。

1.訊息傳播者受個人的能力所限，以致「辭不達意」，想說是一回事，說出來的又是另一回事，無法將原來應溝通的訊息適當地譯出，這是溝通上最常見的障礙之一。

2.訊息傳播者接受個人的價值觀、知覺所限，以致「輕重不分」，該說的沒有說，不該說的卻說了，這種現象有時稱為「情報扭曲」。

3.訊息傳播者有意地隱瞞情報，形成「報喜不報憂」之類的現象。現代組織內，越是高階層的人員，越依仗部屬來傳遞情報。如果部屬有意地將他想說的說出來，不想說的卻隱瞞起來，則溝通效果自然大打折扣。

圖 8-2　譯碼不當

　　當溝通者辭不達意時，組織應加強員工的語言、文字、圖表之溝通能力，有關的訓練課程包括：「如何開好會議」、「如何作口頭報告」、「如何作書面計畫（報告）」、「如何製作圖表」。

　　當溝通輕重不分時，組織應訓練員工「解決問題的藝術」、「分析決策技巧」以及「公司目標與政策」、「經營策略」等，使員工知所輕重。若員工「知情不報」，只有訴諸「道德」與「法律」了。

二　通路不當

　　1.通路太長：例如組織的層級太多，一道命令經過一層一層的傳達轉述，到最後就失去了原意。

　　2.通路與訊息不配合：有些訊息適合以口語傳遞，如果用文字傳遞，就無法顯示其真正的涵義，反之亦然。

　　3.通路太少：例如公司純粹利用正式組織層級來溝通，結果訊息沒有通路可以反映，有時則是傳達的速度太慢而失去時效。

　　4.通路沒有明確地讓大家所了解，以致徒具虛名：例如許多公司設立意見箱，結果一個月收不到一個建議，很明顯地，大多數員工不了解意見箱可真正用來表達意見。

　　當組織面臨通路太長時，應設法縮短溝通的層級，其中有一種方法是減少組織層級，使公司由金字塔型組織轉變成**扁平式**（flat）組織。另一種方法則是充分授權，使上下溝通不必經過太多層級。

　　當溝通訊息無法與通路配合時，組織宜尋求更適當的溝通通路（管道）。有時，設法同時運用多重溝通管道，也是避免某一管道不良的方法之一。例如重要訊息之傳遞，除了「面授機宜」外，更應輔之以「正式命令」。

　　當組織面臨溝通管道太少時，即應多設溝通管道，如增設意見箱、建立提案制度、主管辦公室大門隨時開放、適量開會、舉辦交誼

活動等，都是可行辦法。

　　若組織決定設立某一溝通管道，即應適度宣傳，使員工了解其用途。缺乏宣導的溝通管道，常易被員工視為上級單位「喊口號」、「打高空」。

三　解碼（會錯意）

　　人利用聽覺、視覺、觸覺、味覺、嗅覺等來接受訊息，將訊息加以解釋、組織的過程就稱為解碼，有時亦可稱為「會意」。

　　人與人之間溝通，有一半是訊息傳送者「表錯意」，還有一半則可能是訊息接收者「會錯意」。不過，這些「會錯意」的情形很多，不可一概而論。根據作者觀察，解碼不當的原因，大致上可分成下列十項，簡稱為「十大會錯意」：

　　1.訊息接收者受個人價值觀、情緒的影響，把重要的訊息忽略了。

　　2.訊息接收者受個人因素的影響，拋棄了理性，加入主觀的成分，形成「言者無心，聽者有意」的現象，這是一種典型的「曲解原意」。

　　3.訊息接收者能力不足，無法解碼，變成「鴨子聽雷」。

　　4.訊息接收者採用錯誤的解碼方式，以致「會錯意」，例如「插花」一詞可用於打麻將，也可用在真正的插花藝術上。

　　5.訊息接收者的背景與傳達者不同，也會使相同的情報，產生不同的涵義。例如本國企業宣布工廠週六不上班，本國員工可能很高興，但在習慣於週六不上班的外國員工來說，僅僅週六下午不上班而上午還是要上班，似乎太苛刻了些。

　　6.訊息接收者忽略了傳達者**非語文的溝通**（nonverbal communication）部分。這種**身體語言**（kinesics）也是很重要的溝通方式，卻經常被忽略。

7.訊息太多，以致在**解碼時有所遺漏**（information overload），如連珠炮的訓話。

8.外界干擾、噪音使解碼無法進行。

9.接收者和溝通者的地位不同，導致未能「不以言舉人，不以人廢言」（孔子）。

10.時間壓力。由於時間太過倉促，以致訊息接收者無法在短期之內會意。

四　回饋不當

回饋不當的原因，大致上可分成七項：

1.沒有回饋。由於訊息接收者沒有想到回饋的必要性，因此沒有回饋，使得發布訊息者不了解溝通是否成功。

2.訊息接收者故意不回饋，產生和第一項相同的惡果。

3.回饋太少，亦會有相同的情形，即無法偵測溝通的效果。許多員工喜歡以沉默代表抗議、不贊同，但是，也有許多員工以沉默代表接受，兩者很難分辨。

4.回饋太多，將形成過分的關切，產生反效果。許多人以為回饋多是好事，其實，太多乃是「過猶不足」，同樣有害。

5.回饋時未提出補救措施、改良方法，只是譴責，也是溝通上的一大障礙。適當的回饋內容，應該不在於批評，而在於建議，是對事而非對人。

6.回饋太慢，缺乏時效性。回饋不能及時出現時，常易使訊息傳達者以為溝通「沒問題」而不進一步溝通；或是以為「溝通有問題」而做不必要的補充。

7.回饋不明確。有些員工（特別是上級）喜歡以「不置可否」的方式來作反應（回饋），使訊息傳達者摸不清，也是很普遍的溝通障

礙。

第 3 節　六大溝通目的

在組織內要做好溝通，除應注意前述三大表錯情、四大通路不當、十大會錯意，與七大回饋差等溝通障礙，並設法加以消除外，還應注意溝通的目的可能有很大的不同，必須選用不同的溝通方式。

溝通的目的，大致可分成下列六項，如圖 8−3 所示。

1.傳達情報：提出要求、交付任務、交換意見，是最基本的溝通目的。

2.傳達感情：表達上司的關切，當員工產生情緒問題時，主管應適時關切。而彼此陌生（或有歧見、敵意）的單位（個人），也要藉溝通增進了解、化解歧見。

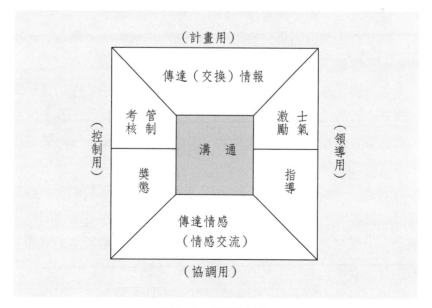

圖 8−3　溝通的目的

3.獎懲：老闆將某件事情只告訴你，而不告訴其他人，就是對你的獎酬。在所有員工中，你較早知道某一情報，也是一種獎酬。除此之外，對於某一重要的組織情報，直接知道而非間接知道，也是一種獎酬。對於極少數組織成員來說，有機會創造重要情報（如參與決策）也是一種獎酬。相反的情況下，你所受到的就是一種間接而無形的懲罰。

4.指導：意指說服或改變知覺。員工對其職務的看法，通常受他人看法的影響。因此，一項工作是否有趣、有意義，部分決定於主管是否能說出其樂趣與意義所在。因此，溝通的目的之一，在於改變員工對公司、職務、工作，乃至人生的看法。

5.管制考核：為了控制工作的進度或考核員工的工作績效，組織內應經常作（定期做）溝通，否則，進度可能落後，員工行為也可能脫軌。

6.激勵士氣：在員工士氣低落時，透過適度的溝通，可能使失望的員工重拾信心，使心灰意懶的員工對未來重燃希望之火。

一般而言，溝通如果只有單一目的，其溝通方式（手段）也將比較明確而且容易決定。

為了傳達訊息情報，溝通者應選擇正式溝通管道、採用書面文字方式譯碼，較毋須注意訊息接收者的心態反應。相反地，為了傳達感情，溝通者宜選用非正式溝通管道，以口頭方式譯碼，同時要密切注意接收者解碼的情形與回饋狀況。

若溝通是一種獎懲工具，則慎選溝通對象、溝通的訊息內容及溝通管道，就非常重要。這種情況下的溝通，最需要注意溝通的是「藝術層面」。而在溝通是為了改變員工知覺時，理性與感性的溝通方式可能都有其效果，最好是雙管齊下，不可偏廢。

溝通如果是用於人事的管制考核，則在事的管制方面可採正式書面方式，人的考核則不妨加入非正式溝通方式。而在為了激勵士氣做

溝通時，溝通者應特別注意當時的環境，以營造適當的氣氛為最重要的考慮因素。

第4節　溝通結構差異

組織內部的有效溝通，除了要排除溝通障礙、掌握溝通目的，還應注意溝通結構的差異。溝通結構的四個層面考慮，乃是方向、管道、相似、網路等四者，分述如下。

一　方向有上下左右斜向之分

溝通可分為正式溝通與非正式溝通。正式溝通意指依正式組織結構所建立的溝通管道作溝通，通常可分三類，如圖 8–4 所示。

1.向下溝通：向下溝通是將主管的指示傳送至部屬。此種溝通通常是為了提供如何完成工作的各種指示，如誰來執行、何時執行、如何執行等。此種溝通的資訊有助於確認作業目標，指示工作方向，教導員工了解組織的使命與哲學，並提供部屬有關績效評估的資料，同時此種溝通也有助於各上下階層的聯繫。

2.向上溝通：向上溝通提供管理當局有關部屬的回饋資料。向上溝通的最大好處是能夠創造一種使管理當局測量出組織氣候與處理問題的通路。譬如，埋怨與低生產力，在他們還未形成嚴重問題之前，如果有開放的向上溝通，必可及早察覺其原因。

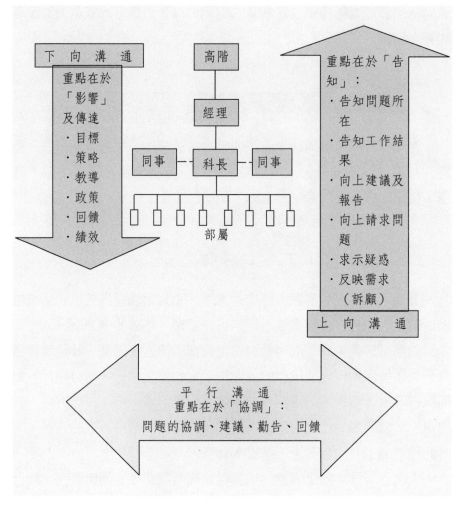

圖 8-4　不同方向的溝通

　　3.平行溝通：是指組織內同一階層的人相互溝通而言。此種溝通的目的在於從事整合與協調。至於最高階幕僚群與直線間的溝通協調，部門內直線與幕僚人員或支援人員的溝通，也是溝通中重要的課題。例如行銷、生產、財務等同級經理的溝通協調，就是努力達成整體性的指導計畫。

除以上三種溝通方向外，還有所謂的斜向（對角）溝通，也就是隸屬不同部門、層級不同的組織成員之間的溝通。這種溝通通常是為了蒐集資訊，以釐清問題或尋求建議。

溝通方向對溝通效果之影響，有三點值得吾人注意：

1. 雙向溝通勝於單向溝通。無論是情感或資訊的溝通，都應避免單向溝通。單向的情感溝通，稱為「單相思」；單向的資訊溝通，可能是「一頭熱」，都不太有效。

2. 垂直溝通中，應鼓勵上行（向上）溝通。換言之，在一般組織內，向下溝通多，向上溝通少，故應鼓勵向上溝通。尤其在權威性濃的組織，可能最缺乏「基層反映」。

3. 對角溝通也相當重要，宜藉委員會、工作小組等組織來進行對角或斜向溝通，可使組織成員去除「本位主義」心態，而多去為其他部門著想。

二 管道有正式與非正式之分

正式溝通管道比較緊張，非正式溝通管道則較不會令人產生緊張。故如為了了解部屬的態度等私人情報，應出於非正式溝通，避免用正式溝通。如找個談話的地方，如在咖啡屋溝通，使溝通雙方都能用比較開放的方式溝通。缺點為容易曲解資訊，也就是在非正式溝通時，由於雙方用了許多感性字眼，或是採譬喻暗示方式，對方不一定能真正掌握到溝通者的原意。

在非正式溝通管道中，小道或**傳言**（grapevine）是一個相當重要的觀念。所謂「小道」，是由組織內親密朋友所建構的網路或管理，許多非正式的資訊或謠言即藉此傳播出去。小道最大的優點是資訊通

常傳遞快速而有效。*4* 此外，小道是管理當局所無法控制的。管理者充其量只能設法找出小道的源頭，亦即最早的發訊者，並提供正確的資訊給他。

最後，值得注意的是，小道消息之傳播，通常是基於發訊者的私利。每一個小道中的成員，在傳遞訊息時，一旦加上私利的考量，就可能故意扭曲訊息以有利於自身，以至於訊息的正確性也隨之逐漸下降。

三 相似性有高有低

雙方文化相同、權力或職位相同、相互信任等，較易溝通。反之，則較不容易溝通。故在溝通時，所做的努力，不一定相同。若雙方的文化生活背景不同，權力大小不一，地位高低有別，或彼此相當陌生，即應考慮花更大心力來溝通。

舉例而言，在地位不同的上下級之溝通，就容易產生障礙。地位高者通常傾向於「**告訴**」（telling）多而「**傾聽**」（listening）少。*5* 而地位低者通常會報喜不報憂，將壞消息隱而不報，這稱為「**媽媽效應**」（MUM effect），亦即不希望媽媽知道。*6* 而為了消除地位差距，許多有效的管理者會採用「**走動管理**」（management by wandering around, MBWA）方式，即在工作時間內到現場與工作人員見面，以提高

---

4 有兩個研究顯示，小道消息的正確性約為 75%，參見 Robbins, *Organizational Behavior*, pp.291~292。

5 John R. Schermerhorn, Jr., J. G. Hunt and R. N. Osborn, *Organizational Behavior*, New York: John Wiley and Sons, 2002, p.342。

6 F. Lee,"Being Polite and Keeping MUM: How Bad News is Communicated in Organizational Hiearachies,"*Journal of Appied Social Psychology*, 23, 1993, pp. 1124~1149。

士氣與滿足感，同時也能做更有效的溝通。7

四　溝通網路

　　溝通網路有各種形狀，如圖 8－5 所示。不同網路之溝通效果會因任務不同而異，但一般而言，輪狀系統效果最佳（較快）：而環狀系統最平等也較能提高士氣。鏈狀系統速度最慢也最不精確；星狀系統

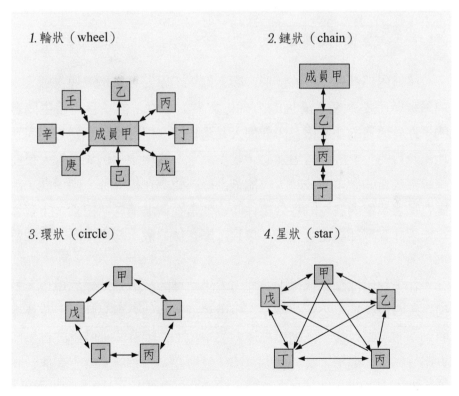

圖 8－5　溝通網路

7　Thomas J. Peters and R. H. Waterman, *In Search of Excellence*, New York: Harper & Row, 1983。

則最適合於複雜或模糊的問題。

在溝通時，許多人扮演不同的角色。此種角色不一定與其職位、權力大小直接有關。如：守門員（祕書、電話接線生）控制資訊流通，故宜與之保持良好關係，才能做好與關鍵人物之溝通。

第5節　增進溝通效能

一　溝通不良的原因

組織內部溝通不良的情形，頗為常見，原因可能是溝通次數太少或溝通時干擾太多、溝通的方式（文辭）不對。但最容易發生問題的，在於溝通的功能很多，任何人在溝通時，很可能誤解對方的溝通功能及目的，形成「言者無心，聽者有意」的現象。例如主管人員在指導部屬新的做事方法時，可能被部屬誤認為在指責他。同樣地，部屬在報告單位內發生的意外事件時，他是在傳遞情報給主管，主管卻可能因此責罵部屬粗心大意，以致部屬往後只敢「報喜」而不敢「報憂」。

在上司與部屬的關係上，亦可看出這種誤解溝通功能的現象。一般主管喜歡強調「公私分明」，也就是上班時間公事公辦、上下尊卑有別；下了班以後，上司與部屬同去卡拉 OK 唱歌，那時就純粹是朋友了。如果部屬不了解公私的分際，就會在做錯事時希望上司能包庇他；而上司若不了解公私的分際，就會徇私偏袒。

因此，溝通最重視的一點，就是雙向溝通。就如交通問題一樣，如果道路是單行道，一旦出了問題；交通立刻阻塞；而溝通亦然，如果只有單向溝通，一旦溝通不良，雙方的誤解也就越深。

為了使溝通的效果能夠提高，主管人員宜注意底下幾點：

1.部屬的個性：對粗枝大葉的員工，溝通應該採取多線進行，反覆叮嚀，除了口頭上交代以外，最好再加上公文或備忘錄。同時要不斷追蹤，不要以為「說了就算數」，因為員工有時會以為主管「說了就算了（忘了）」。有時，員工的記憶力可能較差，「右耳進，左耳出」，唯有繼續追蹤，才能確保交代的事情能如期（期限、期望）完成。

2.時機：溝通有時要看時機與場合，太早、太晚或場合不對，都會使溝通效果大打折扣。試想：在員工慶生會上，是否該提品質不良率升高的問題？

3.用詞：要用員工聽得懂的話，而非專業術語。

4.建立正式溝通管道：讓員工有機會反映意見。

5.以兩種以上的溝通方式，混合運用：例如以口頭交代注意事項後，宜再輔以書面通知；以說話表示情感時，應配合面部表情、手勢等；以書信通知駐外單位後，隔幾天再以電話追蹤等。

二　有效溝通的關鍵

有效的溝通，是建立在溝通雙方均以開放在心胸和信任的態度來溝通。

溝通時，傳達訊息的人，唯有出諸公正、開放的態度，對方才會接受。同樣地，接收訊息的人，也應努力設法了解對方的意圖，試著去正確地理解對方，而非只聽到表面的話語就立即產生情緒上的反應。

溝通的人一定要有一個基本認識，那就是溝通係希望對方了解我的觀點，而非「使對方接受的觀點」。對方會「接收」到我們的說法，但他並不一定要「接受」我們的說法。

完全有效的溝通，在現實世界中，只能說是一種奇蹟。我們只能

不斷地追求它，就像哲學家在追尋烏托邦一樣。由於無效地溝通，乃是造成世界混亂之源，為了使組織有效動作，對溝通的注意，實在不可不慎重。

第6節　向上溝通

向上溝通管道是否暢通，深深影響到員工的工作士氣。然而，在我國社會，向上溝通雖然很少被人提及，但卻是一個一直存在的問題。

試看看周遭「下情不能上達」似乎是一般公民營機構普遍存在的現象。現代社會講求的是效率，在各機構中，每一位員工各有所司，人與人之間的溝通，似乎只要透過正式的組織結構體系即可，例如利用公文、打打電話、召開會議等等。然而，試問哪一位擔任主管的人，真正能了解部屬是否真正清楚上級的指示、是否能採納上級的命令、是否對於目前的職位感到滿意、是否忠心耿耿？

作者所接觸的公司中，許多主管人員，包括董事長、總經理在內，均面臨類似的困擾與苦惱。他們時常抱怨著：部屬經常不回饋工作進行的情形、部屬有話不敢直接說、部屬報喜不報憂等等。最嚴重的情形是一家電子公司總經理所說的：

> 「員工遇到工作困難時，總是悶不吭聲，非等到事情已經不可收拾，才來向我報告。他們簡直是把總經理室當殯儀館一樣。」

為了促進員工向上溝通，使主管免於變為「收屍人」起見，有必要先了解妨礙員工向上溝通的原因。然後才能對症下藥，而不至於發

生「頭痛醫腳」的錯誤。8

一　下情不能上達的五大原因

原因一：層級組織的特性

現代組織機構多半分成數個階層，在上者通常下達命令，而由在下者負責執行。久而久之，身為上司的人越來越習慣於發號命令（即向下溝通），而做部屬的人則習於接受命令，向上溝通的情形也容易被忽略了。

解決之道，在於主管人員時常主動詢問部屬是否「有事要報告」。例如主管在下達命令之後，應請部屬於碰到困難時立即提出；又如主管在檢討部屬績效之後，可請部屬就其業績提出解釋。換句話說，層級組織並未包含向上溝通的特性，故主管人員必須刻意去促成它。

原因二：向上溝通的情報被當作控制基礎

有些公司未訂立明確而正式的工作回饋制度，而仰仗部屬平素的報告（向上溝通）來控制員工的獎懲。這樣一來，部屬發現問題而做報告時，常會給上司留下不良的印象，以至於部屬慢慢學會了「報喜不報憂」的作法。有人研究出，凡是越想升遷的部屬，其向上溝通的內容也會扭曲得更厲害。

解決之道在於主管人員應獎勵「正確」的報告，而非獎勵「喜訊」。換句話說，在機構內，主管應設法建立起上進的氣候，除了本

身應「聞過則喜」──不管是何人之過錯，而且要獎勵報憂的「烏鴉」，而不要去獎勵報喜的「喜鵲」。如此，則機構上下以發現問題為職志，主管人員自然可在許多問題發生之初期，即已了解並想妥對策。

問題在於，如果事情之不利發展是由部屬所引起，則該部屬報告問題時，是應該給予獎勵？還是給予懲罰？筆者認為，主管人員的態度非常重要，這時候他必須一方面表示嘉勉部屬勇於「認錯」，一方面去思索解決對策。常見的錯誤作法，是主客人員立即斥責部屬犯了錯，或是暴跳如雷、憂形於色等等，以致部屬往後碰到困難時，基於怕被責備或怕上司擔憂，而盡力去解決他無法解決的問題──阻礙了向上溝通的意願。同時主管人員也應時時提醒部屬：「報告工作成果」與「實際工作成果」是兩回事，即使「實際工作成果」不佳，部屬也應時常「報告工作成果」。簡而言之，將溝通與控制二者分離，是促進部屬向上溝通的第二項法寶。

原因三：向上溝通的作法被當作主管建立形象的工具

有些主管人員，表面上相當開明，對部屬宣稱：「歡迎各位隨時就公司或本單位之問題，提出批評與建議。」但在實際上，此種說法只不過是在「建立個人的形象」而已，而非真正是為了「獲得情報」。還有一些機構設立「建議制度」、「陳情辦法」或「意見箱」等等，也是虛有其表，聊備一格，員工若有所建議陳情，常得不到合理（不一定是滿意）的答覆，有時甚至於沒有答覆。因此，員工經過一段時日之後，就會揭穿主管或公司的把戲，於是不再向上級溝通了。

解決之道，首重公司（或主管）的信用。公司必須言而有信，凡有建議，必定期派員或組成委員會研究採行，凡有陳情必適時設法解決困難，或提出無法解決的理由。而且，公司應將解決辦法或處理方式藉各種方式宣布之，如此，員工自當樂於提出問題或意見，以協助

公司及早發現問題或改善作業。

原因四：部屬不相信上司有解決問題的能力

常聽在機構任職的朋友說：「我的上司人微言輕（或能力有限、不了解事實真況），所以我向他反映問題，也是徒然。」無論實際情況是否如此，一旦部屬不相信上司（或公司）有幫他解決問題的能力時，向上溝通自然中斷。

解決之道，繫乎上司建立個人在智慧、能力方面的權威形象。在適當時機，主管人員應讓部屬了解到，部屬不能解決的問題，他可以協助解決，如果他也不能解決，那麼問題一定也是部屬所無法獨立解決的。這樣一來，部屬自然樂於將問題向上級反映。同時，主管人員須表現解決部屬問題的熱忱，例如代為覓人解決問題或向更上級反映等，否則，即使主管有能力、有智慧為部屬解難，部屬可能還是不願去求他。

原因五：部屬缺乏向上溝通的管道

即使前述四項因素均得到注意或解決，部屬仍可能面臨投訴無門的困境。換句話說，上司或主管不僅在心理上要鼓勵部屬向上溝通，而且要隨時備妥溝通的「管道」，以利部屬反映。

二 向上溝通的八種管道

1. 舉辦社交聚會活動：在部門或公司的旅遊、野餐、派對、烤肉等活動中，常可聽到部屬真正的心聲。因此，公司應將舉辦類似活動，當作是獲得「下情」的良方，而不僅是紓解員工身心疲乏。我國企業在這方面雖然多少提供了類似活動之機會，但真正好好利用他們來促進溝通的企業，似乎並不多，有待進一步的努力。

2.發行機構刊物，並闢意見欄：國內許多機構，均發行對內的刊物，讓員工發表心得、感言或意見，這也是促進員工向上溝通的好方法。畢竟，有些員工拙於言辭，如讓他提筆道來，也許更為清楚。

3.設置意見箱：作用同意見欄，唯作法上一定要有答覆才可，理由如前述。

4.定期私談：主管人員得視部屬人數及實際需要，每月或每週排出時間，分別和每一位部屬私下交換意見，一旦這種交談變成了例行事項，部屬將會利用此一時機向上級反映。

5.考績會議：考績會議是上司對於部屬的工作成績，定期考核，並將考核結果和部屬交換意見。此種會議不可太久（如一年）才開一次，而宜每季或每月召開一次。主客人員可藉這個機會了解部屬對工作的意見與態度。目前國內公司在業務部門，較多利用考績會議，其他單位（特別是幕僚單位）則很少採用此一作法，似乎還可以再進一步推廣之。

6.訴願程序：公司機構可訂立訴願程序，凡是對公司處置有異議的員工，均可透過此一程序申訴理由，此種作法可以避免冤枉好人。行政機構一般都有類似的程序，私人機構似乎可以仿效。

7.實施態度調查：機構若能定期實施態度調查，將可了解全體員工之士氣概況。筆者在某大企業服務時，曾針對中級主管人員進行態度調查，發現有士氣低落的現象，且其原因也在調查中找出。可惜最高主管忽視此一調查結果，導致日後中級主管紛紛求去，形成管理階層「斷層」現象，委實令人惋惜。一般機構大多未從事類似的調查，故此法實有進一步推廣的必要。

8.門戶開放：此乃主管人員的辦公室大門，隨時為部屬開放的意思。我國許多民意代表，在其家中或辦公處設有「候教處」，前台南市蘇南成市長設有「馬上辦中心」，均屬同一構想。企業主管如能在其辦公室門口釘一塊「有問題隨時（或每日 X 時）請進」的牌子，當

能收到類似的效果。

　　總而言之，向上溝通的作法不僅使員工獲得更大的滿足感，而且也能增進部屬接納上級命令的決心，同時，上司能夠得到回饋，知道部屬是否了解指令，是否樂於執行任務，是否及時完成任務及完成的程度為何。各機構及其主管，必須找出妨礙向上溝通的原因，在心理上、制度上鼓勵與促進員工向上溝通，則必能享受到提高生產力的好處。

第7節　溝通的新挑戰

　　在現代組織中，溝通已遠比過去更為複雜，由於新科技的出現，使得電子化溝通漸趨流行與重要。而員工特性的改變，包括多元文化背景及使用多種語言，也促使跨文化溝通議題浮上檯面。至於環境迅速度變遷所引發的學習型組織的誕生，亦改變了溝通的本質。

　　底下簡單敘述此三類溝通的新挑戰。

一　電子化溝通

　　電子化溝通（electronic communication）乃是利用現代電子通訊設備作為工具的溝通，包括透過電話、手機、傳真機、傳呼機、電腦等所作的語言與文字、圖形溝通，如**視訊會議**（video conferencing）、**電子會議**（electronic meeting）、**電子郵件**（e-mail）、**語音訊息**（voice messaging）、網路等。

　　電子化溝通可以部分替代傳統面對面式或書面式溝通。因此，溝通可在一天二十四小時內進行，不受地域、時差、個人作息的影響，即使在日常作息中，人們仍然可以隨時接收或發送訊息。

電子化溝通的確大幅地增進了組織的溝通效能，如駐外人員毋須回到組織總部即可溝通，組織可用電子文件取代書面文件而大幅節省紙張及時間。但是，溝通也變得較不「人性化」，亦即溝通者將難以進行深度的情感交流，使得工作滿足感可能隨之下降。因此，電子化溝通與傳統式面對面溝通仍是互補的溝通工具。

二 跨文化溝通

由於企業全球化發展的趨勢，使得組織內員工的組成變得多元化，員工可能來自不同國家、民族、文化，使用不同語文，因而使溝通更趨複雜與困難。

以語文為例，跨文化溝通至少會面臨下列四種障礙：[9]

*1.*語意（semantics）障礙：不同文化的人會使用特定的文字或語言，但在其他文化中卻找不到相對應的字眼或語言，因而形成溝通障礙。

*2.*文字意涵（word connotation）障礙：許多語言或文字有多種意涵，有時光看表面的意思，無法了解其真正的意涵。

*3.*語調差異（tone difference）障礙：不同文化的人常無法理解其他文化的人的語調所代表的意義。「是嗎？」這一中文語言，與「isn't it」這一英文語言，都可用不同言調（語調）說出，而恰好代表著不同的意思。

*4.*知覺（perception）障礙：中國人對「孝」有多種解釋，但英語系民族卻難以理解孝為何物，也似乎找不到最適切的對應字。

文化差異則包括了許多價值觀，例如應如何對待上司、部屬或客

---

9 M. Munter,"Cross-Cultural Communication for Managers,"*Business Horizons*, May-June 1993, pp.75~76。

戶等,加上翻譯者(或訊息接收者本人)對於語文的理解與轉譯能力不同,更使得跨文化之溝通更為困難。

三　學習型組織的溝通

電子化溝通描繪的是新溝通工具(管道)的出現,而學習型組織的溝通則在彰顯溝通目的的轉變。在現代學習型組織中,成員必須體認知識是組織贏取優勢的不二法門,因而他們必須隨時準備將自己的知識提供給其他成員,甚至要確知應給予其他成員何種知識。其次,成員也必須了解自己所需的知識為何,並以不斷學習的心態從其他成員處獲得知識。

簡單地說,資訊/知識的交換取得是學習型組織的主要溝通目的,而培養開放心胸,對人不藏私、對己不自封(自閉),已是學習型組織成員應有的心態。

第8節　結論

有效溝通的關鍵是開放、信任與傾聽。這些抽象字眼是大家耳熟能詳的,但在實際溝通時,又很容易被人遺忘,形成「眼高手低」之憾。

而接收者應努力去了解溝通者的意圖,嘗試理解溝通者想說什麼,而不是一下子就起反應。溝通中,任何一方產生情緒反應後,整個溝通就陷入危機,隨時會瀕臨失敗。

完全有效的溝通,可說是一種奇蹟。我們只能不斷地追求它,使得雙方距離拉近。就像追求烏托邦一樣,雖然我們從來沒有踏上烏托邦一步,但是我們不斷地在一步一步接近它。

而無效的溝通,正是世界混亂之源。可能就是由於溝通上出現問題吧,全世界到處充滿著誤解、誤導、怨偶、摩擦與不和。

溝通不是控制，不是「使對方接受我的觀點」，因為這樣做只會有短暫的效果，而是要使對方了解我的觀點，以便進而了解這個觀點背後的理由，進而博得贊同，最後終能達成「對方接受我的觀點」。因此，有效溝通的最後一個關鍵，就是循序漸進，不求速成。

※歷居試題

■選擇題

1. For communication to be successful, meaning must be imparted and   .
   A) received by the other person
   B) an action taken by the receiver
   C) feedback established
   D) understood

   【國立成功大學 95 學年度碩士班招生考試試題】

2. 以下哪一項不屬於溝通障礙？
   A) 選擇性知覺
   B) 經常使用回饋
   C) 資訊過荷
   D) 過濾作用

   【97 年特種考試交通事業鐵路人員考試及 97 年
   特種考試交通事業公路人員考試試題】

■申論題

1. 政府部門也是一種服務業，請問服務業的基本理念與溝通態度為

何？（30 分）

【90 年公務人員高等考試三級考試第二試試題】

2. 試述溝通的要素及其內容。（25 分）

【90 年公務人員普通考試第二試試題】

3. 有效的溝通與良好的工作績效有極大的關係，試說明有效溝通的障礙有哪些？如何克服溝通的障礙？（25 分）

【90 年交通事業郵政公務人員升資考試試題】

4. 試說明如何能成為一位好的部屬，如何能成為一位好的主管。試由領導、溝通、協調、激勵及其他您認為重要的面向來說明您的看法。（25 分）

【98 年交通事業公路人員升資考試及 98 年
交通事業港務人員升資考試試題】

第九章　衝突管理

在進入本章主題之前，首先來看下面這個實例：

　　新世紀剛剛開始，許多企業也紛紛摩拳擦掌，準備一展鴻圖。可是，某一高科技公司內部正蘊藏暗潮洶湧的爭執。由於公司新近出貨的一批產品中，有某一個功能出現瑕疵，客戶紛紛要求退貨，甚至也出現了索賠的聲浪。公司高階主客在不得已之下，決定請行銷經理王君每週三到工廠開會，協助解決品質問題。

　　由於工廠廠長在上一波品質風潮中，已被公司解職，目前是由副廠長郭君負責。在新年過後的第一次會議中，王經理即和郭副廠長起了衝突。王經理的職級比郭副廠長高一級，在後者主持的產銷會議上，王經理堅決表示，在品質問題尚未解決之前，工廠不應再出貨給客戶，但是，郭副廠長卻認為，這樣一來，將導致生產線停工，損失不貲。王經理則指出，在相關同業中，某上市公司已因零件瑕疵，導致數億元損失，[1] 若本公司也不顧一切出貨，也可能出現相同的狀況，到時候不知誰該負責。

1　主機板廠陞技公司因主機板外購零件容器爆裂，在 2002 年約虧損 9 億元以上，為歷年虧損最嚴重的一年。

　　衝突是組織內常見的現象。在公司裡面，我們時常看見或聽見諸如此類的衝突：業務經理和財務經理為客戶的信用保證問題爭執不休；工業工程師與領班為了生產線的工作速度標準，產生不一致的意見；甲、乙兩課在爭公司裡唯一的電動打字機等，不一而足。

　　傳統上，視衝突為有害的，因此極力設法避免衝突。但是，現代的看法，則認為衝突有時是有益的。因此，我們不僅探討衝突應如何解決，而且還要探討如何管理衝突，使公司享受到衝突的好處。

　　我們首先對「衝突」（conflict）作一簡單的解釋，並進一步條列出衝突的利弊。

第1節　衝突的涵義與利弊

　　根據管理學百科全書所載，衝突是指「一方（人或團體）知覺到利益被他方（人或團體）所反對或受到後者的負面影響的歷程。」[2] 而**衝突管理**（conflict management）則是指診斷組織的作業程序、人際互動方式、協商策略及其他**介入**（interventions）方式，以避免不必要的衝突：降低或解決過度的衝突。[3]

　　從以上的定義可看出，衝突的意義是指單位或個人與其他單位或個人間的爭執。這種爭執，可能因為目標不一致，也可能是因為對事物的看法不同，還有可能是因為感受的差異及做事程序（方式）的差異，而形成目標衝突、認知衝突、情感衝突及程序衝突等四種衝突。[4]

2　L. D. Brown, A. E. Clarkson; "Conflict", in C. L. Cooper and C. Argiris, eds., *The Concise Blackwell Encyclopedia of Management*, Oxford, England: Blackwell, 1998, pp.105~107。

3　L. Greenhalgh, "Managing Conflict," In F. J. Lewicki, D. M. Saunders and J. W. Minton, eds., *Negotiaion*, 3rd ed., Boston: Irwin/McGraw-Hill, 1999, pp.6~13。

4　Don Hellrigel, J. W. Slocum, Jr. And R.W. Woodman , *Organizational Behavior*, 9th ed., Cincinnati, Ohio: South-Western College Publishing, 2001, pp.249~295。

從以上的探討中，可以推論出，在一般情況下，沒有衝突或低度衝突會導致死氣沉沉，而過度的衝突顯然又為害不淺，只有適度的衝突才能帶來激發創造力、防止組織停滯不前、讓緊張情緒得到宣洩及種下變革的種子等好處。這種現象可用圖9-1表示。

一　衝突的害處

一般都認為，衝突至少會產生三種害處：

1.組織的績效，基本是來自不同單位與個人之間的分工與合作。由於分工，每個人（或單位）在組織內所扮演的角色與執行的功能，也就不盡相同，因而有賴乎彼此良好的協調合作。例如企業為了準時交貨，生產單位日夜加班，人事單位拚命招募員工，訓練單位努力訓

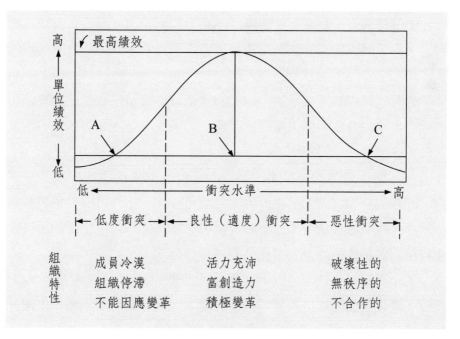

圖9-1　衝突水準及其利弊

練員工，財務單位則設法借錢。衝突一旦產生，即意指單位間無法共同邁向一致的目標。例如財務單位不願再借太多錢，以免負債比率太高，工廠因此就沒有足夠資金囤積原料，各單位的力量也就分散了。

2.衝突也會影響員工心理。員工在衝突時，常易變得緊張不安、焦慮、無法發揮應有的工作效率，或是使產品品質趨於下降。

3.為了解決衝突，公司可能須耗費甚多時間和人力。本來可以去做事的人力，現在卻用來解決衝突。

不過，衝突也並非都沒有益處，所以，上述第三種害處也就不一定會出現。換句話說，公司並不一定要去解決一項有益的衝突。

二　衝突的益處

衝突的益處，大致可以歸納為下列五項：

1.維持適當的刺激，使組織的調適力和創新力不斷得到磨練。換言之，為了解決衝突，企業常需要調整許多作法，以免組織變得很僵化。

2.對組織內的重大事物予以回饋，使管理階層注意到部門關係組織結構、權力分配、個人職責的問題。如果沒有發生衝突，公司還以為一切事物都安排得很好。

3.維繫單位內的凝聚力。「無敵國外患者，國恆亡。」孟子之言，即在說明單位將因其與外界衝突而更形團結，同時成員也較願意多做事，以及尋找機會來因應外界壓力。換言之，單位之間的衝突，也許使兩個單位的內部各自更為團結合作。

4.小衝突可以使單位間的敵意獲得紓解。若單位問題的衝突受到壓抑，最後可能匯集成不可收拾的力量；因此，有時不如讓單位間發生一些小衝突，因而可避免突發性的大衝突。

5.刺激個人與單位的進步。由於衝突產生的原因，可能是為爭取

稀少的資源（如獎金），因此，大家會努力求進步。

第2節　衝突層次

為了解組織內的衝突，可能在何處發生，我們可以將衝突按其層次，分成底下五類，如圖 9-2 所示。

1. **角色內衝突**（intrarole conflict）：指同一角色在面臨不同的期望與要求時，所產生的衝突。這是個人所感受到的衝突。例如張三是業務主任，公司要求提高業績，業務員卻要求加薪，就使得張三左右為難，大嘆「主管難為」。

2. **角色間衝突**（interrole conflict）：指一個人同時扮演不同的角色，各角色的期望有所不同所產生的衝突。例如王五既是工廠領班，又是品管圈指導委員，前者應努力增加產量，後者則應注意品質，兩者在趕工時極易衝突。

3. **人際衝突**（interpersonal conflict）：指二個人之間的衝突。如業務員與會計為了出差旅費的報支而衝突，即為一例。

圖 9-2　組織內的衝突層次

4.**群內衝突**（intragroup conflict）：團體內部成員間的衝突。例如業務員為了晉升業務主任，彼此發生衝突。

5.**群際衝突**（intergroup conflict）：二個群體間的衝突。例如業務單位與財務單位衝突，即為一種**水平單位間的衝突**（horizontal conflict）。表 9-1 即為一例。上級單位與下級單位間的衝突，則是一種**垂直衝突**（vertical conflict）。

上述角色內衝突與角色間衝突，有時較不易區別，因此，特別再以圖 9-3 和圖 9-4 說明之。

圖 9-3 是生產領班的角色同時受到上司生產課長、部屬生產工人，以及維護課長和業務經理的不同要求，形成目標衝突。如果生產領班服從生產課長的要求，使產量穩定，就無法接受業務經理所要求的「產品多樣化」；如果生產領班希望做到工人所要求的減少加班和改善工作環境，顯然就無法符合生產課長所要求的「控制成本」，而維護課長要求停機大修，如果生產領班答應了，產量立刻要減少，無法符合生產課長所要求的「產量穩定」。

表 9-1　直線作業主管與人事部門的衝突

1. 作業主管對人事部門所要求的服務太多，人事部門無法應付。
2. 作業單位對人事部門的要求，被人事部門拒絕。
3. 作業主管不願提出問題，以免被當作考核依據。換言之，「報憂被視為造憂」，使得作業主管不敢公開本單位的人事問題。這是一種角色衝突（role conflict），即人事部門有諮詢角色（consultation）與考核角色（evaluation）。
4. 人事規定太嚴，妨礙單位目標的達成。例如工廠安全規定太嚴，使生產力下降。這就是一種目標的衝突（goal conflict），即又要安全，又要生產力的雙重目標之衝突。
5. 地位衝突。作業主管可能年紀大、年資長；而人事人員則年紀輕、年資短、教育程度較高。

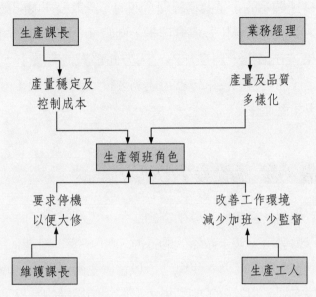

圖 9-3　生產領班的角色內衝突

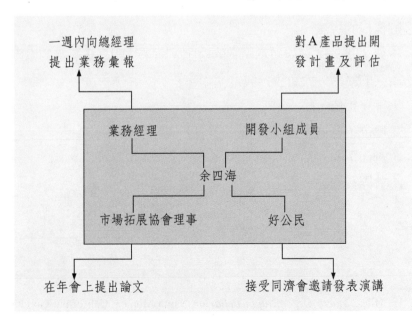

圖 9-4　角色間衝突：身兼數職（角色）的困擾

　　圖9-4所顯示的，是業務經理余四海，身兼公司內開發小組的一員，又是中華民國市場拓展協會理事，同時又希望扮演一個好公民的角色。結果，在最近一個禮拜內，四方面都對他有要求，他分身乏術，為滿足任何一方的要求，就可能需要投入全部時間，因此，角色間衝突的現象就產生了。

第3節　衝突發生的原因

　　雖然我們對於衝突的利弊衝突的類別，已經有所了解，但是，對於衝突何以會發生，並未做深入的探討。

　　心理學家 Miles 認為，組織之所以會發生衝突現象，乃是根源於分工和授權方式。由於分工的結果，形成組織結構的差異；由於授權的結果，使組織頒訂了各項制度，如考績制度、資源分配制度、人員選用制度等。這些制度加上結構差異，就構成了衝突的遠因。圖9-5即是解釋他的說法。[5]

　　不過，圖9-5只能顯示衝突的遠困，而未述明真正衝突的原因。

　　衝突的原因，大致可分成九大類：

　　*1.*任務相依。

　　*2.*地位不符。

　　*3.*責任不明。

　　*4.*共同資源。

---

[5]　R. H. Miles, *Macro Organization Behavior*, Santa Monica, California: Goodyear, 1983, p.130。

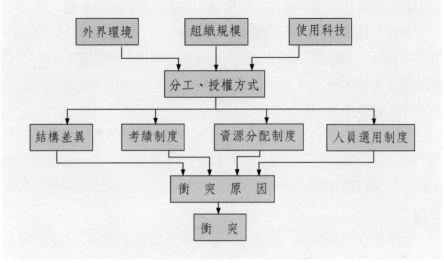

圖 9-5　組織衝突原因

5.目標差異。

6.單位結構與取向差異。

7.績效標準與報酬制度差異。

8.個人特質差異。

9.溝通不良。

底下依次說明之。

一　任務相依

任務相依（task interdependence）：指群體之間必須相互合作，才能達成目標。

任務相依有三種類型：

1.**匯集相依**（pooled interdependence）：二群體彼此相當獨立，但對更大的組織產生貢獻。例如集團企業轄下的分公司或事業部即是匯

集相依，平常它們獨立運作，但對整個集團的營利均有影響。

2.**序列相依**（sequential interdependence）：一群體的產生乃是另一群體的投入，此時即形成序列相依。例如製造部門與品管部門，前者生產的貨品做出後，後者才能進行檢驗。又如生產作業線上前後工作站之間，亦屬序列相依。

3.**交互相依**（reciprocal interdependence）：指二群體的產出均為對方的投入。例如產品開發部門與行銷部門即屬交互相依。開發部門將試製品交由行銷部門試銷，行銷部門則將顧客反應帶回給開發部門做參考。

任務相依性越高時，也就是由匯集相依邁向序列相依，或是交互相依時，如果某一群體的表現不能符合另一群體的期望，或是影響到另一群體的績效，衝突就會顯現。

二 地位不符

地位不符意指個人或單位所擔任的工作任務，與其在公司內的地位不相配合。舉例來說，某公司在研究開發部內，設有企劃室，由企劃主任主掌全公司企劃工作，而各企劃員則各自負責某一事業部的企劃工作。由於事業部經理與研究開發部經理職位平等，故比企劃員高出兩級，當企劃人員欲追蹤各事業部的年度企劃做得如何時，事業部經理相應不理，企劃人員遂無法完成工作。這就是一個典型的地位不符實例。

三 責任不明

責任不明是衝突的主因之一。某件事涉及利益或權力，大家都想插一手，於是產生衝突，例如產品經理及業務經理都希望地區業務員

多聽他的指令,遂產生衝突。而當某件事是一種責任、負擔,在責任歸屬不清時,有關部門互相推卸責任,也將形成衝突。

四　共同資源

在組織內,由於資源有限,各方都想爭取更多的資源,就形成衝突。這些共用的資源,可能是機器設備、人才、利益、資金,乃至於權力等。茲就後二項資源,各舉一例說明之。

例一:勞資對立。勞方與資方都想分得更多的利益,勞方想加薪和分紅,資方則想維持薪資或減薪及不發紅利,因此雙方為利潤發生衝突。

例二:部門預算。組織在擬定預算時,各單位均想爭取最大的預算,如業務部門希望增加業務員,行銷部門希望增加廣告預算,生產部門希望擴大產能、財務部門則希望電腦化等。但是,公司在總預算是固定的,各部門為了爭取更多預算,於是發生衝突。

五　目標差異

生產、行銷、財務等單位,都有各自的目標需要達成。當這些目標彼此有差異時,衝突自然會發生。由於此種現象相當明顯,此處不再贅述。

六　單位差異

單位差異,包括結構上的差異,和對人際關係、時間等問題的取向上差異等。

哈佛大學的教授會以生產單位、銷售單位、應用研究單位和基本

研究單位為對象，研究其間的差異，結果如圖9-6所示。這些差異正是衝突的根源。[6]

例如在時間取向上。基本研究單位（如研究部、實驗室）想的是某一產品在二十年後的展望，應用研究單位（如開發部）想的只是五年內可能出現的新產品，而銷售單位（如業務部）卻希望在明年度就推出新產品。因此，這些單位很容易因開發新產品而起衝突。

七　績效標準與報酬制度差異

直線作業單位如業務部和生產部，可按銷量、產量來訂定明確的獎金制，而其他幕僚單位則很難訂定獎金制，有些廠內工程人員尚可按工廠總產量來訂績效標準及獎金制，但會計、人事等單位就無法依

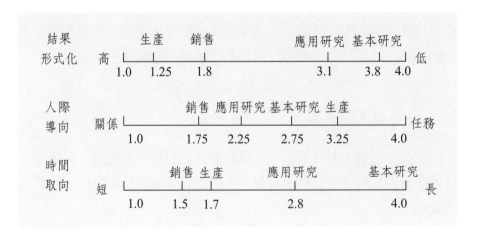

資料來源：Raul R. Lawrence and Jay W. Lorsch, *Organization and Enviroment*, p. 36。

圖9-6　單位差異

6 Paul R. Lawrence and Jay W. Lorsch, *Organization and Enviroment* (Homewood, Illinois: Irwin, 1969). p.36。

樣畫葫蘆。由於有些單位有獎金，有些則無，衝突情形就很容易出現。

八　個人特質差異

員工個人的個性、需求互有不同，對公司的期望也就不一，彼此之間因個性不合、期望不同而產生衝突現象，自亦難免。

表9-2是一般人的生活格調，共分成十二種類型。讀者很容易看出，其中有某些類型的人，極易發生衝突。例如傳統型與勝任型；成就型與反對型等。

表9-2　生活格調（life style）

*1.*人道型：「助人為快樂之本」是這類型的人之生活意義。

*2.*親密型：和他人維持親密互動。

*3.*贊同型：因他人贊同而產生價值感。

*4.*傳統型：保守、不願意冒風險。

*5.*依賴型：事事依賴他人，無法獨立判斷。

*6.*逃避型：自我否定的退縮者，缺乏安全感。

*7.*反對型：以反對其他人、事、物，來顯示自己的價值。

*8.*權力型：以掌握權力，來增進自己的安全感。

*9.*競爭型：以在工作上勝過他人，來維持自己的安全感。

*10.*勝任型：理性地追求挑戰。

*11.*成就型：以盡力工作為樂，「樂在工作」。

*12.*自我實現型：為事情本身而工作，而非為其他理由。

九　溝通不良

溝通不良，使得溝通的雙方誤解了對方的意思，也很容易造成衝突。

例如在會議上，有人無意間表示：「競爭產品的品質似乎不錯。」結果，言者無心，聽者有意，生產部門或品質部門的人，可能就會以為此人在攻擊他們。

第4節　衝突歷程

衝突乃是一個動態的歷程，包括：(1)潛在衝突；(2)知覺衝突；(3)感受衝突；(4)外顯衝突等四個階段，如圖9－7所示。[7]

圖9－7顯示，衝突並不是一開始就存在的。我們平常看到的衝突，都只是已經很明顯可以看到的「外顯衝突」，其實，早在衝突外顯前，它還會歷經潛藏階段、知覺階段、感受階段。

當衝突原因出現以後（例如組織結構有差異、個人需求不同），就已經埋下了衝突，我們稱之為「知覺衝突」。另一方面，若是衝突的雙方感到衝突的味道，但卻不知是怎麼一回事，我們稱此為「感受衝突」。

---

[7] K .W. Thomas，"Conflict and Negotiation Processes in Organizations," in M. D. Dunnette and L. M. Hough eds., *Handbook of Industrial and Organizational Psychology*, 2ed ed., Vols. 3 Palo Alto, CA.: Consulting Psychologists Press, 1992, pp. 651~781。

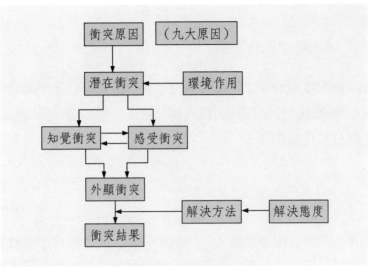

圖 9-7　衝突的歷程

　　知覺衝突與感受衝突可能先後出現，但兩者都可能是較早出現的。一旦衝突的雙方以言語或行動來表示衝突時，就是一個「外顯衝突」了。

　　無論衝突在短期內帶來哪些利弊。就長期而言，衝突現象多半必須妥善處理，才能趨利避害。因此，底下將探討解決衝突的方法。

第 5 節　解決衝突之道

　　解決衝突之道，一般可分成四大類，主要是針對某一種衝突的原因來因應的：

　　*1.*改變組織結構。

　　*2.*改變爭論主題。

　　*3.*改變群際關係。

　　*4.*改變個人特質。

一 改變組織結構

如果衝突係源於分工不當、制度不公、權責不分等組織結構上的問題，則應立即調整公司的組織結構、修正公司制度，使衝突的原因消失，自然可化解衝突。

二 改變爭論主題

如果衝突雙方所爭執的，只是細節問題，則可以提出比較重要的問題，來轉移雙方的注意力。例如生產單位與品管單位為品質標準爭執不下時，宜提出「如何使公司業績長期成長」的問題，作為雙方努力以赴的目標。

三 改變群際關係

如果衝突雙方係因為彼此關係不佳，如位置緊密相連而衝突，或因溝通不良而衝突，則直接改變兩單位之間的關係，可以化解彼此的衝突。此種化解衝突的方式，可分成五類，如圖 9-8 所示。[8]

讀者將可看出，原來緊鄰的單位，將因空間上的隔離，而避開了衝突。而原來疏離的單位，將因密切的交往，而增進彼此的了解，最後終於改變了敵對或爭執的態度。

---

[8] Miles, op. cit., p.143。

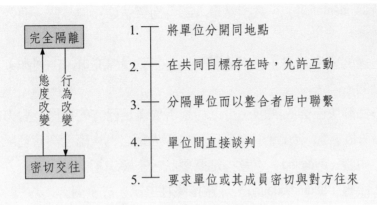

圖 9-8 改善群際關係的策略

四 改變個人特質

如果衝突係源於個人，則應設法改變其知覺、態度、溝通技巧等，以化解衝突現象。

第6節 人際衝突管理風格

上一節探討解決衝突的方式時，是站在上級主管的立場，設法化解衝突。其實，衝突一旦產生，衝突的雙方也有責任自行尋求解決衝突之道。

由於衝突可能有利有弊，衝突也可能是某一方的過失或疏忽所產生的，因此，衝突雙方必須先決定採用何種態度來解決衝突。

解決衝突的態度也可稱為取向。人們解決衝突的取向基本上分為二種：一為「雙贏取向」（win-win orientation），意指當事人認為可以找到一個兩利（multually beneficial）的解決方案；另一為「輸贏取向」

（win-loss orientation），意指當事人認為衝突狀態類似分餅，有人贏就有人輸。[9]

這樣的態度差異，當然會使個人在解決衝突的**風格**（style）上，有很大的不同。

根據解決衝突的態度，可以從是否要滿足己方的目標及對方的目標，而分成五類，如圖9-9所示。[10]學者稱之為人際衝突管理風格：

1. **規避**（avoiding）：意指逃避現狀，不解決衝突；

2. **順應**（acommodating）：意指犧牲自己，成全對方；

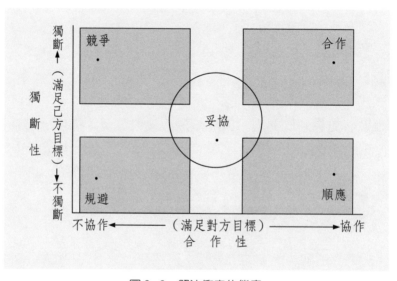

圖9-9　解決衝突的態度

9 S. L. McShane and M. A.Von Glinow, *Organizational Behavior*, Bosto: Irwin/McGraw-Hill, 2003, pp.393~394。

10 K. Thomas, "Conflict and Conflict Management," in M. D. Dunnette(ed.) *Handbook of Industrial and Organizational Psychology*, Chicago: Rand McNally, 1976, p.900。

3.**妥協**（compromising）：意指彼此讓步，雙方各滿足部分目標；

4.**競爭**（competing）：意指犧牲對方，滿足自己；

5.**合作**（collaborating）：意指彼此合作，使雙方目標均能達成。

底下分別說明各類風格所適用的情境及其行動方式。

一　規避：逃離衝突現場

規避態度的適用情境，大致有下列幾種：

1.爭議的主題微不足道，或是有更重要的問題出現。

2.自己的目標可能滿足時。

3.化解衝突將「得不償失」，所引起的干擾超過化解的利益。

4.先讓衝突雙方冷靜下來。

5.進一步蒐集情報勝於立即作決定，故先規避一下，以便「三思而後行」。

6.由別人來化解反而有效時。

7.爭議主題可能是另一主題的表象時，或衝突將因時間消逝而消弭時。

規避方式大致可分成三類：

1.完全忽略：對問題視若無睹，故意予以忽視。

此一方式係假定時間能化解衝突，或是此時地不宜化解衝突。

例如財務部門在景氣過熱時期，訂定信用緊縮的規定，而與業務部門發生衝突。財務主管故意忽略問題，等到景氣變壞，其他公司呆帳大增時，則衝突自然消弭於無形。此乃「日久見人心」。

〔問題〕：由於完全忽略法並不去尋找解決辦法或發掘衝突原因，故衝突可能繼續存在，甚或惡化。

2.位置隔離：衝突雙方在空間位置上分隔，衝突情況即可消減。

例如勸架的第一步，就是將衝突雙方拉開，過不久雙方的氣也就

消了。

〔問題〕：如果未找出衝突原因，則衝突可能繼續存在。例如業務部門和生產部門的衝突，若是源於產品品質，則在品質未改進之前，即使將兩個部門分開辦公，衝突仍未化解。

3.有限接觸：僅限於雙方在正式場合（如會議）上接觸。

二　順應（讓步）：犧牲自己

順應態度的適用情境，大致有下列幾種：

1.承認錯誤時。

2.為了維持合作關係，即爭論主題對對方而言更為重要時。

3.為累積信用，「吃虧就是占便宜」，先吃一點虧。

4.為了減少損失，理由是對方較強，衝突之餘，吃虧的還是自己。

5.為了和諧與安定，也就是「顧全大局，犧牲小我」。

6.讓對方先得勢，等到以後失敗時獲取教訓。例如領班要求電焊工在工作完畢後立即關閉氫氧吹管，而工人不太願意遵從，於是領班有時就不去糾正工人，工人在腳燙傷後，即自動於完工後關閉氫氧吹管。

三　妥協：衝突雙方各讓一步

妥協態度的適用情境，大致有下列幾種：

1.冤家宜解不宜結：雙方所追求的目標都很重要，但繼續衝突下去卻不值得。

2.平分秋色：雙方的目標互有衝突，而雙方的實力（權力、地位）相當時。

3.暫時妥協：爭議主題過於複雜，一時不易釐清時。

4.初步解決：由於時間緊迫，先暫時互讓一下。

5.在合作達不到而競爭又無勝算時，作為退路：即預留後步。

〔實例〕：董事會決定，在公司營業額及盈餘均成長 5%時，公司全體員工可分得盈餘 10%，就是股東與員工妥協的一個實例。

四　競爭：雙方互爭勝負

競爭態度的適用情境，大致有下列幾種：

1.當仁不讓：你知道爭論主題相當重要，而你認為你對時。

2.有人將因不競爭而獲得不當好處時，則讓雙方競爭。

3.時間急迫，必須立刻下決定時。

五　合作：合則兩利

合作態度的適用情境，大致有下列幾種情況：

1.雙方目標均極重要，且不能妥協時，宜找出綜合性的解決辦法。

2.某方的目標是學習時。

3.希望集思廣益，以免有遺珠之憾。

4.希望產生「共識」，以促進往後更加努力不懈。

5.合則兩利，分則兩敗。

合作方式主要可分成三種：

1.提出共同的**更高目標**（superordinate goal）：即「抵禦外侮」。此一目標係衝突之任一方無法獨力完成者，例如公司之存亡絕續。

2.交換人員，增進了解：「文化交流」。

3.正式開會，來確認問題及尋找方案：但開會時絕不可論及誰對誰錯，而演變成批評大會。

第7節 協商

一旦衝突雙方爭執不下時，利用重新定義彼此的相依而解決彼此分歧的目標，即是「**協商**」（negotiation，又名談判）。協議通常是在雙方（或多方）必須就一相依的目標作出決策，而且是以和平的方式解決爭端，至於達成協議的方法則不明確。*11*

協商基本上可分為四種：分配式協商、整合式協商、態度重建式協商和組織內協商，*12* 學者 S. Robbins 稱之為協商策略。

1. **分配式協商**（distributive negotiation）是一種「輸—贏」或「零和」的狀況，一方的勝利就是另一方的損失。換言之，這是在資源固定的情況下，雙方各自企圖讓對方理解及同意己方的需要，或是說服對方相信他的目標之不可能或不公平的，以及同意我方的方案有何好處等。*13* 分配式協商的運作可用圖 9–10 表示。

2. **整合式協商**（integrative negotiation）是在一個或多個雙贏方案存在下尋求解決方案的過程。整合式協商通常是以擴大資源數量，而使雙方各取所需的方式進行。因此，了解彼此的需求，並找出可涵蓋或滿足雙方需求的方案，顯然需要協商雙方發揮創意與合作的態度。

11 F. J. Lewicki, D. M. Saunders, and J. W. Minton, eds., *Negotiation*, 3rd ed., Boston: Irwin/McGraw-Hill, 1999, p.1。

12 J. T. Polzer ,"Negotiation Tactics," in Cooper & Argiris, *op. cit.,* p.429。

13 Stephen P. Robbins, *Organizational Behavior*, Upper Saddle River, NJ: Prentice-Hall, 2001。

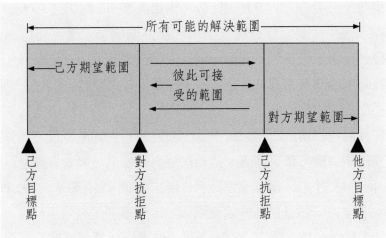

所有可能的解決範圍

己方期望範圍

彼此可接
受的範圍

對方期望範圍→

己方目標點　　對方抗拒點　　己方抗拒點　　他方目標點

圖 9-10　分配式協商

1. **態度重建式協商**（attitudinal structuring negotiation）：乃是延聘外界第三者，即**調解者**（mediator）來協助衝突雙方重建正確的態度與關係。一般而言，協商雙方在開始時，總會產生一些負面的態度，如敵意、競爭性，以致雙方無法達成協議。此時，即有賴調解者居中協調，並提供充分的資訊給雙方，最後協商雙方自行達成協議。

2. **組織內協商**（intraorganizational negotiation）：乃是協商雙方各派代表，在經過雙方同意下，由二方代表達成協議。各方代表（一人或多人）會先在己方內部尋求共識，化解內部衝突，再去和對方代表協商。

在前述態度重建式協商時，協商雙方同意引進第三者。第三者的出現，稱為**介入**（intervention），其他加入第三者的協商尚包括二種：

1. **仲裁**（arbitration）：也就是在雙方經過協商過程後，由仲裁者提出最後的裁定，並強制雙方履行仲裁的條件。

2. **裁判**（inquisition）：也就是由裁判者主導協商過程並做最後裁

示。這些第三者介入的方式之比較,可用圖 9-11 說明之。[14]

在上圖中,對協商過程及結果均無控制的第三者,可稱為旁觀者。雖然旁觀者似乎無足輕重,但吾人從現實狀況中常可發現,旁觀者存在時,協商雙方有時會為了面子而顯得較為理性,但也不乏因面子受損而惱羞成怒的例子。

現代協商的情況已越來越常見,而協商者也逐漸發現,唯有整合式協商較能為雙方帶來好處。雖然在協商過程中,協商者難免只顧到自己而忽略對方,但是此時將出現「**協商者兩難**」(negotiator's dilemma);亦即越是自私的協商戰術,離雙贏情況越遠。[15]

如上所述,協商的方式有許多種,許多組織逐漸採取一種循序採用各種協商方式的作法,稱為「**可行爭議解決法**」(alternative dispute resolution, ADR)。[16] 此法乃是先由協商雙方自行協商,協商不成則找第三者調解,調解不成則找第三者仲裁,仲裁不成只好請第三者(如法官)來裁判了。

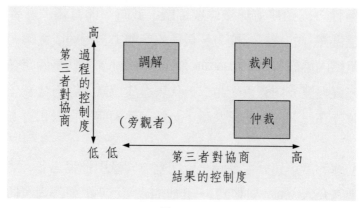

圖 9-11

[14] 同註 8,頁 406~407。

[15] 同註 3,頁 301~311。

[16] S. L. Hayford, "Alternative Dispute Resolution", *Business Horizons*, 43, January-February 2000, pp.2~4。

第8節 結論

　　傳統上，中國人的社會就不斷強調「和合」的好處。例如在做事時，「天時不如地利，地利不如人和」；在家庭方面則是「家和萬事興」。然而，在現代複雜社會中，無論是個人、團體或組織，都難以避免衝突的情況。

　　因此，了解衝突現象及其因果，並做好衝突管理，是組織成員（尤其是管理者）的基本職責。

　　組織內的衝突過高，內鬥嚴重，就會消耗過多的資源，使組織的績效下降，成員的工作士氣也將隨之低落、工作滿足感降低、曠職率及離職率上升，使組織面臨分崩離折的危機。

　　解決衝突的方法很多，如提出崇高目標、擴充資源、澄清問題、改變組織結構或改變成員特質等，必要時更可採取上級命令或協商等。而在衝突太低的情況下，則可以用引進新人事、新制度、或將組織加以重整等，使組織重新恢復活力。

※歷屆試題

■選擇題

1. A conflict strategy in which the manager diplomatically acknowledges that conflict exists but downplays its importance is called _____ .

   A) smoothing

   B) compromising

   C) collaborating

   D) confronting

【國立成功大學 94 學年度碩士班招生考試試題】

2. A conflict strategy in which the manager diplomatically acknowledges that conflict exists but downplays its importance is called:

A) smoothing.

B) compromising.

C) collaborating.

D) confronting.

【國立成功大學 95 學年度碩士班招生考試試題】

3. The success or failure of a group is affected by groups attributes such as abilities of the group's members, the size of the group, _____.

A) the level of conflict, and the internal pressures on the members to conform to the group's norms

B) the ability of the group's members to conform, and the clarity of the goal

C) the value of the goal to the group, and the level of conflict within the group

D) the level of conflict within the group, and the value of the goal to the group

【國立成功大學 95 學年度碩士班招生考試試題】

4. The conflict in stated goals exists because organizations respond to a variety of

A) stakeholders

B) external environments

C) governmental regulations

D) stockholders

【國立成功大學 98 學年度碩士班招生考試試題】

■申論題

1. （10分）管理的目標常常是要調和個人和各部門的才能與資源，為了避免內部耗損、浪費資源，傳統觀點（Traditional view）主張要避免衝突或防範於未然；近年的互動觀點（Interactionist view）則接受衝突存在的事實，甚至認為組織的效能可以隨著衝突的類型和程度而增加。請說明此一新觀點的立論基礎，並提出「衝突管理」（Conflict management）的原則。

【國立台灣大學95學年度碩士班招生考試試題】

2. 對於衝突的看法存在多種不同的觀點，請分別說明傳統觀點（traditional view）、人際關係觀點（human relations view），以及互動觀點（interactionist view）所持之論點。（20分）

【92年度交通事業公路人員升資考試試題】

第十章　壓力與壓力管理

第1節　壓力與壓力來源

　　現代組織在面臨動盪的環境時，必須隨時調整組織結構及工作設計，才能維持競爭力。為此，員工的工作內容也隨時在改變，這就形成了工作上的壓力。事實上，人除了有工作上的壓力，還有生活上和個人因素的壓力，因此，如何因應壓力，就成了現代人的重要事項之一。

　　所謂「**壓力**」（stress），意指「個人在面對外界對於個人身心的刺激時，由於事情的結果相當重要，而個人因難以控制或感到不確定而產生生理和情緒上的反應。」*1*，這些造成壓力的刺激或事物，就稱為「**壓力來源**」（stressors，壓力源）。

　　就組織的立場來說，壓力來源可概略分為二類，一類是與工作有關的壓力，一類是非工作上的壓力，也就是生活上的壓力。由於各種壓力的產生會在個人身上產生累加效果，因此底下先簡單介紹**生活壓力**（life stress）。

---

1 Richard L. Daft and R. A. Noe, *Organizational Behavior*, Orlando, Florida: Harcourt College Publishers, 2001, p.481。

一　生活壓力

現代社會生活緊張，壓力來源也多如牛毛。底下是就壓力大小分別列示數例：

1. 產生大壓力的事件：
   - 父母去世。
   - 配偶去世。
   - 子女去世。
   - 離婚。
   - 破產。
   - 失業。
2. 產生中度壓力的事件：
   - 近親死亡。
   - 父母離異。
   - 愛人變心或爭執。
   - 受傷或生重病。
   - 重大成就或失敗。

至於產生小壓力的事件，則多得不可勝數，如生活習慣改變、參加比賽或社交活動、發表演說、上街抗爭等。

二　工作壓力

工作上的壓力來源，則可分為四類：

1. 組織變革：包括組織策略改變、組織結構調整、營運地點遷移等。
2. 職務：包括工作負荷量大、實體工作環境差（溫度過高、噪音

太吵、燈光太亮或太暗、輻射、污染、經常出差）、工作性質不合法或不道德、工作與生活衝突等。

3.人際關係：包括人際關係不良、職場暴力、**性騷擾**（sexual harassment）等。

4.生涯發展：包括工作保障、遷調、晉升（太快或太慢）[2]。

在上述工作與生活衝突中，工作與家庭的衝突最能凸顯壓力來源的相互增長效果，工作與家庭的衝突，通常只指個人的時間有限，在工作和家庭兩方面都競逐一個人的時間資源時，經常會造成個人的工作壓力，而家庭成員也會感受到壓力，二種壓力交會下，許多上班族常大喊吃不消，這也是現代家庭的常態。

三　壓力的感受

環境中的壓力來源隨時存在，但人們卻不一定感受得到。這種壓力來源與壓力的關係，如圖 10-1 所示。

首先，當環境中的壓力來源出現時，可能因個人特質不同而有不同程度的壓力知覺（知覺到不同程度的壓力）。例如調職到新工作崗位或工作地點，有的人視之為新挑戰，有的人視之為新機會（可一展長才）、有的人則認為處境艱難，通常是因其個性使然。

2 Don Hellriegel, J. W. Slocum, Jr., and R. W. Woodman, *Organizational Behavior,* 9th ed., Cincinnati, Ohio: Sowth-Western College Publishing, 2001, pp.198~199，有關如何做好生涯發展及生活規劃的問題，請參閱余朝權，《新世紀生涯發展智略》，台北：五南圖書公司，2002 年。

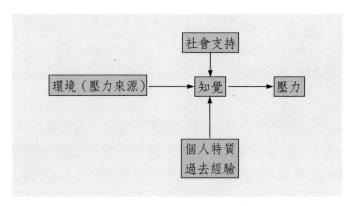

圖 10-1　壓力來源與壓力

　　性格學者曾經將人的個性分為 A 型性格和 B 型性格兩類。[3] 具有 A 型性格的人,做事急躁而缺乏耐性,充滿幹勁而富競爭性,對工作完全投入。具有 B 型性格的人則剛好相反,他們心情比較放鬆,凡事不與人爭、不炫耀自己的成就。

　　學者們發現,A 型性格的人做事快速,總想一心二用,閒不下來,因此也感受到較大的時間壓力。許多 A 型的人在工作上會成為「工作狂」(workaholic),決策快速但品質可能較差,重視量化指標,對事情的反應如出一轍。因為以上種種特徵,A 型性格的人較常產生與壓力有關的疾病。

　　例如某大金融機構的徵信室主管,大概就具有 A 型性格,他做事明快果決,而且又熱心公益,在晉升副總經理之後,仍兼原職,而且還到四、五家大學兼課,結果因疏於照顧家庭,以致家庭不和,最後患了失眠症。

　　這樣的例子在當代社會中其實相當普遍,由於人們的價值觀轉變為只看重「權」與「錢」,以致許多人也都養成了 A 型性格。

3　M. Friedman and R. Rosenman, *Type A Behavior and Your Heart*, New York: Knopf, 1974。

其次，經驗也是影響知覺到壓力大小（是程度問題而非有無問題）的重要因素。人對陌生環境或情境會知覺到較大的壓力，而類似的情境若曾產生不良的後果，亦會因而帶來較大的壓力。

第三是**社會支持**（social support），亦即親屬、朋友和同事在心理上的支持。人在孤獨時，所知覺到的壓力來源，會迅速形成壓力；反之，一旦有親友在旁協助，壓力即可減輕。因此，宗教在現代社會中所扮演的角色也就相當重要，如基督教的團契、佛教的禪七、慈濟功德會的扶持，都是著名的例子。

第2節　壓力的作用

壓力一旦被個人感受到，就會產生身心上的影響和行為上的影響，這些影響或作用例示如下：

1.壓力的生理作用：壓力會使人血壓升高、心跳加快、呼吸困難流汗、肌肉緊繃、消化不良，腸胃絞痛等。

2.壓力的情緒作用：壓力會使人憤怒、焦慮、沮喪、自卑、智能無法發揮、神經質、充滿敵意、怨恨（上司）、工作滿足感下降等。

3.壓力的行為作用：壓力會使人缺勤曠職、酗酒或吸毒、離職率上升、工作績效變差及與人溝通不良、產生衝動性行為等。

底下簡單從個人健康及工作績效兩個角度來看壓力的綜合性作用。

一　壓力與健康

現代人的健康無疑深受工作壓力的影響，長期的工作壓力顯然是心臟病、高血壓、中風、偏頭痛、腸胃潰瘍、腰痠背痛的主因。

在壓力長期持續下，一個人身體會產生一系列的生理反應。Selye 稱這一系列的生理反應為一般適應症候群（general adaptation syndrome，簡稱 GAS）。GAS 包括三個階段：

1. **警覺反應**（alarm reaction）：此階段就如同危急狀況時的逃避、戰鬥反應。個體會動員身體資源以保衛自己、抵抗壓力。

2. **抵抗期**（resistance）：此階段身體嘗試適應這個壓力源，生理激動的狀態雖未如第一階段高，但仍舊比平常時為高。此時有個體也會呈現出壓力下的外顯徵兆，產生所謂的適應性疾病的健康問題。例如潰瘍、高血壓、氣喘等。

3. **衰竭期**（exhaustion）：當壓力源一直持續，而身體的資源又相當有限，此時抵抗能力（抗壓力）已呈衰竭。

在大部分的工作環境下，員工會進入衰竭期需要非常長的時間。因為員工在產生衰竭前，會努力尋求解決的辦法，例如離開壓力源……等。但人們若常常經驗到一般適應性症候群，長期而言，仍舊會危害身心。

其次，壓力也使工作意外事故大增。學者估計，超過四分之三的工作意外是肇因於員工無法應付壓力所造成的情緒問題。*4*

一旦上述情形發生，組織就面臨雙重問題，一是員工因而請病假或事假，一是員工可能因工作意外而向組織請求賠償。這兩者都會造成成本的提高。

二　壓力與工作績效

工作績效與壓力的關係，並不像健康與壓力的關係。後者是典型

---

4 同上註，p.202。

的正相關，而前者卻是拋物線關係，如圖 10-2 所示。

　　扼要地說，當工作壓力輕時，員工可能會警覺性不夠、沒有感到工作有挑戰性，因而未能全力以赴。當壓力逐漸上升，工作績效也將隨之提高，亦即俗稱的「取法乎上，得乎其中；取法乎中，得乎其下」（意指因組織或上司的要求提高後，員工績效也能隨之上升。）

　　不過，給予員工的工作壓力也要適可而止，亦即大多數工作都存在一個所謂的「**最適壓力**」（optimal stress），當壓力到達此點時，也是員工的工作績效最好（高）的一點。[5] 壓力一旦超過此點，工作績效將開始下降。因此，現代管理人不僅要知道如何給員工施加壓力，也要密切注意壓力過大所帶來的不良後果。

　　一般而言，營利組織給員工的壓力都相對較大，而許多非營利組織給員工的壓力都相對較小。

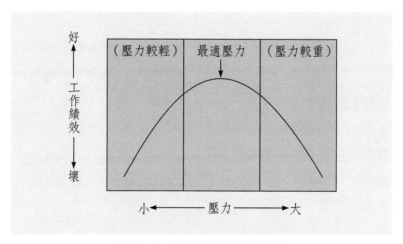

圖 10-2　壓力與工作績效之關係

5　這是一個理論上的最適點，實務上當然難以確定。參閱 S. M. Jex, *Stress and Job Performance*, Thousand Oaks, Calif: Sage; 1998, pp.25~67。

三　工作耗竭

當工作上的壓力過大而紓解壓力的方法又不存在時，這就是俗稱的「**工作耗竭**」（job burnout）。

工作耗竭亦可說是工作上的「浩劫」。典型的工作耗竭包括三個成分：[6]

1. **情緒困頓**（emotional exhaustion）：感覺沮喪、無助、無法配合職務上的要求。

2. 物化（非人化）：憤世嫉俗，對一切人、事、物持嘲諷態度。

3. 缺乏個人成就：個人績效下滑。

其中，「**物化**」（depersonalization）是指將他人當成無**生物**（objects）來看待，例如醫院護士不稱呼病人名稱，而逕以三 B 病房「斷腿的」來稱呼病人。

工作耗竭與人際接觸的**頻率**（frequency）和**強度**（intensity）有關，如圖 10−3 所示。當一個人因工作需要而經常和人接觸或接觸時的關係較緊張（強度較高），就可能產生耗竭現象。

產生工作耗竭顯然和個人的特質有很高的相關。這些人通常是理想主義者，是能夠自我激勵的人，是追求不可能達成的任務的人（唐吉訶德）。近年來，許多高階主管在面臨景氣不佳或競爭加劇時，紛紛產生耗竭現象，已受到各界的關切。[7]

---

[6] R. T. Lee, and B. E. Ashforth," A Meta-Analitic Examination of the Correlates of the Three Dimensions of Job Burnout," *Journal of Applied Psychology*, 1996, Vol. 81, pp.123~133。

[7] H. Levinson, "When Executives Burn Out," *Harvard Business Review*, July-August 1996, pp.152~163。

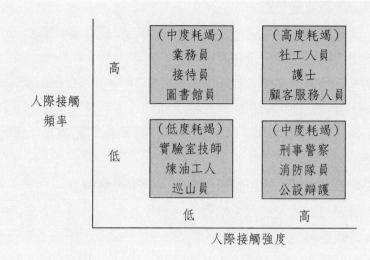

圖 10-3 工作耗竭與人際接觸之關係

第3節 個人壓力管理

面對著全球競爭加劇、失業率攀高、離婚率上升等因素，現代人有必要好好地學習如何紓解壓力。許多組織固然會提供許多紓解壓力的方法或工具，但最重要的還是每個人得自行從事**壓力管理**（stress management）。

許多人在面對壓力時，常常會以速成的方式來「解決」壓力，例如喝酒、吸食毒品等。「一醉解千愁」，是許多遭受壓力者的速成藥方，但結果通常是「借酒澆愁愁更愁」。至於濫用安非他命、搖頭丸等毒品者，不僅不能解除壓力，甚至還有危險的後遺症。

正確的壓力管理可以分成二部分，一是事前的防範準備，二是壓力來臨後的因應方式。二者在實際上的作法有重疊之處。

事前防範或避免壓力的方法如下：

1. 樂在工作：避免擔任自己不喜歡的工作或職務、職位。

2. 用微笑迎接每一天。

3. 不要設定過高的成就水準。

4. 不要成為他人問題的垃圾桶：亦即「不在其位，不謀其政。」

5. 每天（或定期）從事不具競爭性的運動：如散步、慢跑、游泳、登山。

6. 培養幽默感：套用廣告用詞：「世事無絕對」。

7. 學習時間管理技巧：學習如何善用時間，包括分清事情的輕重緩急，先做簡易的事以培養自信心等。

8. 建立社會支持系統：及早建立個人的社會支持系統，遇事才有人協助。

9. 充足的睡眠與休息。

如果壓力已經出現，個人除了繼續上述各項紓解壓力的方法外，還可以利用以下幾個方法：

1. 先休息幾天，讓自己鎮靜下來，以便擬妥解決方案。

2. 利用超覺靜坐、冥想等方式來降壓。

3. 尋求社會支援，讓親朋好友來分擔壓力。

第4節　組織壓力管理

並不是所有的人都能夠自行解決壓力問題，有些問題甚至是嚴重到組織成員個人也無法解決的，此時即有賴組織提供一些紓解壓力的方法。這些方法包括員工協助方案、保健方案、改善工作環境，改變組織文化、讓工作與生活配合等。

一　員工協助方案

有鑑於現代上班族經常面臨婚姻問題、財務問題、心理健康問題、酗酒、吸毒等種種問題，許多組織都設有「**員工協助方案**」（employee assistance program，簡稱 EAP），亦即聘僱訓練有素的輔導員或顧問，以面對面方式或電話交談方式協助員工處理上述問題。

二　保健方案

保健方案（wellness program）與員工協助方案的不同點，在於強調事前的預防而非事後的協助。保健方案包括及早診斷、教育、健身活動，以及改善工作環境等，以避免員工發生高血壓、心臟病或癌症等，所以也稱為「**預防方案**」（prevention program）。

三　改善工作環境

改變工作場所的牆壁顏色，將容易引起緊張不安的紅色或黃色，改為能帶來心靈平靜的藍色和綠色；改善通風設備，避免灰塵或細菌；改善溫度，避免過熱或過冷；提供令人放鬆心情的設備，如魚缸，供發洩情緒用的沙袋、玩具間等。

四　改變組織文化

將組織內的個人競爭文化，改為團隊合作文化。鼓勵團體成員彼此扶持，形成社會支援系統，相互合作，共同激發創意，薪酬制度中，加重依團隊績效作獎酬的比率。此外，組織也應注意到，有些管

理者本身就是壓力源，因此，對管理者作適當的訓練，使他們能夠帶給員工適量而非過量的壓力，也是組織應努力的目標。

五　工作與生活配合

員工的工作有時無法與其生活配合，因此，在工作的地點或時間的安排上，能讓員工有較多的彈性，也能紓解壓力。例如考慮員工與其配偶都在工作的雙薪家庭，在工作地點調動時，應將配偶一併考量。又如雙薪家庭有年幼子女須照顧時，可考慮採用彈性上班制。此外，網路科技的發展也使許多知識工作者可以有部分時間在家工作，而不一定要到辦公室上班。事實上，軟體設計公司、人壽保險、電信公司等，都不乏在家上班的實例。

第5節　情緒管理

1995 年，美國一位由心理學家改行當記者的作家郭曼（Daniel Goleman），出版一本轟動學界的書籍，書名是《情緒智力》（*emotional intelligence, EI*），意指人們在面對挫折時能持之以恆的能力，或是能控制衝動避免作出有害的行為的能力。[8]

迄今為止，各種測量情緒智力大小的「**情緒智商**」（EQ）已被提出來，雖然尚有分歧，但可喜的是，情緒智商是可以因訓練而提高的，不像**智商**（IQ）似乎與遺傳有較大關聯。目前，一個較為人所接

---

[8] D. Goleman, *Emotional Intelligence*, New York: Bantam Books, 1995; D. Goleman, *Working with Emotional Intelligence*, New York: Bantam Books, 1998。

受的情緒智商，可分成五個構面：9

1. **自我知曉**（self-awareness）：指知曉自己正在感受的事物之能力。

2. **自我管理**（self-management）：指管理自身的情緒與衝動的能力。

3. **自我激勵**（self-motivation）：指面對挫折失敗仍能堅持以恆的能力。

4. **同理心**（empathy）：指為他人設身處地的能力。

5. **社交技巧**（social skills）：指處理他人情緒的能力。

實證研究顯示，情緒智商的高低，與個人的工作績效有密切關係。因此，在一些需要與人有高度社交互動的工作（職務上），許多公司都把情緒智商視為甄選新人的條件之一。郭曼甚至指出，能夠使人脫穎而出成為領袖的，不是一個人的智商、專業能力，而是他的情緒智商較高。10 當然，郭曼先生的說法也許稍有誇大，但情緒智商顯然是有效領導者應具備的特性之一。就像古書所言，為大將者，必須能夠「臨危不亂」，大概就是這個意思。

---

9 Stephen P. Robbins, *Organizational Behavior*, Upper Saddle Rive, New Jersey: Prentice-Hall, 2001, p.109。

10 D. Goleman, "What Makes a Leader?" *Harvard Business Review*, November-December 1998, pp.93~102。

第四篇

領導實務

第十一章　決策與解決問題的藝術

第1節　決策的意義

所有管理活動的核心，其實就是**作決策**（making decision, decision making）。有些決策是日常例行性的、無關緊要的，有些則是對組織的營運或未來發展有重大影響。因此，了解決策的本質並設法解決問題，是管理者的重要工作之一。

簡單地說，決策就是從多個可行方案（行動）中，選出一個較佳的方案。構成決策的要素有六，如圖 11-1 所示：[1]

1. 目標：指決策所要達成的結果。

2. 行動方案：指可能達成目標的各種行動。

3. 行動結果：指行動可能帶來的各種結果及其機率。

4. 結果之價值：指各行動結果與目標之比較。

5. 選擇方案：指挑選出最佳（較佳）的方案。

6. 資訊：在決策過程中的主要依據。

---

[1] Gregory Moorhead and R. W. Griffin, *Organizational Behavior*, Boston, MA: Houghton Mifflin Co., 2001, p.388。

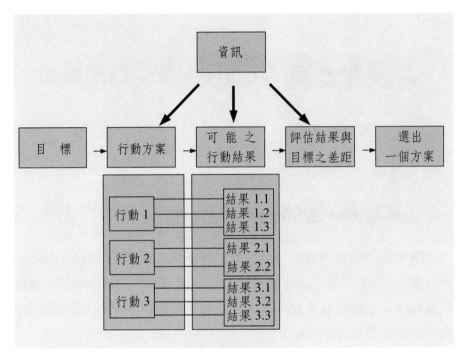

圖 11-1　決策的要素

一　決策種類

決策在組織內相當常見，因此可以稍加分類，以利探討。決策可按決策者是個人或集體，分為個人決策與集體決策，後者又可分為團體決策或組織決策。決策亦可按取得訊息的充分與否，分為確定性決策、風險性決策和非確定性決策。此外，在決策科學領域中，決策可按目標數分為單目標決策或多目標決策。

本書在探討決策上，將決策依諾貝爾獎得主賽門（H. A. Simon）的分類，分為**制式決策**（programmed decision）與**非制式決策**（nonprogra-

mmed decision）兩種。*2* 所謂制式決策，指在組織內重複出現而且問題明確，可以依決策法則解決者。

相對地，非制式決策則是全新的，過去所未見的，目標不明確而無決策法則可依循者。有些學者則逕稱非制式決策為「**解決問題**」（problem solving）。*3* 此種決策通常缺乏足夠的資訊，但其結果影響通常頗大，因而有賴決策者發揮創意及判斷力。解決問題的藝術將在本章後半段探討之。而在底下，則先按個人決策、團體決策、組織決策三者分別論述。

第2節　個人決策

個人決策通常可分為**理性決策**（rational approach）、**有限理性決策**（bounded rationality approach）。

理性決策意指決策者擁有足夠完整的資訊，而得以完全理性地依據可行方案的結果與規定的目標作比較，進而選出最佳方案來執行，其過程可劃分為八個步驟，如圖 11-2 所示。*4*

我們仔細檢視理性決策的各個步驟，即可體會出，理性決策乃是植基於資訊充足、目標明確、決策方法及其評估都相當清楚的假設下，但在實務上，由於企業所處理環境錯綜複雜且又變化迅速，決策者實難以固守既定目標、蒐集足夠資訊以評估所有可行方案，因此，人的決策模式已非完全理性，而是「**有限理性**」（bounded rationality）。

---

2 Herbert A. Simon, *The New Science of Management Decision*, Englewood Cliffs, N.J.: Prentice-Hall, 1960。

3 同註 1，頁 389。

4 修正自 Richard D. Daft, *Organization Theory and Design*, Cincinnati, Ohio: South-Western College Publishing, 2001, pp.404~405。

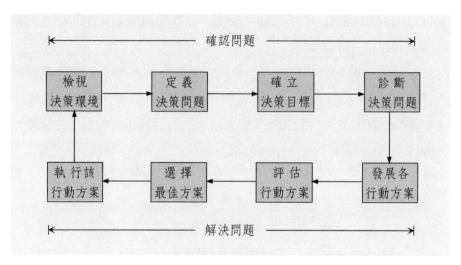

圖 11-2　理性決策過程

　　有限理性決策亦稱為「**行為決策**」（behavioral approach）。此種決策乃是在實際情況下，決策者的行為其實是有時間及成本的限制，由於蒐集資訊需要成本，而決策者通常又有時間壓力（在既定時間內作出決策），因此，實際的決策過程是以邏輯推理和個人判斷二者相互為用，而所選出的方案通常是並不**完美**（optimizing）但令人**滿意**（satisfying）的方案。所謂滿意的，意指只要有一方案可以滿足（符合）最低需求，即可停止進一步尋找新的方案，所以滿意的方案可能只是一個**次佳**（suboptimizing）的方案。

　　2002 年諾貝爾經濟學獎得獎人之一、現任普林斯頓大學心理學教授卡尼曼（Daniel Kahneman）就指出，每個人在決策時，都會用自己的「參考點」（如過去的經驗等）來作取捨。由於各人參考點不同，所以選擇的結果也不同。[5] 換言之，人對外在世界（問題、方案、風

5 吳怡靜，〈揭開經濟人的非理性〉，《天下雜誌》，2002 年 11 月 1 日，頁 68~69。

險）的認知（知覺）有所不同，其決策自然也是非完全理性的。

扼要地說，在行為模式下，決策者只要找到一個可符合最低決策標準的可行方案，即會進行評估，而非等到所有可行方案都提出後才進行評估。

第3節　群體決策

組織內有許多決策是由一群人所共同決定的，稱為群體決策。群體決策有許多優點：

*1.*資訊更充分：「三個臭皮匠，勝過一個諸葛亮。」群體決策可就問題的澄清或可行方案的搜尋及評估等，提供更多的資訊，因此決策品質通常較佳、較有創意。

*2.*增進成員的接受性：由於解決方案是經過眾人討論後所產生，參與的結果使大多數人傾向於接受或支持該方案。

*3.*增進決策合法性：決策既然是由眾人所共決，而非一人（管理者）的獨斷獨行，成員自然會認為其較有合法性，尤其是在懲戒、報酬分配等組織決策時更是如此。

*4.*滿足成員參與的期望。

凡事有利，即可能有弊，群體決策也有一些缺點：

*1.*基於個人或文化因素，有些成員不願參與群體決策。

*2.*決策速度較為緩慢。

*3.*決策成本較高，亦即俗稱的「勞師動眾」。

*4.*成員重視團結勝於決策品質。

當一個群體內的團結氣氛甚強時，群體成員常常不願意對大多數人所持看法表示異議，這就是所謂的「**群思**」或「**同思**」（groupthink）現象。[6]因為有同思現象，群體內部分有創意或有真知灼見者，常常不敢提出個人獨特的見解，因而群體的決策品質難以提升。

　　既然以群體作決策之利弊參半，吾人即應注意群體決策在哪些情境下較為有利。底下是管理者或群體領導者讓部屬或成員參與決策的時機：

　　1.**品質要求**（quality requirement, QR）：指決策品質良窳相當重要的，領導者應積極參與決策。

　　2.**承諾要求**（commitment requirement, CR）：指部屬對決策的承諾（允諾去執行）相當重要時，應請部屬積極參與決策。

　　3.**領袖資訊**（leader's information, LI）：指領導者是否擁有足夠資訊；若資訊不充足，應請部屬協助獲取資訊。

　　4.**問題結構**（problem structure, PS）：指問題是否相當明確；若問題相當模糊，應和部屬共同澄清問題及尋找可行方案。

　　5.**承諾機率**（commitment probability, CP）：指領導者自行決策時，部屬也會對決策有所承諾的機率。若是如此，就毋須讓部屬參與太多。

　　6.**目標一致**（goal congruence, GC）：指部屬對組織目標的達成有共識與否。若無共識，領導者即應參與決策。

　　7.**部屬衝突**（subordinate conflict, SC）：指部屬對於可能的解決方案是否有不同意見。如果有衝突，即應讓部屬參與。

　　8.**部屬資訊**（subordinate information, SI）：指部屬是否擁有足以做出高品質決策的資訊。如果有，即可讓部屬承擔更大的決策責任。

　　在上述八種情況下，群體決策可依部屬參與的程度多寡分為五

---

6 Glen Whyte, "Groupthink Reconsidered,"*Academy of Management Review*, 14, 1989, pp.40~56，此處將「groupthink」譯為「同思」，係採孔子對「同」的看法：「君子和而不同」。

種,亦即依獨裁程度之高低分為下列五種:

　　1.一級獨裁(autocratic 1, A1):指領導者依既有的資訊獨自作決策。

　　2.二級獨裁(AⅡ):指領導者從部屬處獲得資訊後自行作決策。

　　3.一級諮詢(consultative 1, C1):指領導者分別與相關部屬討論問題,聽取意見,再自行作決策。

　　4.二級諮詢(CⅡ):指領導者與全體部屬共同討論問題,然後再自行作決策。

　　5.**群體共決**(group, G):指領導者擔任主席,請全體部屬共同討論問題及提出解決方案,領導者並不提出自己的解決方案,而是支持全體所作的決策。

第4節　決策風格

　　前面曾經提及,現代管理者在作決策時,很少是基於完全理性。在現實考量下,資訊顯然無法達到完美或完全充足(perfect),當然管理者作決策時會採取有限理性的決策行為。除此之外,有限資訊亦使得管理者可能選擇不同的決策風格。換言之,不同的管理者在面對問題時,會展現出三種不同的決策風格:(1)逃避問題;(2)解決問題;(3)尋找問題。[7]

　　1.**逃避問題者**(problem avoider):指問題或問題有關的資訊出現時,決策者故意予以忽視、忽略,也就是俗稱的「以不變應萬變」的「鴕鳥心態」。這種決策風格通常會導致問題惡化,甚至是一發不可收拾。

7　J. R. Schermerhorn, Jr., *Management for Productivity*, 4th ed., New York: John Wiley & Sons, 1993, p.150。

2.**解決問題者**（problem solver）：指問題出現時，再設法加以解決。這種決策是屬於被動反應式的，亦即「見招拆招」，它的缺點是有些問題一旦發生，即很難謀求補救。

3.**尋找問題者**（problem seeker）：意指決策者主動找出問題或機會所在，所以是最積極的態度。在稍後所介紹的SWOT分析中，即可看出。主動找出問題，正是現代有效組織的特性。只不過，先知者通常是寂寞的，在問題尚未出現時，即已大聲疾呼、要求警惕者，有時會被誤認為是「危言聳聽」、「擾亂人心」，因而在組織內不受到當局者之歡迎。

決策者的風格也可以從決策者之思維方式與**渾沌容忍度**（tolerance of ambiguity）二種構面去思考。[8] 人的思維方式可分為理性的或直覺的，而渾沌容忍度則有高低之分，如此即可形成四種決策風格，如圖11-3所示。

1.**指導式風格**：乃是基於理性思維方式及較高的渾沌容忍度。採取此種決策風格者，行事合乎邏輯而有效率，他們做事明快、決策迅速，但也較注重短期效果，通常他們可在較少的資訊下，以評估少數可行案即可作出決策。

2.**分析式風格**：亦基於理性思維方式，但有較低的渾沌容忍度。決策者希望蒐集較多的資訊後，才作決策，其可供評選的可行方案亦相對較多。

3.**概念式風格**：乃是基於宏觀而直覺的思維方式，同時對問題的渾沌性有較高的容忍度。採取這種決策風格的人，較注重長期效果，也較有創意。

---

[8] A. J. Rowe, J. D. Boulgarides, and M. R. McGrath, *Managerial Decision Making*, Chicago: SRA, 1984, pp.18~22。

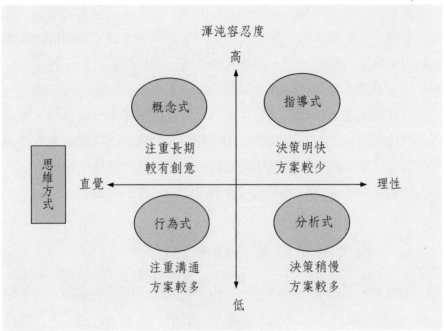

圖 11-3 決策風格

4.行為式風格：乃基於直覺的思維方式，但對問題有較低的渾沌容忍度。因此，採取這種決策風格的人，較重視與部屬溝通，博採眾議。

第 5 節 解決問題的藝術

有效解決問題，徹底根絕問題，不讓問題環繞你身旁，只有求助於解決問題的技巧或藝術。從管理學的角度而言，或許在「解決問題」這一點上，藝術的成分可能高於科學成分。

在我們日常生活當中，每天都會碰到無數個問題，諸如在工作上，當老闆的，會碰到員工問題、產品行銷問題；當員工的，則會碰到工作去留、升遷與否的問題。在工作之餘的生活方面，困擾你的可能有

夫婦、朋友的感情問題、孩子的教育問題、個人生涯發展的問題。儘管各人遭遇的問題不同，解決問題的方法也各有不同，然而解決問題的藝術非專家所獨有，也不是到大學聽講一門「問題分析」就可以迎刃而解。畢竟，專家所提解決問題的方法，也非「放諸四海皆準」。

同樣的問題有人花三分鐘就解決，有人卻要花上三個小時。這是因為解決問題的能力因人而異。如何判斷一個人解決問題能力的強弱呢？弱者又該如何增強解決問題的能力？值得我們進一步來探討。

我們先從底下幾個角度來判斷解決問題能力的強弱。

一　相同的問題是否經常出現

如果某人或某單位，經常出現相同的問題，即可判斷某人或某單位解決問題的能力有待加強。例如業務部門，業績不穩定，客戶數經常減少，新舊客戶的交替現象非常嚴重（客戶來得快，也去得快）。又如工廠員工經常怠工，經常不願意配合公司的需要，在週末或假日到廠加班。這都是經常性的問題，一個解決問題能力很強的人，照理講是不會有這些經常性的問題發生，因為他會一次把它解決掉。

二　面對問題時心態是否鎮定

當你碰到問題時，會感到焦慮不安，那表示你解決問題的能力較弱。一個有能力解決問題的人，碰到問題時一定很鎮靜，不會遇到問題就手足無措。其實，了解解決問題有一套邏輯且合理的程序，心理就會比較篤定，一旦發生問題，只要思考如何解決就可以了。

三　問題是不是一直遲疑未決

遇到問題時，也許你的心態很鎮定，但是問題卻遲疑未決，因為你不知道該怎麼做才好。例如別人推出新產品，我們要不要跟進模仿？問題一定可以解決，但是問題有它的時限。解決問題能力的高低，就看是否在期限內將問題解決。

四　解決問題的方案是否過少

解決問題的能力，還須從解決方案多寡這個角度來看。實務上，企業在面臨經營問題時，解決方案有時提得很少。比如業績太差，解決方案就是要求業務人員加倍努力。本來一天拜訪二十名客戶，現在每天增加為二十五名，以時間換取空間，以勞力克服業績的困境，以為人定勝天，結果不一定有效。方案太少，可能就是不懂解決問題的藝術。

五　後果是否嚴重

解決問題的方法如果不好，問題可能越來越惡化；或者問題沒有惡化，卻潛藏在變相底下，好像雲南白藥撒在膿瘡上，表面上看起來是痊癒了，裡面卻慢慢惡化。

六　預防問題的時間是否多於解決問題的時間

如果總是在解決問題，而較少預防問題的發生，那麼解決問題的能力就太弱了。因為解決問題的高手，通常是一開始就避免問題的發

生，而不是遇到問題才設法解決。

在這六方面，大多數人或多或少都有自己的缺點。人在解決問題的態度上有兩種區別：一是直覺，一是理性。直覺的人比較焦慮，但也比較具有創意；解決問題的方案較多，而且懂得預防問題。另一個則著重資料的蒐集過程，又可分為感受和思考二種類型。對外在的事，對問題的感受，有的人比較重視思考，想得很多。有的人用感覺，考慮情況是否惡化，這兩個角度有時候很接近但不見得完全相同。我們要說明的是，在不同的人身上，經常可發現不一樣的解決問題方法。

第6節　增強解決問題的能力

解決問題的能力相當重要，如何才能增強、儲備自己解決問題的能力，使自己在遇到問題時，能及時有效地解決問題，值得用心學習。

一　什麼是問題

所謂問題是指應該的或理想的狀況和實際狀況之間有差距，也就是說，現實不如預期中的理想，這種問題在我們周遭經常出現。例如就整體社會而言，我們經常可以感受到環境污染、交通擁擠、經濟脫序等問題。就公司而言，營業成長緩慢、員工士氣低落、財務控制缺乏制度、產品瑕疵率太高等等，都是問題。就個人而言，可將問題分為六個部分：

　　1.事業：工作內容太枯燥，晉升慢。

　　2.金錢：收入太少，或者有錢不知如何投資。

　　3.成長：是否缺乏訓練、深造、發揮潛力的機會。

4. 家庭：與家人相聚時間短、子女教育問題。

5. 朋友：朋友往來時間短，沒有足夠的社交生活。

6. 健康：生病、心理不平衡、情緒高低潮。

二　辨識問題

　　每個人的人生觀不同，際遇也不同，對生活的體驗也各有不同。有人期望自己既有錢有勢，又有社會地位。有人則只要隨興自在。做個平凡的小人物。而實際上，你所扮演的角色，可能不是理想中的你。理想與現實之間差距有多大？是勉強可以維持平衡，或者差距太大，令你時感矛盾困窘？這時，你就該研判問題出在哪裡？是否因為理想太高？或是自己行事沒有目標、沒有計畫、沒有準則，不能因應客觀環境的改變而調整步伐？生活中諸如此類的問題很多，有時問題迫在眉睫，我們必要盡快設法解決。而有些問題也許只因自己太挑剔了，也許觀念稍改，即可包容，化小為無。當然，也有人從來不覺生活中曾發生問題，那可能是他的目標不明確，理想也不高。

　　另外，還須注意問題的限制條件。每一個問題，在解決時一定有些限制條件。所謂限制條件，是指事件的前提、大環境，這是無法改變的。了解問題的限制條件後，再從中找尋可行的方案。問題發生時，通常有徵候可循，找到徵候，知道問題的原因後，根據狀況，判斷問題的大小、難易，才能對症下藥，解決問題。

　　假設有一個問題發生了，我們馬上找人幫忙解決，這種解決方法稱作經營診斷，或者稱為經營輔導。例如你有個問題，說出來，然後我馬上給你一個方案，那麼我所扮演的是工業醫生的角色。這回問題解決了，待下次問題出現，還須再找醫生解決，這種情形並不理想。希望每個人都能作自救的工業醫生。

　　前面提到問題是現實和預期理想的差距，是因為倘若問題發生

了，兩相比較之下，可能有三種情形：

    1.實際狀況低於預期的目標。

    2.目標太低，所以不覺有問題存在。

    3.目標太高，所以即使疲於奔命，依然很難達成。

三　問題的本質

了解問題的本質，可以幫助我們澄清很多狀況，這可以從兩方面來談：

    1.有些問題一開始就存在，只是你感受不到。

    2.有些問題醞釀一段時間後才出現，所以我們可以從問題出現的前後狀況來分析、研判。

四　描述問題的技巧

問題通常從下列五點描述：

    1.在什麼地方發生？

    2.確定發生的範圍。

    3.發生的時間。

    4.嚴重程度：問題之為問題，端視其嚴重性，值得注意的是，如果沒有比較的基準，仍然無法確定是否為問題。

    5.後果嚴重性：指問題發生嚴重狀況的後果。

以上五點敘述，少一個步驟都無法做下去，就像數學的運算一樣，在數學的公式中漏掉一個方程式，整個數學的演算就不正確了。

五　辨識問題的癥結

描述問題後，我們才能確認問題的癥結。首先，我們要知道問題的原因是什麼。通常我們先看到的並不是問題，而是問題的癥候。所謂問題的描述，即是針對徵候來看問題。如何找出癥結，我們可以用比較法來辨識。

六　辨識癥結的方法

比較問題發生的背後跟以前是否有差別？跟別人是否有差別？跟正常狀況是否有差別？有些資源長期而言是不會變的，所以在比較上，很容易從現在的資源狀況和以前的資源狀況找出差距，據此可判斷這可能是一個原因。

除了人的因素，其他的原因比較的結果，若都和以前的狀況一樣，那麼問題很可能就出現在人為的因素。就人而言，可能是訓練不足，也可能時間久了，忘記他所學的。而人的因素最善變，無法以理性的過程來分析。

七　找出問題的癥結

比較範圍、時間、嚴重程度後，再跟當時發生問題的環境因素作比較，看看哪些狀況不同，這不同的狀況正是我們所要找的問題的癥結，即發生問題的原因。在行銷、人事、財務上，我們都可以這種方式來作判斷。問題的徵兆有很多個，所找出來的問題原因，如果沒有辦法解釋所有的問題徵兆，那麼它就不會是真正的原因。

解決問題的技術，最容易出現的另一個錯誤，就是「頭痛醫頭，

腳痛醫腳」。倘若明明有四個問題，卻把它當作一個問題來解決，就沒有真正對症。解決問題的技術，雖然天天在做，但若不對症，就永遠做不好。要解決問題，一定是徵候裡的每一項，都可用所找出來的原因加以解釋。從種種不同狀況中，將原因找出來，可以解釋所有徵候的話，它就是問題的癥結或原因；若不能解釋，就需要繼續找下去。

第7節　解決問題的方案

方案的發展有三個步驟：

一　確定目標

目標要設定得正確。太高的目標對公司的營運絕對有影響，當然，太低也不好。目標絕對不要訂得太高，應該量力而為。

任何目標一訂，總是會投入資源，例如必須把自己的時間或公司的資金投進去。資源分散不是好辦法，所以了解目標、確定目標，好好地做才是上策。

二　評估方案

固然，你要思考很多方案，但重要的是：如何評估方案到底好不好？我們很容易在解決問題的過程中犯一個毛病：不把方案的後果想清楚。不把解決方案背後的各種效果一次加以評估，這是非常危險的。我們在日常會議中最常出現的就是提方案，但不考慮後果，沒有把後果想清楚。例如公司未經思索向員工做了簡單的承諾，以後卻沒

有兌現，導致員工對這種背信或毀約的行為牢牢記住，這是人事作業、領導作法要注意的。

任何一個作法都會留下後遺症，我們稱之「社會記憶力」，大家都會記得你昨天做了什麼。

三　了解限制的條件

如果不了解限制條件，人常會以為自己是萬能的。事實上，人絕非萬能的。

公司的資源絕對有限，個人的資源、智慧、體力也一樣，要把限制條件了解清楚，才不會去提一個公司無法做到的方案。我們要想：所提出的方案是公司的財力、智慧、規模所能負擔的嗎？如果不是，那麼所提的要求方案就太過分了。

第 8 節　結論：選擇最好的

當人們做出決策之後，會傾向忽略與此決策有關的負面資訊，而選擇性地注意其正面的訊息。這種知覺的扭曲或偏差就是**事後正當化**（postdecisional justification）。唯有在決策者清楚地接收到其決策錯誤的訊息，此種扭曲才不會產生或得以修正。產生此現象的原因，是因為人們需要去維持一個正面的自尊。在他們內心中大約可以找到一種聲音：我怎麼可能錯呢？。

此外，決策者會傾向重複一個已知的錯誤決策或者投入更多的資源在一個行動失敗的方案。此種現象稱為**增加承諾**（escalation of commitment）。[9] 產生此現象的原因有四：

　　1. **自我正當化**（self-justification）：因為人們會想把自己放在正向的地方，所以他們會堅持其決策，同時，這也代表著他們作決策能力的自信。

　　2. **博弈者錯覺**（gambler's fallacy）：決策者低估了風險，高估了成功的機會。

　　3. **知覺盲點**（perceptual blinders）：決策者很難立即發現問題。他們會不自覺地忽略一些負面的資訊。

　　4. **結束成本**（closing costs）：即使專案的成功機率值得懷疑，但是結束專案的成本太高或未知，所以決策者仍會繼續執行。

　　現在以「員工士氣不高」這個問題為例，說明解決之道。公司要營運正常、穩定成長，首先必須讓員工覺得這個公司就是自己的公司。員工有這樣的想法，公司才會進步。

　　若要讓員工感受到：這公司是我的，也許還要加強一些創新作法，讓大家覺得創新是不錯的，創新可以得到報酬。因此，要讓員工覺得公司是自己的，也許考慮用分紅入股的制度，也許還要在公司福利或激發潛能上作改變，讓他覺得這是他所能選擇的最好、最適合他發展的公司。

　　最後我舉一實例作為結論。宏碁從小公司逐漸擴大，除了各員工所擁有的股份有差別外，在其他各方面都可以讓員工強烈感受到「這個公司就是我的」。

　　只要某部門一成長，每個人都可以得到股份或分紅，因此士氣高昂。提高員工士氣的唯一方法，就是讓每個員工感覺是在為自己做

---

9 D. R. Bobocel and J. P. Meyer, "Escalating Commitment to a Failing Course of Action: Separating the Role of Choice and Justification," *Journal of Applied Psychology* 79, 1994, pp. 360~63。

事。

　　這種分紅入股、認股的作法，在現代已是高科技企業最典型的激勵員工方式，根據報導，台積電在 2001 年至 2003 年間，各年的員工盈餘配股若在配股當時即在公開市場賣出，員工約可獲利 290 萬、270 萬及 230 萬元紅利。而 2003 年台灣證券市場上的股王「聯發科」，當年員工分紅約值新台幣 730 萬元。這正是新竹科學工業園區高科技廠商激勵高科技員工（研發人員）的方法，以解決人才跳槽及士氣不振的問題。

※歷屆試題

■選擇題

1. 下列關於管理上的理性決策（rational decision-making）之敘述，何者為真？

   A) 大部分管理者所面對的決定，能夠讓他用理性決策制定

   B) 如果提供了正確的假設，管理者可制定理性的決策

   C) 只要目標是清晰而且直觀的，理性決策制定永遠是可能的

   D) 時間的壓力迫使管理者使用理性決策制定

   E) 當決策是牽涉到「事」而非「人」，理性決策制定一般來說是可行的

   【國立台灣大學 96 學年度碩士班招生考試試題】

2. 一個石油公司正在決定要到哪裡去鑽油，它決定了幾個選項並且對於不同的地點建立了機率的預測，這被稱為在什麼情況下的決策制定（decision making under）？

   A) 不確定性（uncertainty）

B) 風險（risk）

C) 絕對確定性（absolute certainty）

D) 不切實際的情況（unrealistic conditions）

E) 以上皆非

【國立台灣大學 96 學年度碩士班招生考試試題】

3. 為了畢業你必須選擇一門心理學的課程，現在有五門課程可供選擇，你看了課程的時間表，然後選了符合你個人課程時間的第一門課程。請問 Herbert Simon 會怎麼稱呼你剛才做的事情？

A) 有限理性（bounded rationality）

B) 不理性的決策制定（irrational decision making）

C) 最佳化（optimization）

D) 追求滿意解（satisficing）

E) 以上皆非

【國立台灣大學 96 學年度碩士班招生考試試題】

4. 人們傾向維持前面所做的決定而不是承認他的失敗，有時候甚至當證據顯示他將無法完成它，依舊會如此。這是一個例子關於

A) 有限理性（bounded rationality）

B) means-end inverse

C) 逐步升高的投入（escalation pf commitment）

D) 追求滿意解（satisficing）

E) 以上皆非

【國立台灣大學 96 學年度碩士班招生考試試題】

5. 下列何者不是群體決策（group decision-making）的優點（相對於個人決策）？

A) Completeness of information

B) legitimacy

C) more creative alternatives

D) wider acceptance of solutions

E) better efficiency

【國立台灣大學 95 學年度碩士班招生考試試題】

6. A decision-making technique that requires questions to be asked and answered is called:

A) brainstorming.

B) groupthink.

C) a decision tree.

D) a gaming device.

【國立成功大學 94 學年度碩士班招生考試試題】

7. A manager who does not share decision-making authority with subordinates exercises _____ leadership.

A) participative

B) democratic

C) free-rein

D) autocratic

【國立成功大學 94 學年度碩士班招生考試試題】

8. A decision-making technique that requires questions to be asked and answered is called:

A) brainstorming.

B) groupthink.

C) a decision tree.

D) a gaming device.

【國立成功大學 95 學年度碩士班招生考試試題】

9. A manager who takes very little time to make a decision probably has

A) high self-esteem

B) external locus of control

C) low self-monitoring

D) high risktaking

【國立成功大學 98 學年度碩士班招生考試試題】

10. A manager's values, abilities and limited capacity for processing information restricts his/her decision-making rationality according to the _____ theory of decision making.

A) Classical

B) bounded rationality

C) cognitive

D) rational

【國立台灣師範大學 98 學年度碩士班招生考試試題】

11. Requiring employees to make routine decisions themselves is stated by the:

A) programmed decisions.

B) decision-making process.

C) Principle of Exception.

D) rules and regulations.

【國立成功大學 98 學年度碩士班招生考試試題】

■申論題

1. 管理人員常採有限理性的方式（bounded rationality approach）做決策，試闡述有限理性決策方式的意義及使用時機。（20 分）

【92 年交通事業公路人員升資考試試題】

2. 管理者常做許多群體決策，即企業內的許多決策是由集體所決定的，特別是組織的活動及重要的人事指派。試問這種群體決策有何優缺點？何時採用群體決策較為有效？如何改善群體決策？（20分）

【90 年交通事業郵政公路人員升資考試試題】

第十二章　領導統御

　　中國人在五千年悠久文化的薰陶之下，在領導統御方面的成就相當可觀，諸如「恩威並濟」、「令出必行」等俗諺，都是國人耳熟能詳的字眼。然而，人類文明不斷地進步，人與人之間的關係也有很大的改變，例如古代的君臣關係是牢不可破的，但現代社會中員工與僱主的僱用關係則隨時可以解除；其次，一般人的需要也和以往有所不同，古人以飽食暖衣為終生追求的目標者比比皆是，現代人欲填飽肚皮，卻是易如反掌。

　　這些文明的變遷，使得現代的領導人物，必須重新調整他的領導作風，才能夠更有效地影響部屬的行為，使整個單位的努力朝向一致的目標，共謀機構的興榮和發展。

　　一般人對於領導這個字眼的定義，常有不同的看法，即使學者們，也不例外。

　　底下是一些比較具有代表性的領導定義：

• 領導是「影響他人自願工作，以達成目標的行為。」[1] 此一說法並未區分出領袖的目標、被領導者的目標，僅指出共同目標，所以相當抽象。

• 領導是「一種特殊的權力關係，這種關係的特徵，乃是一群人

---

[1] Gary Dessler, *Management*; 2nd ed., Upper Saddle River, New Jersey: Prentice-Hall, 2001, p.291。

認為另一人（領袖）有權規定他們的行為。」此一定義主要在
強調被領導者對領袖的信服。

· 領導是「在正式組織所要求的服從之外，能夠影響他人的力
量。」此一定義主要在強調，領導是不需靠頭銜或職稱的。因
此，佛羅里達大學教授 H. Joseph Ritz 直接表示，領導係「某
人對一群人的影響力。」[2]

不過，一般都同意「領導是領袖企圖影響部屬的歷程」。此種歷
程牽涉下列幾個因素：(1)領導者（領袖）本身的特性；(2)部屬的特
性；(3)影響的方式；(4)當時的外在情境。這四個因素決定了領導會成
功或是失敗，如圖 12－1 所示。[3]

在此一模式中，情境變數的地位受到最大的關切，因為它同時影
響了領導者的行為、影響歷程及部屬的態度與行為三者。然而，本文

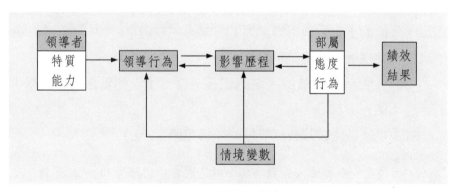

圖 12－1　領導的基本變數關係

2 H. Joseph Ritz, *Behavior in Organization*, third edition, Homewood, Illinois: Richard D. Irwin, 1987, p.467。

3 修正自 Gary Yukl, *Leadership in Organizations*, Upper Saddle River, New Jersey: Prentice-Hall, 2002 p.11。

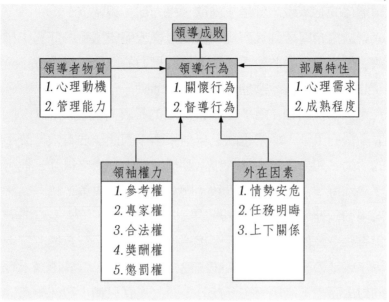

圖 12-2　領導歷程

的重點在於領導行為的前因及後果，因此有必要將領導行為置於核心位置。

　　現在將其間的關係繪如圖 12-2，從圖中可以看出，任何一個因素並不能單獨決定領導的成敗。因此，我們可以肯定地說，任何人都可能成為成功的領袖，只是他必須處於有利於個人的情境，這就是所謂「時勢造英雄」。反之，如能認識情勢，並調整自己的領導方式，或進而扭轉情勢來適合自己的特性，也可以變成成功的領導者，這就是所謂的「英雄造時勢」。

第 1 節　領導者的心理動機

　　領導人的內心有三種動機或需求，和這一位領袖（或管理者）之成敗有很大的關係。這三種心理動機為成就動機、權力動機與親密動

機。用通俗的話來說，就是成就欲、權力欲和親密欲。

　　成就欲指希望達到具有挑戰性的目標或完成艱難的任務；權力欲指希望影響他人、擊敗對手、爭取較有權力的職位；親密欲指希望和別人建立及維持友誼、參加社團和社交活動。

　　在大機構裡擔任主管的人，最重要的是具有高度的權力欲。[4] 缺乏權力動機的主管，通常也缺乏自信果斷，因此無法有效地統率整個單位的活動。如果主管人員的親密動機比權力動機來得強，他可能為了和部屬維持親密的關係，以致不願意做必要的決策，只因為該決策不受部屬的歡迎。譬如評估部屬的績效好壞，是主管人員責無旁貸的事，但有些主管會宣稱每位部屬都一樣優秀，就像行政機關打考績統統甲等，或是學校老師打分數統統給八十分一樣，對於機構本身或受考核的對象而言，均屬有害。此外，有些主管只和少數部屬有較親密的關係，造成在獎懲上偏袒私人或縱容少數部屬的現象，這些現象都會使大多數部屬感到無所適從。

　　話說回來，有強烈權力欲的主管人員，其行使權力的方式也會影響他的領導效能。有些主管會追求個人的利益，他們表面上豪邁，其實是粗魯，喜歡擁有豪華轎車或辦公室，缺乏自制能力。部屬有時對這種主管也相當忠誠，但是，他們是對主管個人忠誠，而非對組織效忠。這種現象對公司而言相當危險，一旦主管因故離去，整個團隊精神也將隨之瓦解。

　　相反地，成熟的主管在行使權力時比較有分寸。他們較不會操縱部屬，眼光看得較遠，較樂於接受專家的意見。這種主管的領導，從機構的利益而言比較有益。

　　可惜的是，許多機構在評估其主管時，常常被前一種主管所造成

4　D. McClelland and D. H. Burnham, "Power is the Great Motivator," *Harvard Business Review*, March~April 1976, pp.100~110。

的聲勢所迷惑，以為此種主管才是能幹的主管，或是恐懼此種主管離去時所帶來的混亂或真空狀況，因此對此種人評價較高，任其予取予求；相反地，成熟的主管即使離去，也不會為機構帶來災難，因而也就不太重視他們。結果是這一類機構由「法治」慢慢走向「人治」，機構內到處可見結黨營私的現象，整隊團隊精神反而不易發揮。

一　提防惡意的領導

主管人員如能獲得部屬的愛戴與服從，則辦起事來就能稱心如意，這是許多主管人員追求的目標，也是許多企業考核主管績效的標準。

然而，服從並非領導的真諦。管理者為了使部屬服從，他可以用獎懲手段來操縱和控制部屬；他也可以掌握重要的情報不讓部屬分享，因而建立其專家地位；他還可以透過各項媒介或公共關係，來突出自己的形象。這些作法有時可以使管理者維持其崇高的職位，但是，長期而言，企業將深受其害。

企業受害最深的地方莫過於部屬變得非常贏弱無能，處處須依賴主管。時間一久，部屬將失去主動因應新問題的精神，在解決困難時也無法產生具有創造性的構想，凡事只有仰仗主管裁決，別無他途。

其次，部屬將只服從主管個人，而非忠於整個企業或企業的目標與理想。一旦這位主管離開了企業——跳槽或死亡，整個企業馬上呈現「權力真空」狀態，企業的營運也因而癱瘓。最近許多企業（如廣告業）高級主管離職，嚴重影響公司營運，即為一例。

作者認為，這種削弱部屬的領導方式，只能算是「表面領導」或「假性領導」，更嚴重地說，則是一種「惡意領導」。

任何企業都應提防採取這種領導方式的主管，同時，它也應要求主管積極培養部屬的信心，訓練部屬的能力，讓部屬忠於組織及其目

標而非忠於個人。而主管人員也應大幅度授權、適度公開情報，並鼓勵部屬參與決策。簡而言之，別讓你的企業變成主管人員的「個人秀」（one-man-show）。[5]

因此，各機構及其主管人員應設法留住成熟的主管，並改正營私的主管或是請他走路。

二　成就欲的重要性僅次於權力欲

成就動機雖然不是機構內主管人員最重要的心理動機，但是仍然不可忽略。一般而言，升遷較快的主管，通常有較高的成就欲。若成就欲能附屬在權力動機之下，則此人較會追求團體績效，而非個人表現。如果成就欲高於一切，則此人很可能獨自去完成工作，而不願意授權給部屬，因此部屬無法培養出責任感。

親密動機應比權力動機及成就動機低，但適度的親密動機也是必須的。親密動機太低，會變成「孤獨者」，不想和部屬、上司、同事、外界人士建立有效的人際關係，因而無法負起主管的任務。簡單地說，對別人的需要和感受有基本程度的關切，是維繫合作關係所不可或缺的。以上情形，可以彙總成表 12−1 所示。

---

5 余朝權，〈提防惡意的領導〉，《工商時報》，1984 年 9 月 10 日，第 12 版。

表 12-1　機構主管的心理動機

權力動機	成就動機	親密動機	領　導　結　果
高	次高	適度	最有利於全機構的領導
低	次高	高	鄉愿型主管，對個人有利，對機構不利
次高	高	低	個人成功，機構不利（無團隊精神）
低	高	次高	無法統率團體
高	低	次高	可能偏袒私人
次高	低	高	把機構當成社交場所
太低	—	—	無法統率部屬
—	太低	—	無法完成機構的任務
—	—	太低	無法與人交往的孤獨者

第2節　三大管理能力

主管人員只具備適當的心理動機，仍嫌不足，他還需要具備相當的管理能力，否則將變成「心有餘而力不足」。所謂管理能力，可以分成三大類，即技術性能力、交際能力和觀念性能力。6 若要成為有效的領導者，非具備這三項能力不可。

1.所謂技術性能力，是指執行本身所負責的工作知識，以及運用有關的工具和設備的能力。例如業務課長須能進行市場開拓、產品促銷廣告，而製造課長應了解生產方法、製造程序、生產排程，甚至機器維護等。

2.所謂交際能力，指能夠設身處地、善解人意、口才好、具有說服力、能和上下打成一片等。

3.所謂觀念性能力，是指一般的邏輯思考分析能力、能夠解析複

---

6 R. L. Katz, "Skills of an Effective Administrator," *Harvard Business Review*, January~February 1955, pp.33~42。

雜的關係、確認潛在的問題、掌握變動的趨勢、和提出富有創意的構想等。

主管人員須具備技術性能力，才能夠訓練或教導部屬；而具備交際能力，才能和上司、部屬、同事、外界人士建立適當的關係；而唯有具備觀念性能力，才能夠協調各職司不同的部門或部屬。

技術性能力最具體，也最容易學習；交際能力的培養則應從對周遭的人物保持敏銳的觀察開始，然後估計別人對你的一言一行可能有什麼反應。至於觀念性能力，則須注意各部門之間的關係，以及外界環境的變動對於組織的影響，進而培養出系統性的洞察力。

主管人員因其職位高低，所應具備的主管能力也有所不同。大致說來，基層主管最需要具備足夠的技術性能力，因為他們的職責主要是執行機構政策及維持工作流程。此外，交際能力也很重要，因為他們隨時都和部屬相處在一起。

中級主管主要在結合不同的部門，例如業務經理須結合所轄營業、推廣、廣告、企劃等課的工作，所以技術性能力、交際能力、觀念性能力三者都是同樣重要的。

至於高階主管的職責，主要在制定決策，決策時固然需要技術性知識作背景，也需有交際能力來取得情報及影響部屬，但最重要的還是觀念性能力。

因此，一位管理者從下往上爬升時，一定要培養交際能力，最後還要加強觀念性能力，否則，他將不容易被提拔到更高的職位；就算是被提升了，也將無法勝任。

第3節 領導者的權力

　　領導者具備適當的心理動機，同時具有適當的管理能力之後，還要考慮如何適當地運用他的權力或影響潛力。

　　所謂**權力**（power），乃是指一個人擁有能影響他人行為或抗拒他人影響之潛力。在此一定義中，權力並不一定要行使，它可以是一種**潛在**（potential）的影響力量，亦即毋須行使也能顯現其作用。

　　一般而言，權力的來源可分為二類。第一類是來自個人所擔任的**職位**（position），而此類權力即稱為**職位權力**（position power，簡稱職權）。第二類則來自個人特質，因而此類權力即稱為**個人權力**（personal power）。

　　在機構裡，各級主管通常是由上級指派的，因此具有統率部屬的合法權。其次，有些主管具有獎勵部屬、給部屬加薪，或是向上司建議部屬之升遷等之權力，稱為獎酬權。第三，有些主管具有懲罰部屬的權力，例如口頭警告違規或工作不力的部屬，或在部屬有重大違規時，將他停職、解僱等，稱為**強迫權**（coercive power）。

　　然而，領導者除了上述三種與職位而來的權力之外，還有所謂的個人權力，如圖 12−3 所示。

　　個人權力來自領導者所具備的個人特質及管理能力，前者形成所謂的「**參考權**」（referent power），後者形成所謂的「**專家權**」（expert power）。7

---

7 J. R. P. French and B. Raven, "The Bases of Social Power," in D. Cartwright ed., *Studies in Social Power,* Ann Arber, Michigan: Institute for Social Research, 1959, pp.150~167。

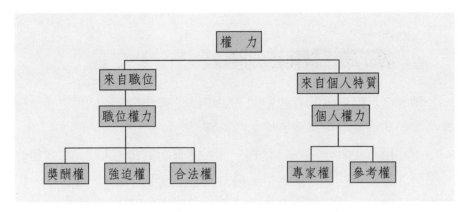

圖 12-3　權力的種類

　　參考權指領袖因為本身的特質,對部屬產生魅力,部屬因為愛戴領袖而願意為領袖做事。專家權指部屬相信領袖的判斷或決策,因而願意聽從領袖的吩咐。這兩種影響力最大,部屬最能接受,效果也最好。

　　在另一方面,運用職位所帶來的權力時,通常部屬的滿意程度較低,績效也較差。例如只強調合法權,則部屬可能被動地服從主管的命令,但不會主動地去做規定以外的事,當然也不會提出良好的建議。至於運用懲罰權,通常會使領導者與部屬的關係趨於破裂,所以現代的企業或機構裡,很少以懲罰為手段。最後是運用獎酬權。現代的員工在企業做事,主要是為了賺錢,否則他大可不必花費心神時間為企業效命,而會把寶貴的青春用於遨遊山川大湖之間,享受人生樂趣。所以,獎酬是激勵員工最有效的武器。

　　不過,獎酬不僅限於金錢,有時還可用提高身分(給予較佳的頭銜)或提高地位(尊重他的建議、給予讚賞表揚)等方式獎勵部屬。此時就涉及員工的需求或動機了。表 12-2 是領袖使用某一權力時,

員工可能反應的一個彙總表。*8*

　　上述對權力的五分類法，雖然影響深遠，但並不能完全涵蓋所有的權力種類。有一種也是來自職位的權力來源，亦即「**資訊權**」（information power），乃是指因為控制了資訊而產生的權力，包括能獲得或**接收**（access）重要資訊及控制資訊如何分配給他人的能力。*9*

表 12-2　權力類別與反應

領袖的權力	部　屬　的　可　能　反　應		
	承　諾	服　從	抗　拒
參考權	很可能 如果（領袖的）要求被認為對領袖很重要	可　能 如果要求被認為對領袖不重要	可　能 如果要求可能使領袖受害
專家權	很可能 如果要求有說服力且部屬認同領袖的任務目標	可　能 如果要求有說服力但部屬不關心任務目標	可　能 如果領袖傲慢傷人或部屬反對任務目標
合法權	可　能 如果要求很適當，且出諸禮貌	很可能 如果要求或命令被認為合法	可　能 如果要求不適當，且出諸傲慢
獎酬權	可　能 如果以微妙的、個人的方式行使	很可能 如果以機械的、非個人的方式行使	可　能 如果以傲慢的、操縱的方式行使
強迫權	極不可能	可　能 如果以有益的、非懲罰的方式行使	很可能 如果以敵視的，或操縱的方式行使

8　修正自 Gary Yukl, *Leadership in Organizations*, Upper Saddle River, New Jersey: Prentice-Hall, 1981。Yukl 原文將權力類別稱為影響力來源。

9　A. M. Pettigrew, "Information Control as a Power Resource," *Sociology*, Vol. 6, 1972, pp.187~204。

在現實世界中，採購人員會隱藏部分資訊而偏袒特定品牌，使之在公司採購決策中較易得標。此外，部級主管也會隱藏壞消息而取悅上司，即所謂「報喜不報憂」，並因此而獲得計畫經費或有利個人的升遷等。

此外，控制工作場所中的物理環境、技術或組織，也能造成影響他人的機會。例如以工作豐富化來重組部屬的工作，即可激勵部屬，導致更大的工作滿足；又如改變工作場所的照明，即可告知現場人員應該休息或注意到意外狀況的發生。這些作法被稱為「情境工程」（situational engineering）或「生態管制」（ecological control），也是一種職權，稱之為「生態權」（ecological power）。10

第4節 政治行為

人們透過從事一些活動去獲得或使用權力，這就是所謂的「政治行為」（political behavior）或「政治」。一般來說，政治行為並非工作職責內所需的活動。舉例而言，規劃員工工作清單是工作職責；說服員工照常工作則是牽涉到政治行為。

有些人不喜歡組織的政治行為，希望他們在一個沒有政治行為的組織下工作，政治行為會導致追求個人目標而影響到他人或是組織的目標，然而，在組織中，缺乏政治行為是不可能、甚至是不被期望的。決策、衝突和知覺等部分的組織生活，為個體差異和不理性規範創造了一個發展的環境，以上種種因素，不能完全透過正式的政治行為和職權來管理。

---

10 同註 3，頁 153。

一　政治行為的範圍

　　人們藉由從事各種政治行為去促進他們的目標，不管他們的政治行為對於組織是有意的或是有害的。有時候人們嘗試提高他們的權力，如此一來，他們執行工作上也比較方便，在這種情況下，政治手腕可能對組織是有益的；反之，人們從事政治行為去滿足個人的需求，假如個人的需求和組織的目標是不一致、或是在滿足需求的同時產生對他人不公平的情況時，政治行為可能會危害到整個組織。

　　政治行為通常包含使用一種或是一種以上的影響策略，如理性的說服、鼓勵的訴求、商議、逢迎、交換、個人的吸引力、聯盟、規範、壓力，然而在使用這些手段企圖影響別人的同時，相對地，別人也會使用這些手段來避免被影響。在相關性的研究調查裡，在這些策略手段當中，目前調查出最成功的三項策略分別是理性說服、鼓勵的訴求和商議，而成功率較低的三項，分別是聯盟、規範、壓力。[11]

　　人們不能總是使用那三項成功機率最高的政治策略，因為不是每個情境都適合任何策略，假設一個人擁有強制權，他的需求比提出理性的論點或證據支持來得容易；相反地，一個沒有職權的人，則不能仰賴獎賞或是威脅，而必須運用不同的個人能力，提升個人的權力。但是有些手段是不道德的，特別是不誠實的。

　　政治性的策略也因個人的目標不同而有所差異，使他人信服於某項計畫，人們傾向於訴諸理由，為了獲得所好，人們使用更多的政治策略，以友誼、親切為主。研究調查發現，人們最成功的委任，通常

---

11 Gary Yukl, P. J. Guinan and D. Sottolano, "Influence Tactics Used for Different Objectives with Subordinates, Peers, and Superiors," *Group and Organization Management*, 20, 1995, pp.272~296。

都是以友誼關係為背景，以及當這委任是很重要或關係到個人利益時。

到目前為止，政治行為研究有一個主要的缺點：研究範圍只涵蓋北美地區，故在美國文化下的影響策略之研究結論，在遇到不同文化的情況下，很可能失去其效用甚至造成羞辱。

二 政治行為的理由

人們使用政治手段，因為他們認為在運用權力的情況下，可以幫助他們達成目標。在特定的環境下，人們非常可能需要此種幫助。人們大量的依賴政治手段去解決衝突，一般而言，當任務複雜和模糊不清，以及人們缺乏自信和彼此為了資源的分配競爭時，使用政治行為頗為盛行。在困難和普遍的情況下，人們以政治行為為根據來激勵別人。

另一個人們從事政治行為的理由是組織獎賞，在組織當中廣受喜愛的人容易獲得晉升，人們為此而努力想獲得晉升，組織中的高階主管，可能會建立模糊的任務或者執行規範，而讓有才能的經理從權力鬥爭中脫穎而出。

然而，個體差異會使得每個人的政治行為發展程度不同，有些人會被權力的需求激勵，這些人高度地使用政治行為，因為他們的動機是基於這種需求。心理學家對於這種行為稱為馬基維利主義。此種行為起源於十六世紀的義大利哲學家，他教導王子如何獲得權力：(1)在人際關係當中使用詐欺的手段；(2)譏諷他人；(3)摒棄傳統道德。擁有此種行為模式的人，有不信任他人以及為達目的不擇手段的傾向，而這種傾向提高了一個人使用政治行為的程度。

一個擁有內控取向的人，較可能使用政治行為，內控者是指一個人相信自己對於整個事件的控制，有主要的責任；外控者是指一個人

相信整個事情是由外部所支配的，如命運或當權者。有內控取向的人，相信他們可以控制人們所做的事情，因而促使他們有更多的意願去從事政治行為。

三　印象管理

為了增加個體的參考權（當然其他不同的個體權力也是一樣），人們從事**印象管理**（impression management）。印象管理，就是設法控制他人對本身之知覺的一種過程。也就是說，他們企圖創造給別人好的印象。

從事印象管理，人們的言行在在設法使他們看起來更聰明、體面、和藹可親或者不論如何都會使別人產生認同。例如許多名人以**自抬身價**（name dropping）、**諂媚**（flattery）等來改變別人對他（她）的印象。當然，如果過度的使用這些手段，如使用難以相信的自抬身價和不誠實的諂媚，不僅達不到所預期的目標，反而會令人覺得失去其誠信，因此，有時「誠實才是上策」。

四　防禦行為

防禦行為（defensive behaviors）是被設計來保護人們免於一些政治性的傷害，如從事一些冷門或是不情願的工作、受到責備、經歷脅迫性的改變。它包括避免行動、責備、變遷等三種行為。

1. 避免行動：是指一個人的角色使得他必須執行某種行動，但是他並不想去執行。可以採取的手段有：假裝沒看到問題或是需要執行的地方、拖延、推卸責任、以規定和政策去支持不執行的理由等。中國官場中的說法：「少做少錯，不做不錯」，就是典型的防禦行為。

2. 避免責備：人們使用防禦性的戰術去避免在遇到問題時被責

備。可以採取的手段有：責備別人轉移目標、正當化、以文書的方式表示符合程度、謊報。

3.避免變遷：當人們受到變遷威脅時，採取防衛的行為是很常見的，可以採用的手段有：試圖預防變遷、在變遷的時候保護自己的權力。

人們從事防禦行為是因為他們意識到他們正在失去某些東西。因此組織寧願選擇員工合作解決問題，也不希望他們縮小犯錯的機會或是做出不流行的決策，只為了保護他們的勢力範圍。所以組織可能會以授權的方式讓員工有分擔決策的責任和把處理錯誤當作一個組織學習的機會。這樣的一個組織才可能有相當的彈性，以及充分地運用其人力資源。因此，在知識經濟時代，妥善因應員工的防禦行為，顯然相當重要。

五　政治行為的道德性

政治行為對一個組織而言可能具有建設性，也可能具有毀滅性。而政治行為是否具有道德性，取決於政治行為是為了幫助他人或是傷害、損害他人。一般而言，個人的目標和組織的目標一致時，政治行為便有其道德性。反之，則可能是產生道德問題。

在使用權力時，有兩個重要的道德性問題，在現代組織中，最值得吾人關切者，一為性騷擾，另一為個人與組織目標衝突。

（一）性騷擾

性騷擾（sexual harassment）行為是不道德地使用權力，而騷擾到組織內其他成員。因為騷擾者不當地使用與性有關的行為去脅迫、妨礙他人，例如在一家公司中，三名女性員工聲稱她們遭受主管批評她們的長相，並且向她們三個其中的兩名伸出魔掌，可是當她們向其他

上級抱怨時，她們卻遭受解僱的命運。

當我們以權力扮演的角色來分析性騷擾的性質，可更為清楚。在一般的工作場所裡，員工們會互相依賴（特別是依賴那些職位比較高的人），以取得各種資源，例如知識、合作，以及各種工作。當員工為了獲得這些資源，而須依賴與性有關的行為時，員工便會因此感受到威迫和害怕，而不論騷擾者是否真的抑制了資源。所以，當我們判斷一個人的行為是不是構成性騷擾時，很重要的一點就是從是否有依賴關係來判斷。

性騷擾很明顯地是不道德地使用權力，使被騷擾者感到傷害、痛苦，而且通常也損害到整個組織。性騷擾是不合法情事，控告性騷擾的組織容易妨礙宣傳合法正當性，此外，組織若是允許性騷擾行為，通常會無法僱用或是保留有天分的員工，並且無法從他們的技能和經驗取得利益，組織裡的人使用權力去騷擾員工，會導致員工對他們的貢獻有所保留，另外，騷擾者會想盡方法去獲取權力而忽視組織的目標。

（二）個人和組織的目標衝突

當人們運用權力和政治行為去達成目標時，會想辦法透過說服、獎賞、壓迫、鼓舞等方式影響他人，進而達成目標，當行為的目標是為了達成組織目標時，對組織而言是有利的。

從組織的角度而言，一個人在組織中所扮演的角色是需要他支持組織的目標，所以，就道德來說，在大多數情況下，組織的目標應該擺在個人目標之前，例如負責計畫的團隊就應該要依照公司的利益來計畫，以確保員工有必要的技能完成計畫，同時又能聘用正確的工作人數以節省人力成本。

在一些情況下，道德議題有時顯得很複雜，難以對其做出判斷。有時個人會覺得組織的目標是不切實際甚至是不道德的，例如假設組

織期望每個員工毫無理由地加長工作時間，這時個人就應該運用政治行為去解決衝突，以獲得時間休息和家庭時間，當濫用權力去控制休息時間的管理者忽視員工過分勞累的困境，會難以取得員工尊敬；相反來說，有道德地使用權力是提出組織和個人都可能接受的方案，員工想要減低工作時間，可以透過理性地說服和聯盟去尋找可能的解決方法，這樣的情況可以減低內耗、壓力，找出適合組織的加班方案。

領導者可以利用鼓勵或是限制去影響員工的政治行為，當組織和個人的目標衝突時，組織可透過授權員工，而提供更多的方法和機會建設性地使用權力；相反而言，組織不授權給員工去參與解決問題，這會限制員工的意見，並且會導致更自私的政治行為出現。

六　處理有害的政治行為

觀念上，組織利用獎勵建設性行為來幫忙阻止破壞性或有害的政治行為，當員工從事有害的行為時，去阻止或是修補傷害就是有道德的反應。主管可採鼓勵建設性行為、認知破壞性行為和結束破壞性行為三階段來對抗毀滅性行為。

管理者可以建立模範和獎勵道德性、合作和達成組織目標的行為，來防止大部分的政治行為。組織裡面的所有人都可以試著用自身的獎勵權去影響組織。

當破壞性行為已經在組織發生時，第一件要做的事就是去確認破壞性行為。領導者必須去了解人群間的觀念形成過程、溝通和衝突管理，他們需要辨認正式和非正式團體之間的依賴性。當組織或個人目標不清楚或是衝突時，這些知識將有助於提供確認問題的基礎。

當人們確認毀滅性行為後，他們可以使用個人的影響力去阻止它，管理者可以使用職位的權力不鼓勵這種行為，而其他的組織成員也可以利用他們的參考權去控制那些行為。

在權力鬥爭的情況下，領導者應將眾人的焦點轉移到利益性活動的注意力。領導者可以用拔擢來吸引注意，領導者利用集中於同一目標轉移派系的權力鬥爭，從前反抗的人，可能因此發現新的挑戰，而以前的敵人也可能結盟。

第5節　情境領導

領導行為必須要顧及情境因素，包括員工特性及外在因素，首先探討員工特性。

一般員工在機構內做事，有的只是為了金錢，這時候領導者就應適度而公平地給予獎酬。例如許多已婚女性在加工廠做事，目的只為了貼補或維持家計，對公司並無多少效忠可言。若公司的待遇太低或獎酬不公，她們隨時可能離去。因此，公司必須妥擬薪資制度，才能留得住她們。

其次是許多年輕員工，其做事不僅為了賺錢，而且希望能增進個人的經驗歷練，以便日後有更大的發展。對於這種員工，公司宜給予適當的訓練，或安排職位輪調，讓他們有朝一日也能升任主管職位。許多機構留不住年輕人，就是因為不能提供類似的成長機會──包括個人能力和地位的成長。

然而，一旦這些員工已逐漸步入中年，或是已逐漸晉升至能力所及的職位時，則公司又得回過頭來重視薪資問題了。因為這時候他們已知道自己的前途為何，而且也有了家累，所以他們會轉而追求較佳的待遇。如果公司不能滿足他們的金錢欲望，則一有機會，這些人還是會跳槽。

台北某電腦公司負責人曾表示，他辛辛苦苦選派兩位年輕人赴日本受訓一年，結果回到公司不到半年，就被高薪挖走了。究其原因，就是因為該公司未能依據這兩位年輕員工已增進的知識或能力，給予

適當的獎酬。雖然公司提供了寶貴的學習機會給這兩個人，但是「此一時，彼一時」，公司不能盡想著它往日對員工的好處，而忽略了「目前」提供給員工的利益。

相反的例子是在台美商銀行，如美國銀行（BOA）或花旗銀行（CITI Bank），它們對新進的**實習主管**（management trainee）施予半年的訓練，訓練結束，立刻給予大幅度調薪，以與員工的職責相匹配，這才是較正確的做法。

現在再以員工的成熟程度，說明員工的特性不同時，領導方式也應做適度的調整。這就是何西與布蘭查（Hersey & Blanchard）所提出的「情勢領導理論」*12*

一 領導應依部屬的成熟度而異

成熟意指部屬能夠向高目標挑戰，願意承擔責任而且有足夠的知識經驗等。

情勢領導理論的要旨為：部屬還不成熟時，領導者應該設法建立明確的組織結構，讓部屬知道職司何事，並教他們做事的方法。一旦部屬漸趨成熟，領袖應減少在工作上督導部屬，而多增加和部屬的感情交流，關心和支持部屬。有關決策也應和部屬商量，並適時表示對部屬的重視與肯定。等到部屬已經相當成熟，領導者就應將權責下授給部屬，讓他們享有更大的自主權。由於部屬已能自我要求，而且已有足夠能力，此時若不讓部屬放手去做，部屬心理上一定不滿意。這就好像羽翼已豐的小鳥，終歸要脫離母親的懷抱，自己去飛翔一般。此時這些部屬對自己已經有信心，所以領導者也毋須對他們太過於關

---

12 Paul Hersey and Ken Blanchard, *Management of Organizational Behavior*, fourth ed., Englewood Cliffs, NJ.: Prentice-Hall, 1984。

懷或支持，否則會被部屬認為太婆婆媽媽。

以上情況，可用圖 12-4 表示之。

二　領導替代理論

何西與布蘭查的情勢領導理論顯然與一篇稍早的論文有關。柯爾與哲米（Kerr & Jermier, 1978）曾指出，在部屬有足夠的經驗、能力及訓練下，指導行為將被替代而變得沒有必要，而在部屬有專業取向，亦即有專業承諾（如許多律師、會計師、醫師、教授）下，指導行為與支持或關懷行為也沒有必要。[13] 此一理論被領導學的權威 Yukl 教授稱為「**領導替代理論**」（leadership substitute theory）。[14]

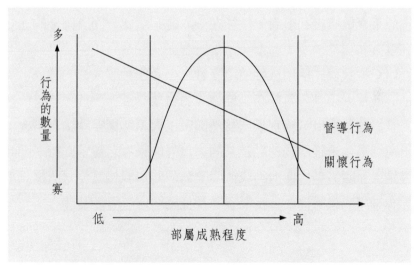

圖 12-4　領導行為與部屬的成熟程度

---

[13] S. Kerr and J. M. Jermier, "Substituter for Leadership: Their Meaning and Measurement," *Organizational and Human Performance*, 22, 1978, pp.375~403。

[14] 同註 3，頁 216~220。

此外，此一理論也指出，一旦部屬對組織（或上司）所提供的獎酬不感興趣時，領導行為無論是指導或關懷，其效果都將被「中和」（neutralized）。

三　LPC 權宜模式

其實，更早提出領導的權變模式或**權宜模式**（contingency model）者，乃是伊利諾大學的費德勒（Fiedler）。他在 1964 年提出以 **LPC**（least preferred coworker，最不喜歡與之共事的同事）分數來代表領導者的領導態度，分數高代表對人寬宏大量，分數低代表對人比較嚴厲。

具體地說，LPC 分數是請受測的領導者從過去或現在的同事中，找出最不喜歡與之共事者，然後在十六題有關此一同事個性的述句上作評量。

LPC 權宜模式採用三種情境變數，一為領袖與成員的關係，二為領袖的職權大小，三為任務結構性（指明確與否）。[15]

不幸的是，LPC 權宜模式雖然開啟了對領導權變理論之研究，但其研究結果並未獲得費德勒及其同事以外的學者之實證支持，因此，領導是要兼顧情勢，但情勢或情境變數並非LPC權宜模式所提三者，而是領袖與成員關係（上下關係）及任務明確二者較有關。

---

[15] F. E. Fiedler, M. M. Chemers and L. Mahar, *Improving Leadership Effectiveness*: *The Leader Match Concept*, New York: John Wiley, 1976。

第6節　領導要兼顧情勢

作者認為，領導方式須因領導者的特性與權力大小、部屬的特性而改變，才能有較佳的領導成效。此外，領導方式也要因應情勢做適當的調整。

第一個要考慮的是情勢安危程度。俗語說「亂世用重典」，在情勢危急時，領導者要以任務為重，不要存有太多感情因素，才能力挽狂瀾。例如消防隊長，平日應對部屬關愛有加，但到了救火現場，則必須當機立斷，不可稍顧人情。

其次要考慮任務是具體的還是晦澀的。任務如果相當清楚，像裝配線上的工作，領導很容易監督部屬及下達命令，所以可以較注重任務的達成。但若任務不很具體，例如研究發展部門的工作就很抽象，此時領袖應該採取關懷的行為。如果此時領導者仍胡亂指導，只會打擊或擾亂研究氣氛，造成反效果。

最後再舉一個情況，即領導者與部屬的上下關係。上下關係是否融洽，也會影響領導的成敗。概略地說，關係融洽，自然能夠同舟共濟、共赴事功；關係如果不融洽，領導者自應花費更大的氣力，才能使整個單位有較好的績效。不過，如果把上下關係和任務的明晦二者同時加以考慮，情況又不同了。此種關係可分解成四類，如表 12-3 所示。

表 12-3 顯示，上下關係好，任務具體，則領導者只需重視任務（目標）的達成即可。但若上下關係好，而任務很晦澀，如和諧的企劃單位，則應重視關係（領袖充分顯示支持和關懷部屬）。又如上下關係不好但任務很具體，例如裝配線剛到任的領班，則應加強關係的培養。但在上下關係不好又很晦澀時，領導者應以任務為重，否則整

表 12-3　領導如何兼顧情勢

領導方式		任務明晰	
		具體	晦澀
上下關係	好	重任務	重關係
	壞	重關係	重任務

個單位將無績效可言。例如某些委員會的主席，與各委員之間相當陌生，委員會的任務又不是很具體，此時自應力求表現，如果反其道而行，只花心力去培養感情，則必然一事無成。

第7節　路徑－目標理論

領導的**路徑－目標理論**（path-goal theory）是由豪斯（House, 1971）所提出，此一模式將領導行為分為二種，但稍後即增為四種。[16]

　　1. 支持性領導：指關心部屬的需求與幸福，並創造工作單位的友善氣氛。

　　2. 指導性領導：指讓部屬了解領袖對他們的期望，給予特定的引導、要求部屬遵守規定和程序，以安排和協調部屬的工作。

　　3. 參與性領導：指在決策時找部屬諮詢，參酌部屬的意見。

　　4. 成就取向的領導，指設定具挑戰性的目標、尋求改善績效之道、強調績效卓越，以及表示對部屬能達成高標準有信心。

---

[16] R. J. House and T. R. Mitchell, "Path-Goal Theory of Leadership," *Contemporary Business*, Vol.3, Fall 1974, pp.81~98。

此一理論指出,領導行為是否有效,受到部屬的期望和價值之影響,此一中介變數顯然源於稍早章節中所提及的「期望理論」。比較特別的是,此一理論認為,二種情境(調和)變數會影響部屬的期望或價值,其一為部屬的特質,包括其需求、能力和個性。而其二則是任務與環境的特性,包括任務結構性、工作機械化程度及組織正式化程度。這二種情境變數決定部屬被激勵和程度,也影響到部屬對某一領導行為的偏愛程度。整個理論模式的因果關係如圖 12−5 所示。

有關路徑─目標理論的實證結果相當分歧,實證雖多,代表學界對該理論的重視及貢獻,但仍然沒有定論。尤其在指導性領導的調和變數,一直未獲支持,而支持性領導亦然。

本書作者認為,任何一個完整(all inclusive,全含)的領導理論,都很難進行實證研究來驗證,反而是簡單的因果關係在社會科學領域較易被證實。因此,複雜的理論模式可供參考,但不一定全部都能被認同或證實。

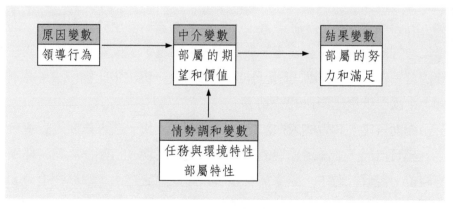

圖 12−5　路徑─目標理論模式

第8節　增進領導效能之道

為了增進領導效能，各級主管人員應該從下列方向著手：

*1.*培養適當的心理動機：在大機構內的主管，唯有使自己的權力動機高於成就動機，成就動機又高於親密動機，而且又有適度的親密動機，才比較能夠成功。

*2.*培養足夠的管理能力：在大機構裡，為了能夠勝任晉升後的管理職務，必須逐步培養技術能力、交際能力和觀念性能力。

*3.*重視部屬的需要和感受，與部屬建立良好的關係：領導者應主動關懷部屬，並運用適當的權力，才能使團體的績效提高。

*4.*兼顧情勢的需要：情勢不同，就應採取不同的領導行為，如果領導行為一成不變，則可能妨礙團體的績效。

*5.*操縱情勢：以上四點均是因應式的作法。領導者也可以採取「創造時勢」的作法，使情勢能配合領導者的需要。此種「創造時勢」的領導者或英雄，在歷史上不乏著名的實例；至於在機構內，則是以增加職位權力（合法權、獎酬權、懲罰權），改變工作編組或任務內容等為主。費德勒（F. E. Fiedler）教授就一直主張此種作法。殊不知，中國早就提出類似的論點了。

總而言之，領導的成敗決定於許多因素，每一個人只要能認清自己、充實自己，並認清領導的對象和當時的情境，自然都能夠勝任領導職位。現代社會中，處處需要領導人才，有志之士，應該在這方面多下功夫，俾可增進自己的領導效能。

本章主要在說明主管人員在哪些情況下能夠有較好的領導效能，但並未對一般人如何學習當一位傑出的領導者做深入的剖析。這正是下一章的探討主題。

※歷居試題

■選擇題

1. Vroom 和 Yetton 所發展出來的領導參與模型（leader participation model），認為領導行為必須要

   A) 反應部屬的需要（need of followers）

   B) 發展適當的領導風格（leadership style）

   C) 加以調整以反應任務結構（task structure）

   D) 要視牽涉到的情境變數（situational variable）而定

   E) 以上皆非

   【國立台灣大學 96 學年度碩士班招生考試試題】

2. 根據路徑－目標理論（path-goal theory），下列何者包含在「環境」（environment）這個情境變數中

   A) 任務結構（task structure）與正式授權系統（formal authority system）

   B) 控制源頭（locus of control）與經驗（experience）

   C) 知覺能力（perceived ability）

   D) 員工滿意度（employee satisfaction）

   E) 以上皆非

   【國立台灣大學 96 學年度碩士班招生考試試題】

3. Which of the following statements about power, authority and delegation is not true

   A) Expert power does not automatically accompany the job title of " manager."

B) According to Chester Barnard, the range of acceptable conditions which a subordinate has for accepting orders is called "the zone of indifference."

C) Line authority is based primarily on referent power.

D) Staff authority relies primarily on expert power.

E) As an organization grows in size and complexity, decentralization tends to increase.

【國立台灣大學 98 學年度碩士班招生考試試題】

4. Which of the following is not correct about leadership theories?

   A) Leaders who have an exceptional impact on their organizations are called transformational leaders.

   B) In Fiedler's theory, leader-member relations, task structure and position power are 3 situational factors.

   C) Fiedler found that low-LPC leaders were most effective in situations in which the leader enjoys moderate power and influence.

   D) The path-goal approach is based on the expectancy model of motivation.

   E) In Vroom-Yetton-Jago model, AI and AII represent authoritarian approaches.

【國立台灣大學 98 學年度碩士班招生考試試題】

5. 費德勒（Fiedler）權變模式認為一個管理者的領導風格是

   A) 可以因環境而變

   B) 會隨著職位調整而改變

   C) 會隨年紀改就

   D) 以上皆非。

【國立成功大學 97 學年度碩士班招生考試試題】

6. Research by Fiedler uncovered three contingency dimensions that define the key _____.

A) situational factors for determining leader effectiveness

B) follower factors for determining leader effectiveness

C) leader behavioral style factors for determining leader effectiveness

D) situational factors for determining leader effectiveness

【國立成功大學 95 學年度碩士班招生考試試題】

7. Relative to the organization's culture, a manager must be aware that

A) strong and weak cultures have the same effects on strategy

B) the content of a culture has a major effect on the strategies that can be pursued

C) unimportant factors can support escalation of commitment to strategies

D) strong cultures are the most desired cultures

【國立成功大學 98 學年度碩士班招生考試試題】

8. Providing moral leadership involves addressing the

A) means that a leader uses in trying to achieve goals as well as the content of those goals

B) ends of achieving goals

C) leadership style used

D) gender issues

【國立成功大學 98 學年度碩士班招生考試試題】

9. 主張領導者與追隨者之間有一些特質與技能上的差異的領導理論為何？

A) 特徵理論

B) 行為理論

C) 管理方格理論

D) 情境理論

【97 年特種考試交通事業鐵路人員考試及 97 年
特種考試交通事業公路人員考試試題】

10. 依照路徑－目標理論，領導者明確地指導部屬工作方向、內容及技
巧方法，是屬於何種領導風格？

A) 指導型領導

B) 支援型領導

C) 參與型領導

D) 成就導向型領導

【97 年特種考試交通事業鐵路人員考試及 97 年
特種考試交通事業公路人員考試試題】

■申論題

1. 一個企業的領導（leading）方式，往往會面臨很多權變因素（con-
tingent factors）的影響，請說明這些權變因素的內涵及其對領導的
衝擊。另外，請你列舉並說明有哪些新型態的領導模型，可以呼
應：(1)資訊／行動科技發展；及(2)區域化／全球化的未來趨勢。
（25分）

【國立台灣大學 95 學年度碩士班招生考試試題】

2. 何謂「交易型領導者」（Transactional Leader）？又何謂「轉換型
領導者」（Transformational Leader）？試分析說明這兩類型的領導
在本質、行為表現、適用情境與管理績效上之差異與相關性。（15
分）

【國立台灣大學 97 學年度碩士班招生考試試題】

3. 從領導的觀點，領導者該採行何種作為方能有利於知識管理？（5分）

【國立台灣大學 92 學年度碩士班招生考試試題】

4. 有關領導（leading）的理論有很多不同的觀點，請扼要說明領導理論的幾個主要論點為何？另外，「文化」環境是領導工作中一項不可忽視的關鍵變數，試問一個領導者如何因應跨國的文化差異，才能迎向「溝通衝突」與「團隊」管理的挑戰？

【國立台灣大學 89 學年度研究所碩士班招生考試試題】

5. 有關領導理論可大致分下列三大類：Trait Theories, Behavioral Theories, Contingency Theories，請：(1)分別介紹其內容；(2)比較三者的異同；以及(3)哪一理論較優，為什麼？（20%）

【國立成功大學 97 學年度碩士班招生考試試題】

6. 領導風格和國家文化有何關聯性？請試用學者 Hofestede 所提出的文化構面，闡述各種不同領導風格的適用時機。

【國立成功大學 97 學年度碩士班招生考試試題】

7. In a short essay, differentiate between transactional and transformational leaders.

【國立成功大學 98 學年度碩士班招生考試試題】

8. 管理（Management）和領導（Leadership）有何差異？管理者（Manager）和領導者（Leader）所扮演的角色和功能有何不同？身為管理者和領導者須具備哪些不同特質？（20%）

【國立成功大學 95 學年度碩士班招生考試試題】

9. 主管領導部屬達成目標是企業中的重要事件。因此，「有效的領導者」就成為此其中的一個重要課題。如何使得領導有效？請試就領

導者的領導能力、領導作法及企業措施等方面加以說明。（20分）

【90年度交通事業郵政公路人員升資考試試題】

10. 自從上一世紀初，領導理論的發展不斷衍生出新的觀點。試比較領導特質（trait）、行為（behavioral）、情境（situational）與轉型論（transformational approach）的內涵與差異，並說明其對今日管理的意涵。

【國立政治大學91學年度研究所碩士班入學考試試題】

11. 在國內外的知名企業中，不乏由強勢領導者長期主政的成功案例，這些領導者往往被視為企業命脈之所繫，舉足輕重。請問強勢的領導型態對於企業的經營有何利弊？在哪些情境下較為有效？而當強勢領導者年事漸高後，在組織的傳承上可能出現哪些問題？有哪些可行的解決方案？

【國立政治大學89學年度研究所碩士班入學考試試題】

12. 請將你所學的領導理論綜合成一個統整的架構（10%），並為企業提供下列問題處理之參考原則。（15%）

　(1)選擇、指派各級主管

　(2)加強領導效能

【國立政治大學88學年度研究所碩士班入學考試試題】

13. 請描述領導者的五種權力來源。（10分）

【國立台灣師範大學97學年度碩士班考試入學招生試題】

14. 當代主要領導理論的重心由特徵論（trait theories）、行為論（behavioral theories）移轉到權變理論（contingency theories），請您說明費德勒（Fiedler）所提出的領導理論模型。又根據費德勒的假設，當領導者效能不佳時（領導風格與情境不合）應如何改變？

【東吳大學91學年度碩士班研究生招生考試試題】

15. 試比較下述觀念之異同及適用條件。

轉型式領導（transformational leadership）／交易式領導（transactional leadership）

【95 年交通事業港務人員升資考試試題】

16. 「領導」（leadership）應視為「專責角色」（specialized role）或「影響過程」（influence process）？請依領導者之「權力來源」評述之，並試舉例卓越領導一則，說明其成功原因何在？（25 分）

【96 年交通事業公路人員升資考試試題】

17. 何謂領導的權變觀點，請具體描述費德勒（Fiedler）的情境模式中，影響領導行為之情境因素為何？（25 分）

【96 年交通事業郵政人員升資考試試題】

18. 試說明如何能成為一位好的部屬，如何能成為一位好的主管。試由領導、溝通、協調、激勵及其他您認為重要的面向來說明您的看法。（25 分）

【98 年交通事業公路人員升資考試及 98 年交通事業港務人員升資考試試題】

■個案申論

楊處長：噯呀！真糊塗。上週寫信責怪資訊公司王總經理，抱怨他們資訊系統設計不當，才延誤業務推展專案進度，現在才發現並非如此，錯怪人家了！該親自向他道歉才對。施祕書：處長，不用了！那封信我根本沒寄。楊處長：我要妳立刻寄，妳卻壓下來？

施祕書：跟你這麼多年了，我知道什麼該發，什麼不該寄。

楊處長：妳自作主張，記妳一個小過，以茲警告。

> 施祕書事後覺得委屈，對自己頂頭上司處置很不滿意，跑去
> 向人力資源部翁主任訴苦，希望調到別的單位。翁主任未置可
> 否，但隔兩天，施祕書卻收到解僱通知。（25分）

由領導統御觀點而論，楊處長有無缺失？

【95年交通事業港務人員升資考試試題】

■名詞解釋

1. Hersey and Blanchard's Life-Cycle Theory

【國立成功大學94學年度碩士班招生考試試題】

2. Path-goal theory

【國立成功大學95學年度碩士班招生考試試題】

3. Describe how Fiedler's contingency model explains leadership.（15%）

【國立成功大學96學年度碩士班招生考試試題】

4. Transactional-transformational leadership

【國立成功大學98學年度碩士班招生考試試題】

5. 移轉型領導（transformational leadership）

【東吳大學89學年度碩士班研究生招生考試試題】

第十三章　學習當領袖

　　某行銷公司企劃課主任田君,擔任本職已有兩年餘。田君下轄五位職員,都是擁有大專學歷的年輕人。田君和他們相處融洽,他將課內工作按廣告設計、市場調查等功能劃分,分別指派專人負責。平常各人做各人的事,田君從不加干涉,僅在有協調必要時,才召集眾人一起討論。

　　公司一般人對田主任的評語還不錯,業務部門對於企劃課所做的廣告或市場研究,也頗表滿意。田君也感覺在企劃課頗能勝任愉快。曾經有人對他說:「你在企劃課沒有什麼表現機會,不如請調到業務部門,至少發展的機會比在企劃課好。」田君一笑置之。還有人對他的領導方式提出建議:「不要太放縱你的部屬。」田君也不予理會。

　　某日,公司調派田君至業務部營二課,遞補剛辭職的張主任,負責甲區業務。甲區有四名業務員,兩位比較資深,其中陳君個性內向而被動,而牛君比較穩重。另外兩位則進公司還不滿兩個月,其所負責的客戶都是張主任分配給他們的。

　　田君到任後,不改往日作風,仍舊採取無為而治的領導方式。例如以前張主任規定業務員每天中午須回公司報到、下班前要寫好工作日報表等,田君均不作嚴格要求。此外,轄區內客戶被別課業務員搶走時,田君也不會去和別課主任理論,只是對部

> 屬慰問一番。在新客戶的開發上,田君也不甚積極,任由四位業務員自由發揮。
>
> 田君上任三個月,甲區業務呈節節下降趨勢,經進一步分析,陳君業績起伏不定,牛君業績則維持平穩,而兩位新進人員的業績直線下滑,不僅未開發到新客戶,連舊客戶也跑掉了大半。
>
> 公司當局於是開始懷疑田主任的領導能力。[1]

以上所述,乃是企業常見的現象。這一現象的背後,曝露出一個領導統御上的缺失,那就是主管人員常未能調整自己的領導方式、來適應員工的轉變。此外,企業用人上,也有其疏漏之處。茲分述如下:

1.有些管理能力是無法移轉的。一般說來,綜合、分析等掌握大局的能力較能移轉;因此,機關首長或企業主持人不妨外聘。至於交際能力,可分為對下(部屬)、對上(上司)、對外(外界人士)等三類,彼此之間則無法移轉。換句話說,懂得帶兵的,不一定懂得和上司、平輩或外人交往。第三種能力是技術能力,最難移轉,亦即懂得廣告的,不一定懂業務。在本例中,公司貿然調用廣告專才來主持業務,而事前未分析其交際能力,可說是一大疏忽。

2.田君轉調到業務部門時,忽略了員工的素質(成熟度)已有大轉變,而沿襲往日領導方式,不知調整,也是一大缺失。在管理上,我們應強調的是,對不同的員工,宜採不同的領導方式,如對待工作不熟練的新進人員,應多教導他工作方法;對待心態不成熟的舊

---

1 余朝權,〈變更領導方式〉,《工商時報》,1984 年 11 月 5 日,第 12 版。

員工，則宜多表示關愛鼓舞之意；至於技能與心理俱成熟的員工，則可採取無為而治，任其發揮。簡言之，領導方式宜因人（員工）而異。

第1節 領導者的角色

領導者要執行大多數管理機能，包括計畫、組織、激勵溝通、協調、促成團隊、建立組織文化、管理變革等，幾乎所有組織行為中所探討的，都是領導者關切的主題。如果加以歸類，有效的領導者至少要做到四件事：*2*

1. 提出**願景**（vision）。

2. 思考像個**領導者**（think like a leader）。

3. 選用適切的**領導方式**〔或風格（style）〕。

4. 運用組織行為中的領導**技能**（skills）。

一 提出願景

願景是指組織企圖在未來達成的狀態或努力的方向。一個正確的願景可以激勵員工，促成員工的承諾，甚至使員工有如宗教信徒般的為之赴湯蹈火，在所不辭。例如蘋果電腦公司推出容易使用的、友善的電腦為願景，促使員工努力不懈發展出「iMac」系列電腦，使公司轉虧為盈。

張忠謀董事長為台積電（TSMC）公司提出的願景是「成為全球最佳的晶圓代工廠」。台積電十數年來表現傑出，備受各界肯定，甚至成為台灣大學生擇業的第一優先考慮。

---

2 Shelley Kirkpatrick and E. A. Luke, "Leadership: Do Traits Matter?" *Academy of Management Executive*, May 1991, pp.47~60。

二 思考像個領導者

作為一個有效的領導者，就要像個領導者一樣地思考，也就是俗稱的「扮皇帝、像皇帝」。在思考上要像個領導者，必須做好三件事：

1. 確認問題：找出自己團隊目前及未來所面臨的重要議題。

2. 了解議題：分析議題的因果關係，綜合現有的資訊，以組織行為理論解讀議題。

3. 形成領導行動：設計出合適而有效的領導方案。

三 選用適切的領導方式

適切的領導方式或領導行為，涉及到對人對事態度的權衡，此在下一節中有說明。

四 運用領導技能

此即選擇合適的組織行為理論，設法激勵員工、促成溝通、建立團隊、形成組織文化、引導變革等。

第2節 領導能力的學習

前述實例一方面點出了領導統御的困難，但是也指出了一點，那就是領導能力是可以學習的。在人類歷史上，著名的軍事領袖、政治領袖、宗教領袖、社會領袖，不勝枚舉。他們的豐功偉績，早已成為後世諸般傳奇與神話的主題。以前的人，對於領袖人物常有著狂熱的

崇拜，因為領導是一個相當奇妙的過程，它一方面深深觸及每一個被領導者的生活，一方面也激發群眾們「有為者，亦若是」的仿效心理。

大多數人喜歡從名人的言行中，學習他們的領導方式。例如在歷史上，凱撒建立了名垂青史的羅馬帝國；忽必烈橫掃歐亞，所向無敵，建立了人類有史以來最大的帝國。他們都是成功的軍事（和政治）領袖，因此，許多軍人即以他們為榜樣。同樣地，建立了龐大企業王國的現代企業家，如IBM的華生父子、通用汽車的小史隆、福特汽車的福特二氏、台塑集團的王永慶、拍立得的藍德博士、王安集團的王安博士等等，他們的一言一行，也都被企業界人士所競相模仿。

有人曾經表示：「成功者不會說錯。」也有人指出：「**你不可以和有錢的人爭辯**」（Money Talks）。不過，我們也多半了解到，成功也有靠運氣的地方，正如賺錢也有幾分幸運在內一樣。所以說，向成功人士學習，多讀傳記，有助於我們了解，那些人在他們那個時代是如何邁向成功的。不過，這些邁向成功的法則，有些仍然可以適用於現代，有些則否。因此，有系統地學習如何當領袖，乃是大多數人的目標，而研讀名人傳記只是其中的方法之一而已。

一　向自己學習

我們在前一章指出，人必須了解自己，才能找出適合於自己的領導方式，或是選擇適合自己的領導情況去當領袖。

這種「知己」的工夫，至少包括兩個項目，一個是了解自己的動機，一個是了解自己的能力。

每一個人都可以花數分鐘時間，回憶一下往事。他將會發現，有許多在人生旅途中頗有意義的一刻，在剎那間浮上心頭。這些事件也許並未使他獲得名與利，其他人也許並不知道有這麼一件事發生，但

是，當他在經驗那件事情時，卻能使他感受到莫大的驕傲和滿足。我們可以稱之為「**個人的偉大（得意）時刻**」（Your Great Times）。*3*

只要把這些一生當中感到最有意義的時刻找出來，並且盡量以和工作有關者為主，你就可以據以推斷，你目前的動機或需求為何。*4*

例如你已找出這一生當中二十次感到最有意義的時刻，你可以將每一刻和底下二十個動機項目做對比，並選出其中的五項來代表該時刻（該事件）：

1. 冒險性（冒險動機）
2. 個人成就（成就動機）
3. 運用創造力（創造動機）
4. 獲取財物（金錢動機）
5. 獲得名聲與地位（名望動機）
6. 顯示領導能力（領導動機）
7. 精神或心靈的成長（成長動機）
8. 事業前途的進展（進步動機）
9. 學習新事物或新能力（學習動機）
10. 變化、做獨特的事（獨立動機）
11. 與他人競爭（競爭動機）
12. 為他人服務（服務動機）
13. 友誼與愛情、親情（親密動機）
14. 度過美好快樂時光（快樂動機）

3 Terry D. Schmidt, *Planning Your Career Success*, Belmont, California: Lifetime Learning Publications,1983, pp.10~11。

4 詳細內容請參閱余朝權，《新世紀生涯發展智略》，台北：五南圖書公司，2002，頁 12~15。

15. 藝術與美感的經驗（藝術動機）

16. 個人的休閒（休閒動機）

17. 自我的信賴（自信動機）

18. 對自由的嚮往（自由動機）

19. 影響他人的想法和行動（權力動機）

20. 向自我挑戰（超越動機）

接著，你將所有有意義的時刻所代表的動機都找出來，彙總之後，被提及最多次的，正是你個人最強的動機或需求、欲望。

每一個人都有其獨特的動機或欲望。一個人的獨特動機，並不代表此人的善惡或好惡，因為動機是中性的，動機只是在描述潛藏在你內心深度的驅策力而已。不過，身為管理者，欲有效地領導部屬，一方面要設法了解自己的動機，一方面也要能了解員工的需求，才能選出適當的領導方式。

二　了解與培養自己的能力

希望擔任領袖或已在擔任領袖的人，也必須注意能力上的培養。

例如有人指出，在美國電話電報（AT&T）公司，能夠順利晉升至中級管理職位的，通常具備下列能力：*5*

1. 口頭溝通能力：也就是能夠就一普通的主題，向一群人作口頭報告的能力。

2. 人群關係技巧：也就是帶領一群人達成任務，而且不會引起眾人敵對的能力。

5　D. W. Bray, R. J. Campbell and D. L. Grant, *Formative Years In Business: A Long Term AT&T Study of Managerial Lives*, New York: John Wiley & Sons, 1974。

3.承受壓力：面臨工作上或個人環境上的壓力，而仍然能夠維持工作績效的能力。

4.容忍不確定性：即在環境不確定的情況下，仍能維持工作績效的能力。

5.計畫與組織能力：指有效地將工作分工並預作計畫的能力。

6.創造力：指以巧妙的方式解決管理問題的能力。

7.行為有彈性：指能夠順利調整行為，以達成目標的能力。

這些能力或技巧，在本書往後各章中，還會陸續討論。此處僅提出人際關係技巧與情緒的掌握力，作進一步的分析。

人際關係技巧，簡稱交際能力，泛指與人交往、相處的能力，而非狹義的拉關係、送禮等交際手腕。我們可以用表 13-1 所列問題來測定一個人的交際能力。換言之，我們可以就每一項問題，圈選出目前自己所具備的能力已達到什麼程度，然後，再考慮目前或將來所要擔任的領導任務，應該在每一項交際能力上，達到何種程度。兩相比較之下，就可以判斷出「能力的差距」。而學習當領袖的訣竅，就在於彌補這些差距。

利用相同的方式，我們也可以利用表 13-2，找出自己在情緒掌握力上的差距，作為努力充實或克服的目標。

近年來，學者已將情緒掌握力以「**情緒商數**」（emotional quotient, EQ）來稱呼及衡量，此在「壓力」一章中已有述及，讀者可再參考之。

表 13-1　主管人員必備的交際能力

	低				高
1. 知人善任的能力。					
2. 和部屬坦誠相待的能力。	1	2	3	4	5
3. 和同事坦誠相待的能力。	1	2	3	4	5
4. 和上司坦誠相待的能力。	1	2	3	4	5
5. 我能仔細聆聽別人說話的能力。	1	2	3	4	5
6. 我和部屬間建立起團隊合作的氣氛。	1	2	3	4	5
7. 我和同事間建立起團隊合作的氣氛。	1	2	3	4	5
8. 我和上司間建立起團隊合作的氣氛。	1	2	3	4	5
9. 建立管理制度，毋須事必躬親的能力。	1	2	3	4	5
10. 為部屬創造出成長發展之環境的能力。	1	2	3	4	5
11. 把我的想法清晰而有說服力地溝通的能力。	1	2	3	4	5
12. 清晰地表達我的感受的能力。	1	2	3	4	5
13. 診斷複雜的人際問題的能力。	1	2	3	4	5
14. 影響其他非我部屬的人的能力。	1	2	3	4	5
15. 設計出人與人和單位之間協調程序的能力。	1	2	3	4	5

表 13-2　主管人員應有的情緒掌握力

	低				高
1. 面對矛盾狀況加以解決的能力。					
2. 失敗後爬起來的能力。	1	2	3	4	5
3. 開除部屬的勇氣。	1	2	3	4	5
4. 面對污染、產品安全等控訴的能力。	1	2	3	4	5
5. 在情報不足而動盪的環境下,繼續做事和作決定的能力。	1	2	3	4	5
6. 能夠自作決定而毋須仰賴他人的程度。	1	2	3	4	5
7. 能忍受環境狀況模糊不清的程度。	1	2	3	4	5
8. 毋須太多情報即可判斷行動方案優劣的能力。	1	2	3	4	5
9. 即使心裡不舒服,也能去尋找行動方案的能力。	1	2	3	4	5
10. 承擔風險、不懼失敗的能力。	1	2	3	4	5

第3節　領導風格

一　俄亥俄州立大學分類

有關領導行為的系統性研究，在二十世紀中期即已展開，俄亥俄州立大學的研究，將領導行為分為二類：6

1.關懷（consideration）：指領導者支持、尊重員工，對待員工友善溫暖，彼此相互信任等行為。

2.建立結構（initiating structure）：指領導者組織工作、定義角色或關係，建立溝通管道與做事方法等。

由於研究未能考慮外在情境因素就去探索領導行為與領導效能的關係，研究結果也就不理想，僅關懷行為似乎比較與績效有關

二　密西根大學分類

密西根大學的領導研究與俄亥俄州立大學幾乎同時開始，研究者將領導行為分為**員工取向**（employee-oriented）與**生產取向**（production-oriented）二類。員工取向的領導者較注重人際關係，企圖了解員工的需求及個別差異。相對地，生產導向的領導者則強調工作的技術或作業層面，關心團體任務的達成，視員工為達成任務的工具。7

---

6 Bernard M. Bass, *Bass & Stogdill's Handbook of Leadersh: Theory, Research and Managerial Implications*, 3rd.ed, New York: The Free Press, 1990。

7 參閱 Gary Yukl, *Leadership in Organizations*, Upper Saddle River, NJ Prentice-Hall, 2002。

此一研究團隊的結果也很類似，也就是員工導向的行為似乎較能造成高績效。當然，上述二個研究中，關懷或員工導向的行為都顯著地導致員工有較高的工作滿足感。

三　管理方格

學者 Blake 和 Mouton 曾以關心生產和關心員工二個構面來剖析領導風格，並命名為「管理方格」（managerial grid），如圖 13−1 所示。

在管理方格中，總共有八十一種領導風格，比較突出的是四個極端：9-1 型（權威型）、1-9 型（鄉村俱樂部型）、1-1 型（自由放任型）和 9-9 型（團隊型）及中間的 5-5 型（中庸型）。[8]

四　轉型式領導

此外，也有學者將領導風格分為**獨裁式**（autocratic）和**參與式**（participative）二類。但很明顯的，過度的獨裁總不是一件好事，而過多的參與也會浪費時間。

學者Burns（1978）將領導分成**轉型式領導**（transformational leadership）和**交易式領導**（transactional leadership），則是近代較受到矚目者。[9]

---

[8] Robert R. Blake, Jane S. Mouton and L. E. Greiner, "Break-through in Organization Development, " *Haward Business Review*, November~December 1964, p.136。

[9] James M. Burns, *Leadership*, New York: Harper, 1978。

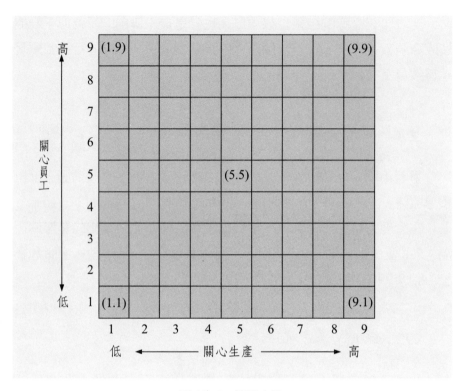

圖 13-1　管理方格

　　轉型式領導意指影響並促成組織成員的態度及假設的改變，使他們對組織使命、目標和策略產生承諾。而交易式領導主要是為了完成眼前的任務、與他人維持良好的關係，方法則是透過以報酬交換績效的承諾。10

　　學者們的研究顯示，轉型式領袖通常被員工視為：(1)有魅力（charismatic）；(2)會關懷（considerate）；(3)會鼓勵（inspirational）（指提出願景）；(4)會激勵（stimulating）。因此，轉型式領導行為能夠帶來員

---

10 Bernard M. Bass, "Theory of Tranformational Leadership Redux," *Leadership Quarterly*, Winter 1995, pp.463~478。

工的承諾、信任、滿足感和組織公民行為。*11*

第4節　領導行為種類

　　學習當一個好領袖的人，也應對每一種領導行為相當熟悉，以便在適當時機用出來，而獲得領導的效果。

　　余克和尼摩洛夫（Yukl & Nemeroff）曾經把一般的領導行為，從簡單的二分法以至十二分法，擴充為十九個類別。*12* 讀者將可看出，一般人多半會忽略其中的數種，即使是成功的領袖，也不例外。

　　這些領導行為的名稱、意義，和部屬對此種領導行為的描述，逐一例示如下。

一　強調績效

　　指領袖強調部屬績效的重要性，試圖改善效率與生產力，試圖使部屬發揮能力到極限，並檢視其績效。

　　1. 我的領班隨時檢查工作狀況，以確定人人均賣力工作。

　　2. 我的領班督促我們要小心，不要做出有缺陷的零件。

11 Philip M. Podsakoff, S. M. Mackinzie, and W. H. Bommer, "Transformational Leader Behavior as Determinants of Employee Satisfaction, Commitment, Trust, and Organizational Citizenship Behavior," *Journal of Management*, Vol.22, No.2, 1996, pp.259~298。

12 Gary Yukl and W. Nemeroff, "Indentification and Measurement of Specific Categories of Leadership Behavior: A Progress Report, " In J. G. Hunt and L. L. Larson (Eds.), *Cross-currents in Leadership*（Carbondale: Southern Illinois University Press, 1979）。

二　關懷

指領袖對部屬友善、支持、關懷、客觀和公正。

1.在下大雪的日子，我的領班允許部屬提早下班，以免交通阻塞。

2.當某位部屬感到沮喪時，領班非常同情，並試著安慰她。

三　鼓舞

指領袖激起部屬工作的熱忱，使部屬建立成功地完成任務及達成目標的信心。

1.我的領班開會說明新合約對公司很重要，並表示他深信我們只要盡力，就可以做好。

2.我的老闆告訴我們，說我們是他所見過的最佳設計群，他深信此一新產品將打破公司的銷售紀錄。

四　讚美與重視

指領袖讚美及表揚績效優良的部屬，對他們的努力及貢獻表示感激，並使他們相信他們的寶貴意見和建議必得到報酬。

1.老闆讚美我在處理某一個困難情境的專業態度，並且說我在新職位上表現得不錯。

2.領班在某次會議上說，她很滿意我們的工作，她很感激這個月我們份外努力。

五 建立獎酬措施

指領袖以加薪、升遷、調更好的工作、設計更好的工作安排、增加休假等有形的利益,酬賞績效優良的部屬。

1. 我的領班訂立新政策,即任何人帶回新客戶時,可獲簽約金的十分之一。

2. 我的領班推薦某位在團體內表現最好的部屬晉升職位。

六 參與決策

指領袖與部屬磋商,或讓他們影響他的決策。

1. 領班召集部屬開會,聽聽他們對某一操作問題的解決,有何意見和建議。

2. 我的領班要求我參加他和老闆的會議,以發展新的生產時程。他很尊重我在這方面的意見。

七 自主與授權

指領袖將權責授予部屬,並讓他們自己決定如何完成工作。

1. 老闆給我一個新方案,並鼓勵我以我能想出的最佳方式去處理。

2. 我的領班把許多權威下授給我,因為她經常不在辦公室,而讓我負責整個業務。

八 澄清角色

指領袖告訴部屬他們的責任所在，指出他們必須注意的規定和政策，並讓他們知道他對他們的期望。

1.領班把一份工作說明書及部門法規手冊交給新進員工，並向他解釋那些是特別重要的事項。

2.老闆把我叫進去，告訴我某一緊急專案必須優先完成，同時他給我一些有關的特殊指示。

九 設定目標

指領袖強調針對部屬工作的重要部分，分別設定績效目標，衡量進度，並提供實質的回饋。

1.領班召開會議討論下個月的銷售配額。

2.領班和我談了兩個小時，共同建立下年度的績效目標與行動方案。

十 訓練與教導

指領袖確定部屬所需的訓練，並提供所需的訓練和教導。

1.業務經理上週和新業務員一同拜訪客戶，以提供指導和忠告。

2.老闆問我要不要參加外面的講習班，由公司出錢，而且我可以在講習期間提早下班。

十一　傳遞情報

指領袖讓部屬了解工作上的發展，包括其他工作單位或組織外界發生的事件、上級的決策、與上級或外界人士的會議進展等。

1. 領班在會議上告訴我們，新機器將於何時到達，它對現行作業的影響如何等等。

2. 領班扼要地告訴我們上級在政策上的某種改變。

十二　解決問題

指領袖在面臨工作上的難題時，主動建議解決辦法，並在緊急時果斷地加以處理。

1. 領班開會告訴我們，某一緊急專案進度已經落後，等到我們確定問題所在，他建議趕上進度的做法。

2. 本單位因人員生病而人手不足，而某二項重要工作的完工期限迫近。我的領班向別的單位借了兩個人，我們才能在今天完成任務。

十三　計畫

指領袖預先計畫如何安排工作，計畫如何達成單位的目標，並為可能發生的問題預作準備。

1. 領導預料我們下週將忙不過來，所以他重新安排工作表，讓每一個人都來幫忙。

2. 我的領班設計一種捷徑，使我們能在三天內備妥財務表，比以前縮短一天。

十四　協調

指領袖協調部屬的工作，強調協調的重要性，並鼓勵部屬主動協調活動。

　　*1.*領班要求我和從事類似專案的另一位部屬協調，使我們不必做重複的準備工作。

　　*2.*我的領班讓工作超前的部屬幫助工作落後的部屬，使專案的各部分均能同時備妥。

十五　促進工作

指領袖替部屬取得所需的材料、設備、支援服務或其他資源，消除工作環境內的問題，排除其他會干擾工作的障礙。

　　*1.*我請老闆訂某些材料，他很快就安排好了。

　　*2.*辦公室內的打字機不太好，主管就要求老闆買新的並得到允許。

十六　代表

指領袖與組織內其他單位或重要人士保持聯絡，爭取他們重視和支持他的單位，並運用他對上司和外界人士的影響力，為單位爭取利益。

　　*1.*我的主管和資料處長碰面，商量修訂某些電腦程式，以符合本單位需要。

　　*2.*最高當局醞釀改組，我的主管在會議上極力爭取，以控制本部門的主要業務。

十七　促進互動

指領袖力求部屬彼此友愛、合作、互助及分享情報和構想。

1.業務經理帶部屬上館子吃飯，讓大家有機會認識新來的業務代表。

2.我的主管訂立「夥伴制度」，俾使員工們在困難時相互幫助。

十八　衝突管理

指領袖禁止部屬打鬥爭吵，鼓勵他們以建設性方式解決衝突，並幫助化解部屬之間的衝突和歧見。

1.主管技巧地請兩位部屬解決彼此的歧見，而不至於產生鬥嘴叫罵。

2.部門內某兩人為共同執行的專案起了爭執，經理把他們找來，幫助解決爭端。

十九　批評與處罰

指領袖批評或處罰某一績效不良、時常違規或抗命的部屬。處罰行動包括正式警告、申誡、停職或開除。

1.主管因某部屬一再犯同樣的錯誤而很生氣，並警告他要更加小心。

2.主管叫我去，告訴我在某份重要報告裡少了兩項資料。

此一新分類可以調和前人在領導行為研究上的歧異，它的優點是包含更多特殊的領導行為種類。

第5節 各種領導行為的表現時機

　　每一種領導行為，都有其特殊的運用場合或時機。在不適切的時機，採用某一種領導行為，以致領導失敗，乃是頗為常見的現象。正如一般人與人之間的交往，必須避免「表錯情」一樣，學習領導的人，或是正在領導的人，也應特別注意各種領導行為的適用情境，以免部屬「會錯意」。

　　底下仍然先列出十九種領導行為的名稱，然後逐一說明適合採用該領導行為的情境或時機。

一　強調績效

　　*1.*當部屬出錯和品質不良的成本很高且難以改正，或會因而危害健康與生命時。

　　*2.*所領導的單位與其他單位或組織直接競爭，唯有比競爭者更具效率和更有生產力，才能生存與發展時。

　　*3.*所領導的單位與組織內其他單位高度相依，而未能如期交貨或生產預期數量將使別的單位活動嚴重停頓時。

　　*4.*當領袖受到上級、董事會、所有主管的壓大很大，須提高利潤、生產力、績效或降低成本時。

　　*5.*當部屬工作的意願不高，不加以鞭策鼓勵則會偷懶時。

二　關懷

　　*1.*工作很無聊時。

　　*2.*部屬沒有自信，感到不安，有賴領袖支持與鼓舞時。

3.部屬有強烈的親密需求,相當在意是否被領袖接受時。

4.基於工作需要,領袖需要部屬在一起密切工作或經常往來時。

5.部屬對領袖有相當大的對抗權,而且能決定領袖的去留時。

三　鼓舞

1.部屬的承諾(如自我犧牲、自動自發)是單位達成良好績效的必要條件時。

2.工作困難得令人產生挫折感,而且部屬會因暫時的小失敗和沒有進展而變得很沮喪時。

3.工作很危險,部屬的內心感到焦慮、恐懼時。

4.部屬的理想與價值觀與團體的活動密切相關,可作為鼓舞的基礎時。

5.領袖的單位與其他單位或組織競爭時。

四　讚美與重視

1.領袖確實能知道部屬實際的績效時。

2.部屬無法從工作本身或客戶、同事處,直接獲得有關績效的回饋時。

3.部屬沒有自信、感到不安、而有賴領袖支持與鼓舞時。

五　建立獎酬措施

1.領袖有權給部屬有形的獎酬時。

2.部屬重視領袖所控制的獎酬,且依賴領袖來獲得它們時。

3.績效主要是因部屬的努力及技巧所致,而非部屬所不能控制的

事件所致時。

　4.可正確衡量部屬績效時。

　5.工作一再重複，相當無聊，而非多變、有趣或有意義。

六　參與決策

　1.部屬擁有領袖作良好決策或解決問題所需的知識或情報（非結構性任務或無經驗的領袖）。

　2.部屬和領袖同樣關心任務的達成。

　3.有充裕的時間運用參與程序。

　4.部屬人數很少，彼此密切地共事時。

　5.部屬希望在某些決策上提供意見，而不願接受領袖的獨裁決策時。

七　自主與授權

　1.部屬是勝任的專家或技工，毋須多少督導而可自行工作時。

　2.毋須嚴密督導即可監視和衡量部屬績效時。

　3.部屬的錯誤成本不高，而且不難改正時。

　4.領袖的工作量不勝負荷時。

　5.部屬有強烈的成就和獨立需求，希望工作的責任較大、較多變、較自主時。

八　澄清角色

　1.部屬缺乏經驗，不知做什麼或如何做時。

　2.工作複雜而非結構化，部屬依賴領袖確定目標、程序和優先順

序時。

3.組織有詳細的規章，而部屬不熟悉時。

4.單位常接到短期任務或專案，領袖必須經常指派新工作給部屬時。

5.工作性質或單位的組織改變，必須重新確定部屬的工作角色時。

九　設定目標

1.可用客觀的績效指標來設定特定目標時。

2.績效主要看部屬的努力而定，不太受部屬無法控制的變動情形之影響時。

3.部屬有某種程度的成就動機，可用具挑戰性的目標或完工期限來激發時。

十　訓練與教導

1.工作複雜、技術性高，部屬須長期學習和體驗才能熟悉工作時。

2.工作或技術的性質改變，部屬須學習新的技巧和程序時。

3.某些部屬的技術生澀，需要額外教導才能提高績效時。

4.因為流動率高或單位迅速擴張，需要經常訓練新部屬時。

5.需要訓練某些部屬，使他們能承擔新責任或晉升至高職位時。

十一　傳遞情報

*1.*公司政策、目標、計畫和優先順序改變，有賴領袖告知這些改變時。

*2.*部屬的工作受到其他單位的發展之強烈影響，有賴領袖告訴他們這些發展時。

*3.*單位與外界組織（如客戶、供應商、執法機關）直接接觸，而領袖頗為了解這些組織時。

*4.*危機出現，部屬既關心又焦慮時。

十二　解決問題

*1.*團體處於充滿敵意的環境，競爭者和外界反對者時常引發危機，危害團體的生存時。

*2.*諸如不當的設備、不當的程序、延誤、過高的成本等嚴重的問題發生，會降低單位的效能時。

*3.*由於設備故障、原料短缺、部屬曠工而可能使工作中斷時。

*4.*領袖有足夠的權威進行改革，來解決單位所面臨的嚴重問題時。

十三　計畫

*1.*工作單位每次接到新任務或專案，就必須重新安排活動時。

*2.*單位有幾種任務要做，而團體效率要看是否能組織工作以使部屬的技巧和任務要求相符。

*3.*工作可能因設備故障、原料短缺、外界干擾而中斷，而這類中

斷有辦法避免，或制定權宜之策，以使團體迅速而有效地因應不可避免的中斷。

4.本單位的產品之需要量變化很大，而能夠預測其尖峰和離峰，並想辦法避免，或制定權宜之策來減弱其衝擊時。

5.管理者有足夠權威擬定並執行計畫時。

十四　協調

1.部屬的任務彼此相依，每個人須針對他人的行動而調整自己的行動，而行動的一致非技術所能確保時。

2.部屬依序執行同一任務中的工作，而彼此依賴前一人提供情報、零件、物料或服務，俾使工作不致中斷或延誤時。

3.部屬輪流使用同設備、機械、原料或支援人員時。

4.每次工作單位接到新任務或專案，必須重新安排活動時。

5.部屬的作業必須一致，如對客戶一視同仁、使用相同材料等等時。

6.領導者所轄相依的部屬甚多時。

十五　促進工作

1.部屬使用大量各種不同的原物料及其他資源，並依賴領袖去取得它們時。

2.部屬仰賴領袖提供必須的支援，如維護設備。

3.資源短缺或不當的支援會使工作立即嚴重地中斷時。

4.部屬仰賴領袖從其他單位或外界組織取得必須的情報、許可、合作和協助時。

十六 代表

1. 本單位與其他單位競爭稀有資源時。

2. 本單位相當依賴其他單位提供重要資源，如物料、服務、零件或情報。

3. 本單位相當依賴其他單位接受或批准其產出時。

4. 本單位須與其他單位共同行動時。

5. 為了從上司或外界取得單位所需支持和資源，必須進行遊說和從事公共關係等活動時。

6. 本單位須與客戶、供應商、承包商等外界組織協商合約時。

十七 促進互動

1. 部屬工作的空間距離很近，例如在同一房間、同一條船上時。

2. 部屬的任務高度相依，每個人的行動影響其他人的工作時。

3. 單位龐大，內部分裂或有競爭的小團體時。

4. 部屬相當機動，如缺乏凝聚力和團隊認同，將感到疏離而辭職時。

5. 合作與團體工作是單位生存或繁榮所需時。

十八 衝突管理

1. 部屬彼此競爭資源、地位與權力時。

2. 部屬的工作相依，需要協調與合作，但彼此的目標和取向不同時（例如銷售與生產，採購與工程）。

3. 部屬有不同的信仰和價值觀，並可能造成懷疑、誤解與敵視

等。

4.部屬具有不同的種族、倫理、宗教或文化背景，並將外在敵意帶進工作場合時。

十九　批評與處罰

1.工作充滿危險或出錯，將危害人們的健康和性命時。

2.為了單位的生存和獲得良好績效，部屬必須服從規定和命令時。

3.除非紀律嚴明，否則某些部屬會忽視規定和命令時。

4.領袖有權採取維紀行動時。

第6節　領導的範圍

主管人員有時對於領導的範圍或對象，時常會發生混淆，以至於應領導卻不領導，不應該領導卻又去領導。

試看底下的實例：

某公司主管下轄十幾位知識程度很高的研究開發人員，由於研究員各有專精，故公司交代下來的研究開發工作，均很容易就分派到各人手上。這位主管王君也知道，要領導這一批高級知識分子，最好的作法就是「無為而治」，因此他不大管各研究員的工作，同時也力求對所有部屬公平公正。研究部門內外對王君的評價大致都還不錯。

由於業務部的要求較多，有些研究員忙不過來，王君也會應研究員的請求，幫忙研究員在限期內提出開發成果。此外，屬於

王君自身的工作太多時，他也會請某一研究員協助，特別是找曾經請求他協助的研究員。張君就是一個例子。不過，王君並未因此而讓張君等人得到額外的報償，他認為：「一旦對他們有所酬報，外人一定認為我偏袒私人。做人一定要正直」。

近年來，公司實施輪調制度，部分研究員轉到工程單位。王君有時基於時間緊迫，私下仍去找舊日的部屬協助，因為這些人駕輕就熟，能夠在較短的時間內幫他完成工作。他也曾託已調到工程部的張君作幾次研究，成績和時效都令他滿意。

前幾天，王君去看二個月前託張君幫忙的某項測試分析結果，發現張君根本沒有開始動手。張君表示，他最近很忙，所以抽不出空。但王君側面了解，張君手上並無重大的案件。

此一實例可以歸結出三個重點：

1.行為學者都知道，有「誘因」才會有「貢獻」。王君往日能替部屬解決困難，部屬當然樂意為他奉獻。現在張君到工程部門，他固然有能力為王君效勞，但王君已不可能幫張君解決困難，兩人之間已由雙向關係變成單向關係，而單向關係本來就很難維持。

2.基本上，員工輪調制度就是為了讓員工學習新技能，或是讓員工了解其他部門的工作，而便於往後彼此溝通。王君不設法運用自己的部屬解決問題，卻抄捷徑去找舊屬，無形中已破壞了輪調制度的功能。

3.王君雖然宣稱以公平正直追求公正的領導，但卻又交代部分研究員做份外的工作，故只能算是齊頭式的平等。即使是研究人員，也必須按工作量或工作績效給予報償。至於報償的方式很多，倒不限於薪水、獎金等財物。一句嘉勉的話、一個讚美的眼神，或是形式上的

表揚等，收效也許更大。

在此，作者提出三個對策：

1. 王君宜培養新部屬的能力，俾可應付往後的緊急狀況，使尋找舊部屬的惡性循環現象得以減少。

2. 和部屬建立友誼關係。在職位的從屬關係外，和部屬有了深厚的友誼，則意外的緊急狀況出現時，舊屬自會以朋友立場來協助而不會猶豫。

3. 學習領導能力，針對不同部屬的需要，給予不同的酬報，並且化齊頭式的平等為立足點的平等。

第7節　專家型主管

現代企業組織與行政機關內，主管人員欲有效地領導部屬，單靠上級所賦予的職位頭銜或獎懲權力，已顯得有所不足。主管人員必須比部屬具備更多的知識和能力，採取專家領導方式，才能使部屬心悅誠服地聽命做事，這種以專家才能領導部屬的人，可簡稱為「專家型主管」，其領導效能通常不錯。

然而，主管人員即使擁有卓越的專業才能，如果不懂得如何運用，則主管的影響力仍舊會大打折扣。底下提出幾點專家型主管應注意的細節，以就教於各界：

一　不宜過分嚴肅

專家型主管很容易產生「只重做事，不懂得做人」的傾向，平素不苟言笑，與部屬之間的心理距離太大，部屬自然而然不會主動去和主管溝通，使組織的活力無形之中趨於下降。

二 不宜擴大地位及能力差距

專家型主管本就比部屬擁有較高的地位和較多的知識,但若不注意此種差距,而在有意無意間誇示自己的能力較強,部屬將因而感到自卑或沮喪。這樣一來,部屬即使有什麼新的創意,也會以為主管一定也知道,因而不願表示意見,平白地埋沒了一個良好的創意。

三 避免態度傲慢

在中國社會中,謙虛被視為一種美德,一般人很難忍受別人顯示出傲慢的態度。即使是主管,如果態度傲慢,「恃才傲物」,在指導部屬時表現得自己什麼都懂,而部屬卻很「無知」,或是在徵求部屬意見時,表現一副「移樽就教」的高傲姿態,部屬的自尊心就會受到傷害,因而不願聽從主管的教導或提供意見。

四 不宜太過於謙遜

過猶不及,專家型主管即使滿腹經綸,如果沒有適度的表現,部屬可能不會相信主管的才能。就短期而言,部屬感覺到主管有無才能,要比主管實際上有無才能還來得重要。畢竟,主管人員的專家形象,是要由部屬來認定的,否則,主管擁有再多的才能,也屬徒然。

五 不宜過分獨斷

專家型主管並非在每一方面都懂得比部屬多,所以宜適度地徵求部屬的意見。同時,許多事情是主管了解而部屬也不見得就無知的,

此時，為了培養出「強將手下無弱兵」的印象，增強部屬的自信心，專家型主管宜在適當時機，讓部屬參與決策機會，使部屬感覺到最後的決定是由他們所建議或共決的，因而往後會共赴事功。簡而言之，正確的意見不一定要由主管來提出，只要意見是正確的即可。這種開放的心胸，乃是專家型主管應該培養的。

總而言之，現代社會中的專家型主管已越來越多，專家型的領導方式也比權威型領導方式來得有效。不過，在運用上，仍必須注意人性因素，才能真正有效地影響部屬的心態和行為。

第 8 節　採取「無為而治」的時機

當前各界人士在談論「領導」這個主題時，多半在強調行動的毅力與決心。例如領導者應該如何激勵部屬的工作熱忱，如何澄清部屬所扮演的角色及所執行的工作，如何培養部屬的工作能力，以及如何激發團隊精神等等。這些說法的背後，隱含著一個假設，即領導是相當重要而不可或缺的。

其實，古代道家提倡的「無為而治」，指出不領導有時比去領導還正確，也是任何一位身為管理者應該注意的。約翰‧奈思特在《大趨勢》（*Megatrends*）一書中，將道家的領導統御模式解釋得很好：「你只要找一個行進的隊伍，走在前面就行。」[13]

企業有不同的成長階段，適用不同的經營方式，在成長期固須領導，但成熟期則應代之以「協調與服務」。這就是「無為而治」的典型情境，亦即以健全的規章制度替代領導。

---

13 約翰‧奈思比特，《大趨勢》，詹宏志中譯，台北：長河出版，1984，p.16。

吾人還可歸納出下列毋須領導的情境：

1. 部屬受過良好的訓練或擁有豐富的經驗。譬如醫師開刀毋須院長領導，教授上課毋須校長指示等等。

2. 工作內容明確或重複。例如財務經理可要求會計員在每月五日提出上月的試算表，但毋須指導後者如何試算等會計程序，因為會計小姐對這些程序早已了然於胸。

3. 工作本身已包含挑戰性或具有意義。就如同休閒娛樂一樣，一項有趣的工作，本身就帶給工作者很大的樂趣，毋須領導者在旁督促或鼓勵，工作者也會自動自發地去完成它。

4. 部屬已形成凝聚團結的群體，或已在無形中孳生出「地下領袖」。此時，部屬們可從彼此之間獲得心理上的支援，不必仰仗主管，因而主管人員只須站在一旁，樂觀其成。兒童在一起興高采烈地遊戲時，父母家長最好不要插手，就是一個例證。

總而言之，一旦領導者無法影響部屬的工作績效或滿足程序時，最好的領導方式就是無為而治、不領導，因為這時領導已變得多餘。

※ 歷屆試題

■ 申論題

1. 從領導的觀點，領導者該採行何種作為方能有利於知識管理？（5分）

【國立台灣大學 92 學年度碩士班招生考試試題】

2. 有關領導（leading）的理論有很多不同的觀點，請扼要說明領導理論的幾個主要論點為何？另外，「文化」環境是領導工作中一項不可忽視的關鍵變數，試問一個領導者如何因應跨國的文化差異，才

能迎向「溝通衝突」與「團隊」管理的挑戰？

【國立台灣大學 89 學年度研究所碩士班招生考試試題】

3. 在國內外的知名企業中，不乏由強勢領導者長期主政的成功案例，這些領導者往往被視為企業命脈之所繫，舉足輕重。請問強勢的領導型態對於企業的經營有何利弊？在哪些情境下較為有效？而當強勢領導者年事漸高後，在組織的傳承上可能出現哪些問題？有哪些可行的解決方案？

【國立政治大學 89 學年度研究所碩士班入學考試試題】

4. 請將你所學的領導理論綜合成一個統整的架構（10%），並為企業提供下列問題處理之參考原則。（15%）

(1)選擇、指派各級主管

(2)加強領導效能

【國立政治大學 88 學年度研究所碩士班入學考試試題】

第五篇

組織系統運作

Organizational Behavior

第十四章　組織結構與設計

第1節　組織結構的構面

在管理程序中，建立**組織**（organizing）乃是不可或缺的一項管理功能。企業唯有建立適當的組織結構，才能達到分工合作的效果，使企業全員共同執行企業的策略並達成目標。圖 14−1 就是一個完整的組織（結構）圖。

一般對組織結構的探討，多半集中在部門分割、直線與幕僚、協調、控制幅度、組織層級、授權等六個項目上。如圖 14−2 所示，前三個項目主要在探討水平分化或水平分工，而後三個項目則探討上下階層之間的關係。

傳統上，組織學者或組織設計尚關心指揮系統、集權／分權、正式化等構面[1]，但在現代似乎沒有那麼重要。

所謂**指揮系統**（chain of command），意指貫穿整個組織的權威連結，例如**指揮統一**（unity of command）就是指每一位員工都有而且僅有一位上司。不過，在現代組織，如矩陣式組織出現，員工就不一定只有一位上司了。

---

[1] Richard L. Daft and R. A. Noe, *Organizational Behavior*, Orlando, Florida: Harcourt College Publishers, 2001, pp.520~523。

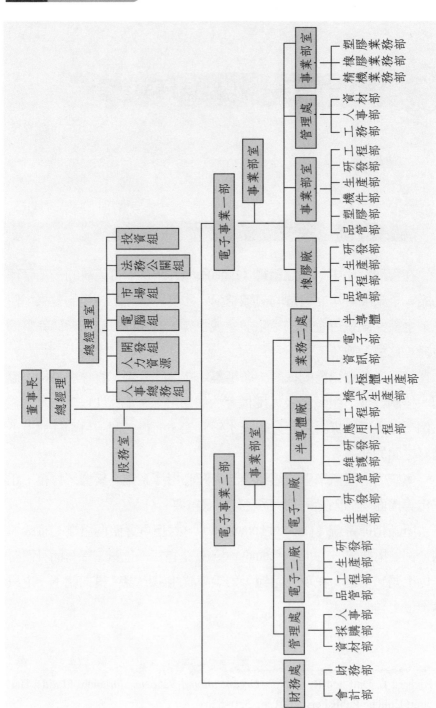

圖 14-1 某上市股份有限公司組織圖

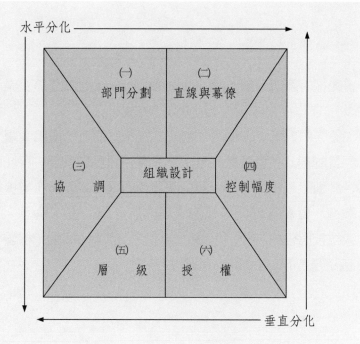

圖 14-2　組織設計的構面

其次是**集權**（centralization）與**分權**（decentralization）之分。集權意指公司決策主要由最高之主管決定，而分權則是盡量由做事的部門或部屬作決定。然而，明顯地，集權在現代組織中已不太可行，我們所關切的，是如何授權。

正式化（formalization）意指組織的政策、規定、規章正式化的程度。其實，只要組織成員增加，正式化程度必然提高，重點反而常常擺在如何精簡「**繁文縟節**」（red tape）。

一 部門分割

首先探討**部門分劃**（departmentalization），也就是將企業活動或工作加以分工，由不同單位分別負責的方式。

如圖 14-3 所示，部門分劃的方式，主要可分成二大類，一類即按部門目的劃分，為各產品事業部、各類顧客事業部、各地區事業部或各行銷通路事業部；另一類按部門功能來分，如按企業機能分成行銷、製造、財務等部門，或按管理機能分成計畫、執行、控制等部門，或按技術程序將製造作業分成焊接、噴漆、裝配、檢驗等部門。各種劃分方式下的組織圖，如圖 14-4 所示。

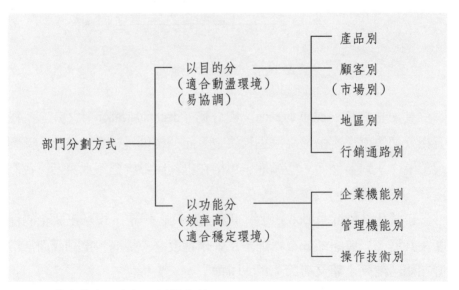

註：環境指技術、市場、原料來源。

圖 14-3　部門分劃的類別

1. 企業功能別

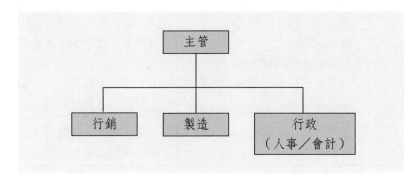

2. 產品（事業部）別

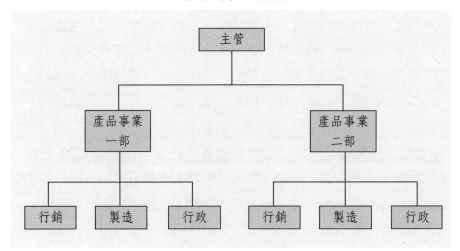

圖 14-4　部門分劃例示

　　按目的別來劃分部門，部門之內較易協調，故適合因應動盪的環境。至於按功能別來劃分部門，效率較高，故適合在穩定環境中的企業。表 14-1 即綜合兩種部門劃分方式之主要優點和缺點。

表 14-1　各種部門劃分方式之優缺點

	優　　點	缺　　點
*1.*目的別	・協調容易 ・較易確認應做的工作 ・較易評估而不會不知如何下手 ・能激勵部門主管	・部門易偏離整個組織的目標 ・努力經常會重複浪費（各自有企劃部；分別拜訪同一客戶）
*2.*功能別	・技術嫻熟、效率高 ・促進集中控制	・部際溝通差；協調須較多 ・無法培養通才式主管

　　在實務上，大多數企業都同時採用數種部門劃分方式於不同的組織階層上，也就是採取「混合編組」。如圖 14-5 所示，這是國內某上市公司的組織圖。在總經理底下，分成四個產品事業部。其中，食品事業部再按企業機能劃分為製造、業務、管理等三處。在業務處之下，按地區別設北區、中區、南區三個地區課。而在各地區課之下，按顧客別分設機構客戶與經銷商二組。

　　實證研究顯示，若一主管所轄地區（產品、顧客或通路）彼此差異甚大時，宜按地區（產品、顧客、通路）來劃分部門。換言之，如因各地區（產品、顧問、通路）間的產銷工作不易協調，則宜分別由該地區單位主管來負責。

二　直線與幕僚

　　直線（作業，line）單位意指對組織目標的達成，負有直接責任的單位。例如一般製造業中的生產與銷售部門，均是直線單位。至於財務、人事等單位，係協助與建議直線主管來達成組織目標的單位，故稱為**幕僚單位**（staff）。

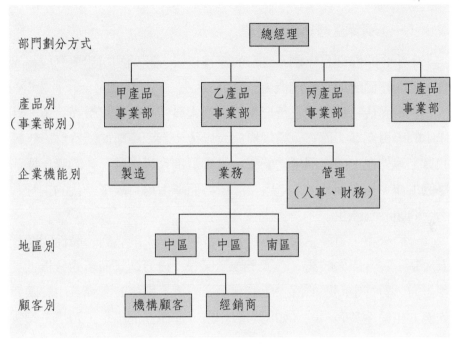

部門劃分方式　　　　　　　　　　總經理

產品別
（事業部別）　　甲產品事業部　乙產品事業部　丙產品事業部　丁產品事業部

企業機能別　　　　製造　　　　業務　　　　管理（人事、財務）

地區別　　　　　　　　　　中區　中區　南區

顧客別　　　　　　　　　　機構顧客　經銷商

圖 14–5　某大上市公司組織圖及部門劃分方式

　　幕僚可分成兩大類，一類是一般幕僚，如特別助理、祕書等，主要在協助主管處理各項事務；還有一類是專業幕僚，如工業工程師、品管員、法律顧問、管理顧問等，主要就特定事務（工業工程、品管、法律、管理）提供建議。

　　就整個企業而言，如果生產技術屬於小型零星生產或大型製程生產，則採用單純直線組織即可；若生產方式係大批生產或大量生產，就應採用幕僚人員。幕僚人員的數目多時，可高達直線人員的四分之三或更多，分布於總公司或是各部門、各單位。因此，幕僚與主管人員之間的協調合作，也就顯得特別重要。更由於幕僚的作用在於協助主管辦事，因此常有老少搭配的現象，也就是公司企圖以年輕幕僚來搭配資深主管，或以資深幕僚來輔佐年輕主管，這兩種情形都可能產生問題，因此在底下特別探討之。

（一）資深主管與年輕幕僚

中小企業歷經長年創業維艱的歷程以後，開始初嚐甜美的成長果實，但同時面臨成長的危機。

企業界最常見的成長情形是，主管人員多半係隨經營者打下一片江山的忠貞部屬，而在企業規模擴大以後，為因應新的消費群、年輕的員工等外在、內在環境之劇變，常會引進大專畢業不久的青年擔任幕僚工作，一方面輔佐「老臣」，一方面準備培育成下一代的主管。衝突問題於焉產生。

一般來說，資深主管與年輕幕僚各擅勝場；前者對一般性問題較為清楚、綜合能力較高、心態上較為保守；後者則具備新的分析工具和能力，對特定問題的解決比較拿手、心態上則趨於激進。由於兩者的能力和個性多有不同，如何求取和諧，進而互補不足，乃是主管與幕僚雙方努力的目標。如果對此不加注意，雙方都可能受害，即主管得不到幕僚的協助，有時還被幕僚之言行所困擾；而幕僚得不到主管的授權，也無法培養個人的領導能力。

這個問題的解決，要從雙方努力的途徑下手。大致上，優秀的資深主管宜視年輕幕僚為拱月之星，予以妥善的培養，讓幕僚在特定事項上有所發揮，使自己晉升的老部門不至於成為空城。能力不足的資深主管則宜借重年輕幕僚之精力，期待有朝一日「水漲船高」，使自己更上層樓；等而下之，也可以藉助幕僚分擔憂勞，真正符合經營者指派年輕幕僚給他之美意。

在年輕幕僚方面，最應注意的是虛心求教，從主管處探悉本企業的經營理念、公司的組織氣候（文化），而不是將學校所學一古腦兒搬出來，批判主管或公司的不是。須知如果公司的運作就像教科書所述一般順暢，公司有一半的機會不會去聘請幕僚來助陣。其次，年輕幕僚切忌急躁輕進。在做事方面，無論是對外推出新產品，或是對內

改革舊體制，都應了解到創新並非一蹴可幾，而是要循序漸進，才能克竟全功的。以觀念或體制的改革為例，總得經過舊制的解凍、新制的植入、新制的生根三部曲。至於在個人升遷方面，也應培養沉穩功夫，不要急著晉升。畢竟今天的局面是資深主管創造出來的，等到年輕人也創造出相同的功績時，再要求報償還不遲。如果只是一兩件事做得不錯，一兩年間表現不俗，就想一步登天，顯然是高估了自己而低估了主管能力與環境壓力。

（二）年輕主管與資深幕僚

接著探討年輕主管與資深幕僚間之搭配。

基本上，公司之所以任命年輕人當主管，不外乎能力和人情。如果是能力強的年輕主管，不管是從外界高薪禮聘而來，或是從內部擢升，都很容易形成一種心態上的「自信腫大症」，也就是認為自己的能力已得到公司的肯定。因此，在決策時難免趨於武斷，不願聆聽幕僚的意見。他的內心經常存著一個念頭：「如果我還要聽他們的，那麼老闆用他們當主管不就得了，何必找我來？」

其實，資深幕僚對年輕主管的幫助很大。年輕主管為了在最短的期間內進入狀況，初期幾乎凡事都應請教年長而富於經驗的「軍師」，但保留最後裁決的權力。一旦採納軍師的意見時，一定讓部屬知道它是那位幕僚的創意，使後者樂意繼續提供寶貴的經驗。若是決定不予採納，也必定向幕僚表示「讓我嘗試看看」。箇中奧妙，在於年輕主管須能撫慰資深幕僚內心的自悲（年輕爬到我頭上來）和自卑（幹了這麼多年還不如一個小伙子），再度激起他的豪氣（我也不是沒有貢獻，我們老闆經常聽我的），為公司效力。如果是因人情關係（血親、姻親、世交）而當上主管的年輕人，必須自己仔細檢討，即主管職位只能帶來**權威**（authority），而不一定使幕僚信服。企業的經營不是兒戲，不能太率性而為，因此，與其抱著「就算是搞垮了」的

報復心態，不如做個「賢」人，亦即一方面懂得用人之能，一方面不妨讓自己「閒」一點，如此反而可以充分發揮授權的功能。

至於在資深幕僚方面，第一件事是思索去留問題，「能用則留，不用則走」。既然決定留下，就必須收起鬼混的心理，「人留心不留」或是「扯後腿多於扶持」，都非應有的態度。須知幕僚與主管各有所司，幕僚的功能是在幫主管做出最適當的決策，而資深乃是幕僚發揮功效的最大資本。因此，知無不言，言無不盡，就算做一個「三朝元老」，也算得上留下一段佳話。更何況良好的表現才能邁向主管之路，資深幕僚之所以資深，說不定正是因為昨日的表現不盡力呢。

三　協調

組織內部的單位，在經過一段時日的運作後，分別會發展出不同的特性，例如：

1.對於單位的目標不同的看法（假如與整個組織的目標不能配合，就稱為「本位主義」）。

2.對事情想得較遠或較近（高瞻遠矚或短視近利）。

3.對人際交往的觀點較重單位內溝通（如生產部）或對外界溝通（如銷售部門）。

4.部門分劃採取程序功能導向（如生產單位）或目的導向（如銷售單位）。

為了使這些分歧的單位能夠共赴事功，達成組織的任務，就必須有良好的協調與整合。協調與整合各分歧部門的方式很多，可分成下列六種：

1.由部門與部門直接溝通協調。

2.設聯絡員負責部門之間的協調。

3.設委員會專事超部門的事務之協調。

*4.*設特別任務小組從事特定事務或專案之協調。

*5.*組織採用矩陣式編組。

*6.*設整合者綜理全盤協調。

學者們研究協調，發現一些值得參考的結論：

*1.*組織所面臨的環境越動盪不定，越需要設立協調整合部門（如委員會、特別任務小組、矩陣式組織）；若環境僅適度變動，可設整合者或聯絡員；若環境相當穩定，則靠正式層級的運作即可，也就是由部門直接溝通協調。

*2.*負責協調的人或單位，應具備相當的影響力。

*3.*協調者的獎酬，應與其協調績效密切相連。

現舉一委員會實例，說明協調的應用情形。

台北地球綜合工業公司為了提高公司的生產力，特成立生產力委員會，由總經理擔任主任委員，副總經理擔任副主任委員，企劃經理則擔任總幹事，各部門主管則擔任委員。此一作法有數項優點：

*1.*集思廣益：三個臭皮匠，勝過一個諸葛亮，可以蒐集到較多的提高生產力創意。

*2.*激勵作用：藉由各單位參與，冀能產生激勵士氣的作用。

*3.*協調整合：使各單位的作法能相輔相成、至少是並行不悖。

不過，設置委員會也可能產生一些缺點：

*1.*曠日費時──由於委員們討論的時間較長，以致在行動上顯得緩慢遲滯。

*2.*重熟輕生──各委員對自己熟悉的事務，不分大小，爭執不休；而對於陌生的事務，不分輕重，不置一詞。

*3.*妥協折衷──許多方案均在考慮各方立場與要求後產生，故妥協的意味甚濃，不一定能產生最佳方案。

因此，企業在設置委員會時，應注意下列事項：

*1.*委員會目標明確，目標一旦達成，委員會即行解散。但如前述

生產力委員會，由於提高生產力係企業長期奮鬥的目標，故宜設置常設機構，以免將提高生產力當作是一種風尚，時尚一過就不重視生產力。

2.委員會成員應屬專才，或具備相關的專業知識，如果僅以高級主管掛名充數，則與加官封爵無異。

3.委員會成員數目適中，以六至十二人左右為宜。人員太少則無法集思廣益，太多又嫌人多口雜。

4.每次會議宜事先訂妥主題，否則極易使委員會議流於形式。以最後一項為例申論之。

四　開會先訂妥主題

開會是國內各企業、機構的家常便飯，無論是早餐會報、午餐會報、業務會報或產銷協調會報等，其目的都是為了協調、溝通、決策。

當前企業會議的一大缺失是主題不明確，以至於與會者很容易產生「言不及義」、「誤解對方原意」的現象。

進一步探究主題不明的原因，發現主要是出自於三種來源：一是會議係定期舉行，由於準備時間太短，為了配合會議時間，只好隨便找個題目，達成開會的「事實」，而喪失開會的「效果」。

第二個來源是主持會議者過分忙碌而忽略自我準備，會場上變成群龍無首，各說各話，而主持人無法引導討論內容邁向正確的方向。

第三個來源是最嚴重的，也就是會議主題在一開始就訂偏或訂錯了，以至於與會者吵吵嚷嚷，所獲得的結論無法加以執行。

試看下面的實例。

　　某銷售公司業績不振，總經理以為是產品種類不足，以至於客戶沒有太多選擇餘地，於是召開會議，主題為「如何拓展供應商品來源」，結果商品雖然增加，業績仍然沒有起色。事後發現，原因是業務人員薪酬太低，包括主管在內都在外暗地兼差，以致拜訪客戶次數過少，在客戶處停留時間不足，而無法與客戶建立良好關係。

　　某製造公司產品銷售不出去，事業部主管一再開會檢討「如何提高產品銷量」，最後甚至還核准了一千多萬元廣告費，約等於預計銷售金額的百分之十，結果產品還是失敗。事後其他數家公司推出類似產品，卻都能成功。該公司失敗的原因，係品質不穩定，消費者使用後不滿意者居多。因此，在初期的會議中，其主題應訂為「確保新產品上市之條件是否完備」，而不宜一下子就跳到純粹推銷的領域內。

　　以上實例顯示，沒有主題的會議，純粹是浪費時間。而委員會亦是如此。雖然每一個委員會都有其名稱，但是在開會以前，仍然宜先訂定主題。

五　控制幅度

　　幾十年來，管理界人士對於一個主管應該管轄幾位部屬，已經獲得了一些共通的認識。例如：

　　1. 部屬的工作性質越一致，主管管轄的部屬人數就可以增加，例如生產線上的領班，一次可以管二、三十個作業員；反之，若部屬的工作性質差異較大，主管管轄人數（即控制幅度）就應減少，例如總經理管轄的經理人數即不宜太多，因為這些經理負責的是不同的企業

機能（生產、財務、行銷、人事）或產品（如前述圖 14-5 三之四類產品）。

2.部屬辦事、作業的地點很接近，控制幅度可以加大；否則控制幅度即應縮小。

3.部屬的工作性質比較單純、或經常重複，如打字、裝配、會計等，則控制幅度可以增大；反之，若部屬的工作性質比較複雜多變，則宜縮小控制幅度。

4.部屬的心態比較成熟，工作技術也比較熟練，毋須主管太多指導或監督，則主管的控制幅度不妨加大。

5.部屬彼此之間的工作較獨立，無多大關聯，不需要太多協調，則控制幅度亦可加大。

6.主管的能力強，則管轄幅度自可放大。

以上說法，在單獨探討時，似乎都言之成理。但在實務上，這些因素彼此交雜，故確切的控制幅度為何，迄無定論。例如部屬的工作性質較複雜，則主管難以監督太多位部屬，故控制幅度應縮小；可是，從另一方面來說，部屬從事複雜的工作時，最好是讓部屬獨立自主，主管不要管得太多，因而可以同時控制較多部屬，故控制幅度又可放大；在放大和縮小的抉擇點，又要考慮主管的能力夠不夠⋯⋯，以致最後的控制幅度無法明確規定，有賴主管人員自行做出最佳抉擇。

六　組織層級

組織的層級有多有寡。有些組織層級少，只有三、四層，稱為**扁平式**（flat）組織；有些組織的層級多，疊床架屋，稱為**金字塔式**（tall）或尖塔式組織。這兩類組織各有利弊。

如表 14-2 所示，扁平式組織通常規模較小，能夠培養部屬的管

理能力（因為部屬所接受的督導較少）、可激勵部屬的士氣（因為部屬比較獨立自主）、且決策較快（所需協調時間短）。至於金字塔式組織，由於決策過程較長，故決策的品質較高（考慮周詳、面面俱到）。

此外，在扁平式組織裡，員工將變得獨立、自主。而在金字塔式組織裡，員工性格上將比較具有依賴性，凡事都逐層向上請示，作部屬的人不主動獨自去解決問題。

最後探討授權問題。

七　授權

也許在我們社會中，一般多傾向於授權較少。

——許士軍《管理學》

社會上一般輿情對授權的反應，都是希望各組織機構、各單位，將職權下授，好讓部屬迅速辦事。授權少的企業，稱為集權或權力集中式組織，一直為人所詬病；而授權多的企業，稱為分權式組織，則為人所津津樂道。

表 14-2　組織層級多寡的利弊

組織層級	少	多
組織名稱	扁平式組織	金字塔式組織
作用一 作用二 作用三	培育部屬的管理能力 激勵部屬士氣 決策快	—— —— 決策品質高
員工性格	自主、獨立	依賴
組織規模	小	大

其實，集權組織與分權組織各有其適用的情境，如表14-3所示，不可武斷地認為何者為佳。例如在經營環境相當穩定、產品種類或產品線少、顧客彼此無多大差異、組織規模不大、相當依賴某大客戶（或政府、供應商）、新產品發展緩慢，生產方式係採大量出產時，採取集權式組織，反而可以獲致較高的效率，較諸分權式組織來得有利。反之，則宜採用分權式組織。

我們可以說，分權是為了迅速處理大量而多變的情報，也就是為了因應動盪的環境。

表14-3 授權的時機

分權的適當時機	1.環境不穩定（技術／市場／料源） 2.顧客差異大 3.產品多角化程度高 4.組織規模大 5.對大採購商不依賴 6.小量生產、連續生產 7.新產品（如化工）發展快
集權的適當時機	1.環境的穩定 2.顧客的差異小 3.產品線很少 4.組織規模小 5.依賴某大客戶（或政府、供應商） 6.大量生產 7.新產品發展較慢

第 2 節　組織設計的考慮因素

　　組織在設計時不是憑空設想的，它必須考慮幾個因素。一般將組織設計決策背後的考慮因素，分為四類：規模、環境、策略與技術。如圖 14-6 所示。

一　規　模

　　組織的成員人數多寡，必然會影響到組織設計。通常規模越小，人數越少，組織結構就會單純化，採用簡單的功能性組織（製造業）或是服務（產品）項目別的分工。

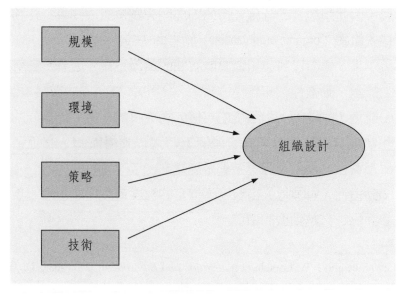

圖 14-6　組織設計

二　環境

環境影響組織結構，在多年前已獲得證實。[2] 如果環境穩定而較少變動，許多組織就會傾向採取下列做法：

　　1. 集權：將公司大部分（及重要）決策由高階主管做成。

　　2. 部門分劃：盡量採功能別，求取最大效率。

　　3. 專業分工：以工作說明書詳細規範員工的工作內容及作業程序。

　　4. 協調：透過上下級指揮系統來完成。

簡言之，穩定環境中的組織，大多傾向於**機械式組織**（mechanistic organization）。

相對地，面臨環境不確定而又迅速變遷時，組織結構也將朝彈性化發展，因此組織會朝分權、目的別部門分劃、組成團隊或任務小組等**有機式組織**（organic organization）的方向去設計。

近年來，學者已將與組織設計有關的環境不確定因素，分解成三部分：能量、動盪性和複雜性。[3]

　　(1)**能量**（capacity）指環境能支援公司成長的程度。能量高的環境可產生超額資源，使公司在資源匱乏時可以獲得緩衝、有犯錯的空間。銀行資金、人力資源等，都是能量之一。

　　(2)**動盪性**（volatility）指環境不穩定的程度或動盪的程度。現代組織大多面臨越來越動盪的環境。

2　P. Lawrence and J. W. Lorsch, *Organization and Enviroment: Managing Differentiation and Integration,* Boston: Harvard Business School, 1967。

3　E. A. Gerloff, N. K. Muir, and W. D. Bodensteiner, "Three Componants of Perceived Enviromental Uncertainty: An Exploratory Analysis of the Effects of Aggregate" *Journal of Management*, December 1991, pp.749~768。

(3)**複雜性**（complexity）指環境異質多元的程度。簡單而不複雜的環境，意指競爭者少，產品種類少或作業單純等。

簡單地說，當環境能量匱乏動盪而又複雜時，組織就會朝有機式發展。

三　策略

策略與組織結構的關係密切，也是在一九六〇年代即已被發現。[4]有一句話可以說明二者的關係：「**結構追隨策略**」（structure follows strategy）。

晚近學者將策略分成三類：創新策略、模仿策略和成本最低策略，而組織結構也隨之改變，如表 14－4 所示。[5]

表 14－4　策略與組織之關係

組織策略	組織對應結構
創新策略 ⟶	有機式組織
模仿策略 ⟶	混合式組織
成本最低策略 ⟶	機械式組織

4　A. D. Chandler, Jr., *Strategy and Structure: Chapters in the History of the Industrial Enterprise*, Cambridge, MA: MIT Press, 1962。

5　D. C. Galunic and K. M. Eisenhardt, "Renewing the Strategy Structure-Performance Paradigm," in B. M. Staw and L. L. Cummings, eds. *Research in Organizational Behavior*, Vol. 16, Greenwich, CT: JAI Press, 1994, pp.215~55。

不過，在新型的網路組織出現後，有些學者開始倡議是組織結構決定了組織策略，而非如一般所熟知的是「策略決定組織」。[6]

四 技術

技術與組織結構的關係，也是在一九六〇年代即已發現。[7] 當時所定義的技術是將投入轉變為產出的方式，而且只專注於技術的例行性。簡言之，作業越是自動化和標準化，例行性就高，組織結構就傾向於功能性部門分割，層級也較多。

不過，現代資訊科技的快速發展，已使組織結構有了大幅度的變動，例如虛擬組織的出現，就是一例。此將在以後各節中探討之。

第3節 現代組織結構類型

根據上述組織結構的構面和考慮因素，我們即可得出組織結構的各種類型：

1. 簡單組織：因人數少或作業單純而作簡單分析。
2. 功能式組織：只按企業機能分工。
3. 目的別組織：按產品、地區、顧客等分工。
4. 混合式組織：包括矩陣式、團隊式、網路、無邊界組織等。

底下將介紹晚近發展的混合式組織。

---

6 W. B. Werther, Jr., "Structure-Driven Strategy and Virtual Organization Design, " *Business Horizons*, March-April 1999, pp.13~18。

7 J. Woodward, *Industrial Organization*: *Theory and Practice*, London: Oxford University Press, 1965。

一　矩陣式組織

矩陣式組織是目前頗為常見的一種組織型態，它通常是結合了目的（產品）別部門分劃和功能別部門分劃內任兩種方式而形成的組織，目的在於能夠同時兼具二種部門分劃的優點。圖 14-7 即為矩陣式組織的一例，在大學、醫院、多產品企業均不乏實例。此外，也有採用顧客別和地區別來形成矩陣式組織的實例，如銀行。

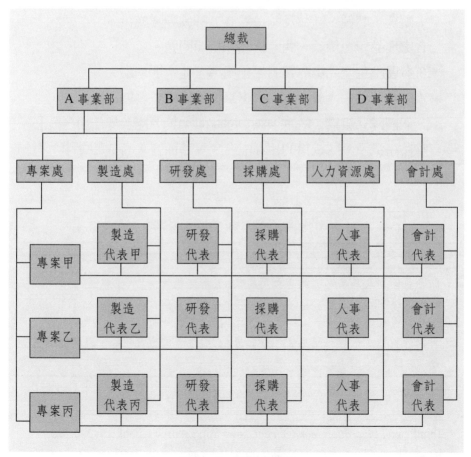

圖 14-7　矩陣式組織

矩陣式組織有其優點,但也有一些缺點,如表 14-5 所示。

二　團隊式組織

許多企業為了因應特定的問題,紛紛在該領域內組織一團隊,期望以這一類自主的(self-managing)、自足的(self-contained)的團隊(team)來解決突發問題或因應快速變遷的環境。

典型的團隊通常負有下列責任:8

1. 甄選、聘僱、評估及(必要時)解僱團隊成員。

2. 處理品管、檢驗、問題檢測等相關問題。

3. 發展出生產品與品質的量化標準,並定期追蹤。

4. 就新產品(或新包裝)提出原型的建議並發展之。

一個團隊式組織(team-based organization)要能發揮作用,就必須要有整體組織及團隊成員的相互配合。具體而言,有效的團隊,有賴於下列條件的存在:9

表 14-5　矩陣式組織的優點與缺點

優　點	缺　點
1. 結合目的別(專業部)組織與功能式組織的優點 2. 同時重視科技與市場 3. 可訓練科技主管與行銷主管了解對方專業	1. 溝通耗時 2. 人力成本升高 3. 喪失統一指揮 4. 管理者的權責重疊,造成衝突

---

8 Tom Peters, *Liberation Management*, New York: Alfred Knopf, 1992, p.238。

9 James Shonk, *Team-Based Organizations*, Chicago: Irwin, 1997。

1. 組織哲學：員工自主、投入。

2. 組織政策：穩定就業。

3. 組織結構：扁平式組織、工作以團隊方式完成、職務高度授權。

4. 組織系統：利潤分享、資訊分享。

5. 員工技能：兼具專才（執行實際作業）及通才（溝通、共同決策）及管理能力（計畫、控制）。

讀者將可看出，團隊式組織目前還只是許多大型企業中的基本組成單位，而非整個企業都是以團隊方式組織。不過，在環境變動越迅速時，組織內的團隊數也將隨之增多。

三　網路組織

網路組織（network organization）乃是一種將企業的作業功能部分外包，而與外包廠商間形成一種網路關係的核心組織。*10* 嚴格地說，網路組織只在述明組織與外界組織的一種網路關係，此種關係通常是因為網際網路發達後才產生的。圖 14-8 即為網路組織的一例，公司將大多數功能都外包出去，核心組織只有極少數員工，卻能創造大量營業額。

網路組織的優點，主要有三點：

1. 組織規模小，充分達到瘦身效果，員工人數少。

2. 公司彈性應變能力強。

3. 公司專注於發展及維持核心競爭優勢。

10 S. E. Human and K. Provan, "An Emergent Theory of Structure and Outcomes in Small-firm Strategic Management Networks," *Academy of Management Journal,* 40, 1997, pp.368~403。

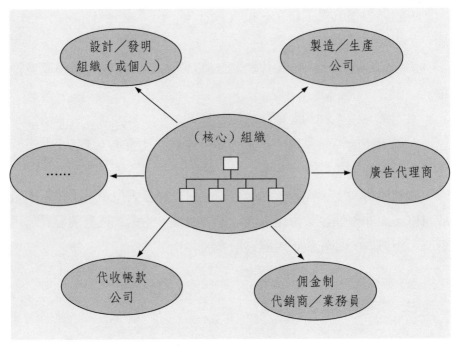

圖 14−8　網路組織

網路組織也有一些缺點：

*1.*公司對外包廠商無多大控制力，因此，找尋正確的外包廠商是公司的一大任務。

*2.*外包商的運作未能符合公司所需時，是組織的一大風險。

*3.*公司花費甚多時日與可能的外包商談判協商。

*4.*外包商與公司的關係不易維持。

*5.*員工的忠誠度、向心力、承諾都因當面接觸少而下降。

網路組織嚴格地說，是多個組織所形成的**網路**（network of organizations），因此，也有學者稱此為「**虛擬組織**」（virtual organization），因為這些獨立的企業與核心企業的關係只是一種暫時性的網路，所以並無所有權、控制等傳統組織的特性。

四　無邊界組織

無邊界組織（boundryless organization）是許多具有前瞻性眼光的企業界領導者的願望。例如奇異電氣（GE）公司總裁威爾許（Jack Welch）就希望奇異電氣能成為一無邊界組織。

所謂「無邊界組織」，意指不以傳統組織的界限來定義或限制組織設計方式，是以依賴團隊和網路來完成任務，因而組織邊界已被突破或跨越了。[11]

組織的邊界在實務上可分成四類：

1. **職權邊界**（authority boundary）：主管與部屬之間的邊界就是職權邊界（或疆界）。邊界一旦打破，主管不再只是發號施令，而部屬也不再只是「唯命是從」。簡言之，職權邊界一旦打破，上司一方面領導部屬，一方面也要能接受批評。其次，在特定問題上，一旦部屬才是行家時，上司也必須接納下屬的意見（等於接受部屬的命令）。最後，部屬固然要學習奉命行事，但必要時也應該出來挑戰上司（的職權）。

2. **任務邊界**（task boundary）：指每一員工所負責的任務與他人有界限。打破任務邊界，意指人人將自己的任務與（團隊內）其他人的任務放在同等地位，不再只是自私地想著「這才是我的工作」。

3. **政治邊界**（political boundary）：指傳統上不同部門的主張有差異，例如行銷部門主張銷量極大化，而生產部門則主張生產順暢，二者在顧客緊急下單時就會產生衝突。而跨越政治邊界即意指從更高層次（如整個組織、團隊）去看待問題。

---

11 Larry Hirschhorn and T. Gilmore, "The New Boundaries of the 'Boundaryless' Company, " *Harvard Business Review*, May-June 1992, pp.104~107。

4.認同邊界（identity boundary）：意指每一個人會認同於某些群體，與群體內的成員分享價值觀。這種「我們」與「他們」的分野之打破，就是突破認同邊界，突破認同邊界的方法，包括訓練員先認同整個組織，不可以磨滅其他人（部門）的貢獻等。

第4節　組織變革

無論是組織、團體或個人，都需要不斷地因應所處環境而作改變，才能持續生存與發展。就組織而言，現代環境的**變動**（change）既多且大，底下只是一些實例。

1.全球競爭：加入**世界貿易組織**（WTO）後，全球企業都面臨來自各方的市場競爭、相互購併、策略聯盟。

2.科技進步：電腦網路、基因工程、奈米技術等不斷翻新。

3.經濟情況：通貨膨脹與緊縮不斷出現、全球利率走低。

4.社會變遷：重視環保、尊重多元文化、教育水平提高。

5.組織內部：流動率、罷工怠工、組織內衝突。

組織因應情境而變革是不得已的作法，但是組織成員經常會對變革產生抗拒。事實上，由於個人的知覺、性格、動機、學習等特性上的差異，有些人就比較會抗拒變革，此外，由於缺乏資訊，或是對未知的恐懼，乃至於對發動變革者的不滿，都可能使組織成員抗拒變革。

一　組織抗拒變革的原因

即使變革是不得不然，仍然會有許多因素導致組織會抗拒變革。底下是一些常見的因素：

1. 為了維持穩定：變革會導致組織內相變的規章、結構等也跟著變動。多一事不如少一事，許多組織因此不願意進行變革。

2. 為了既得權力：變革會導致組織內權力重新分配，許多既得利益（目前掌權者）因而抗拒變革。

3. 為了部門私利：變革會使某些部門變得不重要，該部門的員工就會群起抗拒。

4. 為了維持既有文化：變革會使既存的組織文化受到挑戰，或不得不隨之調整，有些成員會為了固有文化而抗拒變革。

二　排除抗拒變革的方法

組織一旦要進行變革，就必須運用各種可能的方式來排除變革。所有的變革都可能帶來「陣痛」，而排除「陣痛」的方法很多，較常見的方式如下：

1. 教育：組織必須教導成員接受變革的必要性，因而隨時保持變革的心態。

2. 溝通：組織應將特定變革的相關資訊，包括原因、後果等，傳達給成員。

3. 參與：組織應適度讓成員參與變革的內容與程序，使成員能主動促成變革。

4. 支持：組織應提供所需的資源，使抗拒者獲得適當的資源，包括心理支持和財務支援。

5. 協商：組織可以透過協商、談判來引進變革。

6. 強制：組織在急迫情形下，可採用強制手法。

變革的產生有時是自發的，在無形中逐漸發生，如組織文化的演進、做事方式的改變等。但在大多數情形下，管理者將根據情境所需而進行「**計畫性變革**」（planned change）。

計畫性變革有特定的對象及所欲達成的狀況，底下是對象為例的一些情況，包括如下：

1. 管理制度：如鼓勵成員參與。
2. 組織文化：如由被動因應改為主動創新。
3. 組織結構：如由功能式組織改為學習型組織。
4. 作業流程：如由自製零件改為**外包**（outsoucing）。
5. 技術：如由書面文件改為電子郵件。
6. 個人：如裁員。

三　計畫性變革的程序

社會心理學者盧溫（Kurt Lewin）最後提出計畫性變革的三階段論：**解凍**（unfreezing）、**變動**（moving）、**冷凍**（refreezing）。如果配合上現代解決問題的模式，其過程可示如圖 14-9。

第5節　組織發展

在計畫性變革中，有一類是採行行為科學工具的，被歸類為「組織發展」。所謂**組織發展**（organization development，簡稱 OD），意指系統性地應用行為科學知識，以便有計畫地發展和強化組織策略、組織結構和組織程序而增進組織效能的做法。[12]

組織發展與一般的組織變革不同之處，在於下列四點：

1. 組織發展是要改變整個組織系統，而組織變革有時只做部分變

---

[12] Thomas G. Cummings and C. Worley, *Organization Development and Change*, 5th ed., St. Paul, MN: West Publishing co., 1993, p.155。

革。

2.組織發展應用行為科學知識,而組織變革有時採用工業工程、作業研究等其他管理工具。

3.組織發展協助組織及其成員自行解決問題,而組織變革有時僅引進外人來解決問題。

4.組織發展是一種適應性程序,會隨著發展過程而作彈性調整,而組織變革有時相當僵化(如直接改變組織結構)。13

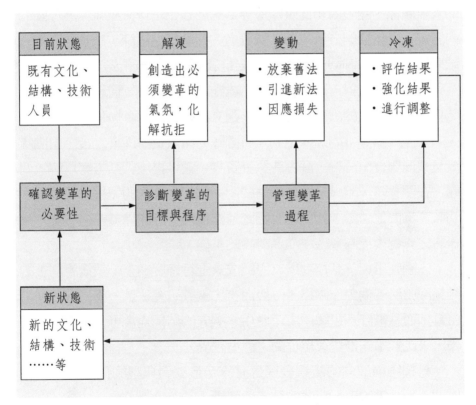

圖 14-9

13 Curtis W Cook, P. L. Hunsaker and R. E. Coffey, *Management and Organizational Behavior*, Chicago: McGraw-Hill, 1997, pp.547~548。

第6節　組織發展的策略

　　組織發展專家所採用的策略，基本上可分成兩類，一類是**人性取向**（human process approach），一類是**科技結構取向**（technostructural process approach）。*14*

　　人性取向的組織發展強調員工的動機和價值觀，強調以改善成員的人際關係、團體內和群際關係等為主。這也是傳統組織發展理論的內容，其所包括的方法眾多，較著名的有敏感性訓練、調查研究等。**敏感性訓練**（sensitivity training）主要是訓練成員在無預先安排的情境下互動，以增進人對自己和對他人的內在知覺與感受。而近代學者採用結構式情境所做的訓練，則稱為「**建立團隊**」（team building）。

　　「建立團隊」的訓練主要是將團隊的績效資料備齊之後，由團隊成員共同開會來分析、解釋或檢查資料，最後提出行動方案以解決問題。在開會時，組織通常會聘請顧問先個別對團隊的領導者及成員作訪談，詢問他（她）對問題、團隊運作情況、團隊障礙等之看法，然後將之彙總後提到會議中作為討論的基礎。

　　「調查研究」意指就所有組織成員進行態度調查，然後將調查的結果回饋給各個工作團體，一般而言，調查研究法是一項相當便利的工具，而且被許多組織所廣泛應用。調查的結果通常可以做成比較圖表，來比較不同群體或單位間之態度差異。

　　科技結構取向的組織發展也有許多形式，典型的作法包括品管圈、全面品質管理、正式的結構改變等。

　　有些學者認為，組織的績效評估制度或獎酬制度可以採用行動研

---

14 M. Beer and A. E. Walton, "Developing The Competitive Organization: Intervention and Strategies, " *American Psychologist*, 45, 1990, pp.154~161。

究法（action research）來加以解決。行動研究法乃是系統性地蒐集資料及依據資料分析的結果，選擇變革行動的程序，此一程序包括五個步驟：診斷、分析、回饋、行動與評估。在行動研究程序中的重點之一，乃是由**變革者**（change agent，通常是外聘的顧問）負責蒐集有關問題，及成員須做何種改變之資訊。由於變革者的地位相對客觀，故比較容易找出真正的問題，同時也比較能夠根據變革者的專業找出解決方案。

最後，現代學者認為，**策略性介入**（strategic intervention）也是一種很好的組織發展工具，策略性介入通常包括四個步驟：

1. 分析現行策略與組織設計。
2. 選擇所欲的策略與組織設計。
3. 設計策略性變革計畫。
4. 執行策略性變革計畫。

此一策略性介入有時稱為整合性策略管理，它的重點在於將組織的策略、結構與文化等組織因素能與外在環境相互配合。[15]

※歷屆試題

■選擇題

1. Which of the following statements about organizational design and organizational structure is true?

   A) According to Woodward, the span of management for first-level managers decreases when moving from unit production to mass produc-

15 Aubrey Mendelow and S. Jay Liebowitz, "Difficulties in Making OD a Part of Organizational Strategy," *Human Resource Planning*, Vol. 12, no. 4, 1995, pp.317~329。

tion, and increases when moving from mass production to process production.

B) Specifying "who reports to whom for what" within the organization is called "division of work."

C) Wide spans of control create tall hierarchies of management levels.

D) Burns and Stalker proposed that a mechanistic (organic) system fits a stable (turbulent) environment.

E) "Decentralization" occurs when a university organizes its professors into groups such as Chemistry, Engineering, Sociology, etc.

【國立台灣大學 98 學年度碩士班招生考試試題】

2. An organizational design that groups departments based on organizational outputs is called:

A) functional structure.

B) divisional structure.

C) matrix.

D) team.

【國立成功大學 94 學年度碩士班招生考試試題】

3. Organizational structure is defined as _____.

A) a set of managerial decisions and actions

B) a formal framework by which job tasks are divided, grouped, and coordinated

C) a process that is done best if it is done quickly

D) all of the above

【國立成功大學 95 學年度碩士班招生考試試題】

■申論題

　　請提出您個人對於「組織」（Organization）的定義，並分析說明構成一個完整的組織應該具備哪些基本要素？而當今資訊科技、通訊科技以及網際網路的創新應用，對於企業組織的運作管理與競爭發展帶來哪些不同層面之影響與改變？（15分）

【國立台灣大學 97 學年度碩士班招生考試試題】

第十五章　組織文化

　　一個國家或一個民族會表現出獨特的文化，如中國文化、美國文化、客族文化、日耳曼文化等，同樣地，每一個組織也會有其獨特文化，而且深深影響組織內員工的行為（以及組織外界人士對該組織的看法）。本章首先探討組織文化的意義及組成內容，其次說明組織文化的形成與維護，最後列示組織文化的類型。

第1節　組織文化的意義

　　根據麻省理工學院席安（E. H. Schein）教授的說法，**組織文化**（organizational culture）意指組織成員所共有的、視為理所當然的、明顯的**假設**（assumptions），它決定了組織在不同環境下如何知覺、思考以及反應。[1] 換言之，組織文化影響成員在工作上的行為，而組織的新成員唯有經過**社會化**（socialization）過程接受了組織文化後，才會被其他組織成員所接納。

　　當然，不同的學者對組織文化也有不同的定義，例如迪爾與甘迺迪就簡單地定義組織文化為「我們在此地的做事方式。」[2] 而威廉大

---

[1] Edgar H. Schein, "Culture: The Missing Concept in Organization Studies, "*Administrative Science Quarterly*, June 1996, p.236。

[2] T. E. Deal and A. A. Kennedy, *Corporate Culture: The Rites and Rituals of Corporate Life*, Reading, MA: Addison-Wesley, 1982。

內則視組織文化為「一組符號、儀式和神話,用以將組織隱含的價值觀和信念傳達給員工。」[3]

席安教授認為,組織文化雖然是無形的,但仍可以分成淺層與深層文化二個層次。淺層文化包括穿著方式、獎章、公司神話與故事、公布的價值觀、可見的儀式、裝潢與特定的停車位,以及員工所表現的行為等。這些都比深層文化來得容易改變。

至於深層文化,則是反映組織成員共有的價值觀與信念,它們長期存在而不易改變。[4] 不過;深層文化與淺層文化也會相互影響。

一　組織文化的強弱

不同組織的文化也有強弱之分。在**強勢文化**(strong culture)中,組織的核心價值觀被強烈地維持且廣泛被員工所共享(共有)。而當越多的員工對這些價值觀有較多承諾時,員工的行為也就深受影響,而且員工的流動率也會隨之下降。

相對地,**弱勢文化**(weak culture)雖然也具有組織文化的各種特性,但不一定深入人心,因而對員工的行為也就沒有多大影響力。因此,管理者的任務之一,就是不斷地強化組織的文化。

二　主流文化與次文化

組織文化在大型組織中常會顯現出主流文化與次文化,就如同國

3　William G. Auchi, *Theory Z: How American Business Can Meet the Japanese Challenge,* Reading, MA: Addison-Wesley, 1981。

4　Edgar H. Schein, *Organizational Culture and Leadership*, 2nd ed., San Francisco: Jossey-Bass, 1992。

家民族的文化一樣。

主流文化（dominant culture）代表大多數組織成員所共有的核心價值觀，它也是我們探討組織文化時的實際對象，至於**次文化**（subcultures）則是組織內某一（些）部門或某一（些）地區的員工所共有的文化，它們是主流文化加上這一群所獨有的價值觀所形成的。5

如果一個組織的主流文化不彰顯，而組織次文化卻到處都有，組織將難以定義出什麼才是適當的行為，而各部門或各地區的員工也將「各自為政」。因此，微軟公司的主流文化強調積極進取與冒險，也就頗為人所稱道，人們也因此更能理解該公司主管及員工的行事風格。

第2節　組織文化的作用

組織文化會影響組織成員的行為，但它的作用並不僅止於此，而且組織文化也可能帶來負面的影響。底下將分別探討之。

一　組織文化的功能

組織文化的功能，主要有下列幾項：6

1.凸顯組織的特色，使其與眾不同，有別於其他組織。例如 3M 公司就是以創新見長。

2.使組織成員對組織有**認同感**（idenfity）。

3.促進組織成員的集體承諾，將組織利益置於個人利益之上。

5　G. Hofstede, "Identifying Organizational Subculture: An Empirical Approach, " *Journal of Management Studies*, January 1998, pp.1~12。

6　部分取材自 L. Smircich, "Concepts of Culture and Organizational Analysis, " *Administrative Science Quarterly*, September 1983, pp.339~358。

4.增進社會系統穩定性。例如3M公司（台灣的旭麗公司亦然），即以內升促進公司的穩定性，又已被遣散員工有六個月時間去找工作，而使公司員工能安心工作。

5.幫助成員了解組織所作所為及其原因與目標，進而引導成員的行為。

6.部分替代形式化的規定而達到控制功能。7

7.降低離職率。

現代組織為求迅速因應環境及賦予成員更多自主權，紛紛減少組織層級，將組織扁平化，或是經常調整組織結構，成立各種任務團隊，此時，正式規定可能來不及頒布，而組織文化的功能也將大大提高。

二　組織文化的負作用

組織文化也不是一面倒地只有益而無害。強勢的組織文化既然能引導、規範或用來控制成員的行為，難免也可能產生一些負作用：

1.強調固有組織文化的，可能難以適應新的環境，而在組織要變革時，成為一種負擔。

2.強勢的組織文化常會排斥不同文化背景的新成員加入，使組織無法獲得「新血」。例如台灣某交通公司就以客家文化阻斷其他文化的人加入公司。

3.組織文化除非特別包含創新，否則很容易扼殺創新的機會。

4.強勢文化可能使購併或成立控股公司時，遭到事前抗拒或事後

---

7 C. A. O'Reilly and J. A. Chatman, "Culture as Social Control: Corporations, Cults, and Commitments, " in B. M. Staw and L. L. Cummings, eds., *Research in Organizational Behavior*, Vol.18, Greenwich, CA: JAI Press, 1996, pp.157~200。

難以融入新文化的困境。

第3節 組織文化的形式

組織文化如同國家或社會文化一樣，不會憑空出現，而是緩慢演化而來。

首先，組織的最高領導者（或團隊）揭示其**願景**（vision）。第二，強調達成願景所需的策略及做事原則，這些做事原則（行事風格）即在反應最高領導者的價值觀。第三，組織甄選及僱用能配合這些做事原則及方式的人。第四，最高主管不斷強調全體成員做事方式一致性的重要，來強化組織文化。第五，同時，組織新舊成員則透過社會化過程，學習如何適應組織的文化。

「**社會化**」（socialization）是指員工為了融入組織（社會）而改變其想法和行為的心理調適過程。新進員工進入組織前，其所秉持的文化信念不一定與該組織的文化相符，一旦進入組織，當然必須「入境隨俗」，這就是社會化的過程。

一　組織文化的學習

員工的社會化過程可以是自發的，毋須組織的干涉。但大多數組織還是會透過各種方式，來教導員工了解和體會組織既有的和期望的文化。其中，比較重要的方式包括故事、儀式、實質象徵及語言等。[8]

---

[8] Stephen P. Robbins, *Organizational Behavior*, 9th ed., Upper Saddle River, New Jersey: Prentice-Hall, 2001, pp.524~526。

（一）故事

組織內往往會流傳著一些故事、傳奇、神話，這些故事述說有關公司創辦人、打破常規、重大成功、成員遷調、裁員、重大失敗及其因應等事件，用以解釋組織當前的作法之由來，而員工就是透過這類故事學習到組織的文化。

（二）儀式

儀式是指重複性的活動，用來表達及強化組織所注重的價值觀、目標、人物類型等。

例如美國著名化妝品公司「玫琳凱」（Mary Kay），每年舉辦年度頒獎大會，場面浩大猶如選美大會，在豪華大廳一連舉辦數日的大會上，所有成員均盛裝出席，而達成銷售配額的直銷女士中，第一名的可以拿到鑽石別針、皮草以及粉紅色凱迪拉克跑車。這種儀式公開表揚傑出銷售業績，會激勵其他直銷女士也急起直追，達成銷售配額。此外，大會也會強調瑪麗凱女士如何在中年由學校老師退休，在艱困中創辦公司，並克服萬難獲得巨大的成就，激勵所有員工「有為者亦若是」的鬥志。

（三）實質象徵

實質象徵（material symbols）意指組織的辦公大樓布置、規定、主管座車、室內布置、家具、衣著等背後所象徵的文化意義。

沒有主管專用停車位，代表「平等」；辦公室採活動式隔間，代表「彈性」；毋須敲門即可進入辦公室，代表「開放」；不得在網路上討論公司事務，代表「安全」等。其他公司則可能採用不同的作法而象徵「權威」、「保守」、「參與」、「冒險」、「創意」等，不一而足。

（四）語言

每一個組織都會發展一套語言，用來簡化對日常人、事、物的稱呼，這些「切口」、「暗語」、「黑話」、「術語」的運用，會使組織成員更能認識組織。

綜合以上說法，我們可以提出一個組織文化形成與維護的模式，如圖 15－1 所示。

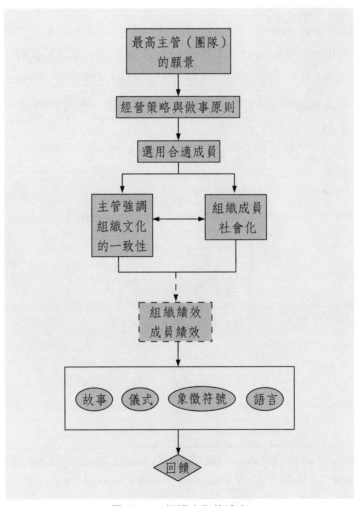

圖 15－1　組織文化的建立

第4節 組織文化的類型

在 1980 年代，許多管理暢銷書作者，都曾提出組織企業文化的分類，例如前述威廉大內《Z 理論》、迪爾與甘迺迪《企業文化》以及彼得斯與華特曼《追求卓越》等書中，都有過分類。但這些分類多年來自個案式訪談所得，不一定能廣泛應用到其他組織身上。

現代學者則是以實證方式，利用影響文化的因素作為分類基礎，例如 Hooijberg 和 Petrock（1993）是以：⑴相對**正式控制取向**（formal control orientation）：從穩定到彈性；及⑵相對**注意焦點**（focus of attention）：從內部運作到外部運作二個因素作分類，得出四種組織文化類型，如圖 15−2 所示。9

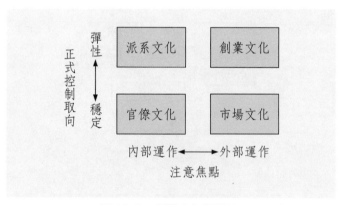

圖 15−2　組織文化類型㈠

---

9 R. Hooijberg and F. Petrock, " On Cultural Change: Using the Competing Values Framework to Help Leaders Execute a Transformational Strategy, " *Human Resource Management*, 32, 1993, pp.29~50。

1. **官僚文化**（bureaucratic culture，或稱科層文化）：強調正式化、規則、標準作業程序和層級協調。在此種文化下，成員「照章行事」，凡事講求標準化、效率。一般而言，政府機關、軍隊、學校等，都屬於這一類。

2. **派系文化**（clan culture，或稱家族文化）：強調傳統、忠誠、自我管理和團隊合作等價值觀。成員忠心耿耿，以換取工作的保障或回報（「組織不會虧待你！」老闆如是說。）派系文化中的成員，擁有強烈的組織認同感，也了解彼此相互依存的必要，他們彼此交往密切，目標一致，同儕壓力也高，所以創新和冒險行為較少。因此，組織的成敗端視團隊合作、參與、共同決策等是否能真正掌握顧客需求和員工需求。

3. **創業文化**（entrepreneurial culture）：強調冒險、機動和創意。成員勇於實驗、創新，希望在業界扮演領導角色。他們不僅是迅速因應環境變動，而且是變動的發起者。成員只要主動、彈性、自由發揮而能推出新產品或銷售迅速成長，即會受到鼓勵、肯定與獎賞。

創業文化通常出現在中小企業身上，大型企業者仍是由創辦者在經營的，如微軟、英特爾，也屬這一種類型。

4. **市場文化**（market culture）：強調財務目標與市場目標（銷售成長、市場占有率、毛利率）等數量性目標的達成。這種強調競爭力與利潤的組織文化，是競爭劇烈環境下的典型產物。成員與組織的關係也是典型的契約關係，穩定地規範成員責任與報酬方式，而在下一年度再根據情勢重訂新契約。組織不提供保障，成員也缺乏承諾。

上述四種類型都是在二構面極端的情況下出現的，一般組織通常介乎其間。

接著介紹一種為求職者設計的組織文化分類法。Goffe 和 Jones（1996）認為求職者相當在意組織的社交性和團結性，**社交性**（sociability）也就是友善的程度，指成員彼此關懷，願意幫助他人而不求回

報的程度。**團結性**（solidarity）意指成員將組織共同目標和利益置於個人之上的程度。根據此二構面，可形成四種組織文化類型，如圖15-3所示。*10*

1.**網路文化**（networked culture）：屬於高社交性和低團結性，組織將員工視為家庭一員或朋友，成員彼此相親相愛相助，共享情報。缺點是會容忍不佳的績效和形成派系。

2.**傭兵文化**（mercenary culture）：屬於低社交性和高團結性，組織相當注重目標的達成，成員也渴望迅速達成目標。組織內鮮有勾心鬥角的情形。缺點是成員一旦績效不佳時，會遭遇到不人道的對待。

3.**自治區文化**（communal culture）：屬於社交性和團結性皆高的文化。友誼與績效同等重要，成員有歸屬感，但目標還是要達成。領導者通常具有魅力，對未來有明確遠景。最明顯的例子是美國鹽湖城的布里漢·楊，他創立了摩門教，而且讓整個組織擴張到全球。這種文化的缺點是，一旦加入就要畢生奉獻，因為領導者要找的是「使徒」而非僅是部屬。

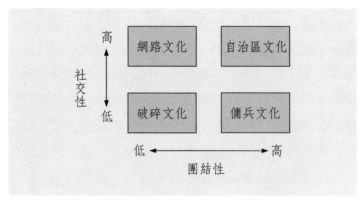

圖15-3 組織文化類型(二)——求職用

---

*10*Rob Goffee and Gareth Jones, "What holds the modern company together?" *Harvard Business Review*, Nov-Dec 1996, Vol. 74, Iss. 6, pp.133~148。

4. **破碎文化**（fragmented culture）：指社交性和團結性皆低的文化。成員不認同組織，而是各自為政，單兵作戰，成敗全取決於個人的生產力與工作品質。這種文化的缺點是成員會彼此批評，缺乏同事情誼。許多會計師事務所、律師事務所和研究機構，都屬於這種文化。

第5節　有效的組織文化

組織文化的分類方式既多，也就難以明確指出何種組織文化是最佳文化。不過，晚近的實證多少提供我們一些啟示。

1. 具備彈性和**適應性**（adaptive）的組織，有較佳的財務績效。無論如何，在環境高度動盪的二十一世紀，唯有不斷調整策略及做事方式的企業，才能生存和繼續成長。

2. 組織文化強度高的組織，能夠激勵員工、使成員目標一致，而且能控制績效的轉變，但必須注意保持彈性。

3. 在成長緩慢或環境變化不大的產業中，強調標準化的組織文化可帶來較高的績效。因此，順應情勢是不二法門。

在台灣，組織文化也已受到許多企業的重視。例如在全球晶圓代工市場占有率第一名的台積電，其企業文化就包括下列十項：[11]

1. 高度職業道德。

2. 專注代工業。

3. 國際化。

4. 長期策略。

5. 客戶是夥伴。

---

[11] 李煜梓，「台積電用企業文化考核升遷」，《經濟日報》，1998年，10月1日3版。

*6.*品質。

*7.*創新活力。

*8.*有樂趣的工作。

*9.*開放型管理。

*10.*兼顧員工與股東。

我們可將台積電的企業文化和美國一些著名的高科技公司作一比較。IBM公司的企業文化是：(1)顧客至上；(2)尊重個人（員工）；和(3)追求卓越。惠浦（HP）公司則是：(1)尊重他人；(2)人性導向；和(3)企業家精神。至於英特爾公司（Intel）則是：(1)成果導向；(2)建設性矛盾；(3)追求卓越；(4)平等；(5)紀律。由此可看出，一般卓越的高科技公司並不會訂定太複雜的企業文化。

組織文化也是**企業購併**（合併與收購，Mergers & Acquisitions）時需要考慮的重要議題。現代企業經營全球化後，常可見到企業的併購。企業併購中，常遇到的困難點便是組織文化的衝突，但是在過去則甚少被提起，一般企業在實務上大多僅先考慮財務面與法治面之因素，以至於兩家企業在合併前之組織文化差異太大，而無法有效地合併。

為了減少組織文化之衝突，學者們建議採用雙邊文化稽查法（bi-cultural audit）。*12* 雙邊文化稽查法首先是以問卷、訪談、焦點團體（focus group）等方式，以及對合併企業既有文化之書面描述解析原有組織文化之實質內容與期望。其次，則是整理出二者之差異。接著，從以上資料去分析未來合併後衝突可能發生的原因，以及哪些組織文化或價值觀可以作為未來新組織的基礎。最後確認策略以及行動計畫。

12 Mitchell L. Marks, "Adding Cultural Fit to Your Diligence Checklist", *Mergers & Acquisitions: The Dealmaker's Journal*,Vol.34, Iss.3,1999. pp.14~21.; S. Greengard, "Due Diligence: The Devil in the Details," *Workforce*, October 1999, p.68; Edgar H. Schein, *The Corporate Culture Survival Guide*, San Francisco, CA: Jossey-Bass, 1999。

一般而言，即使即將合併的兩家企業的文化差異很大，有時可利用以下之策略，來形成一個有效的合併組織。*13*

*1.*同化（assimilation）：被購併的公司擁抱購併公司的文化。此情況適用於當被購併公司的文化是弱勢文化，或是被購併的公司規模較小，此時要解決弱勢文化的同化或少數人的同化都比較來得容易。

*2.*去文化性（deculturation）：購併公司強使被購併公司接受其文化。適用於被購併公司的文化不適當，並且是被購併公司原有員工不甚了解既有文化的情況下。

*3.*整合（integration）：將兩個組織既有好的文化予以保留，合併成一個新的組織文化。此種作法適用於兩個組織文化是弱勢文化，且可以被改進的。

*4.*分立（separation）：也就是減少改變，盡量維持此兩個組織個別的的文化。此情況適用於在不同國家、不同產業的組織合併。這也是我們在許多全球化集團企業內常可看到的子公司各自擁有其獨特的組織文化，以因應當地或該產業的特性。

第 6 節　企業倫理

美國企業在新世紀伊始，就爆發了「恩隆」（Enron）公司偽造財務報表數據終於導致破產的大弊案，此一弊案使得全球社會開始反省**企業倫理**（business ethics）以及企業對世界的責任問題。無獨有偶的是，台灣的股票上市公司「博達」，也在毫無預警的情況下，爆發了

---

13 K. W. Smith, "A Brand-New Culture for the Merged Firm," *Mergers and Acquisitions 35*, June 2000, pp.45~50; A. R. Malekazedeh and A. Nahavandi, " Making Mergers Works by Managing Cultures," *Journal of Business Strategy*, May- June 1990, pp. 55~57。

無力償還可轉讓公司債，以至於 2003 年 9 月被終止上市，博達股價最高時曾每股接近 300 元，現在下市，受害的投資人損失不貲！

到底企業的倫理或道德何在？企業倫理或道德是如何形成的？

所謂「倫理」乃是指統治某一人或某一群體行為之原則，尤其是指人們決定應有何種行為時之決策標準。倫理的決策通常是主觀的**規範性判斷**（normative judgment），也就是行為的好壞或對錯。

倫理的決策通常包括「道德性」（morality），亦即是一社會所接納的行為方式。諸如謀殺、說謊、詐騙、偷竊等，在不同社會都代表著不同程度的嚴重性，而且並非由法律或政府所能界定或改變。

四種企業倫理道德觀點

在討論過影響組織倫理的因素之前，讓我們先來檢討一般對企業倫理的觀點：功利主義觀點、權利觀點、正義理論觀點和整合性社會契約理論觀點。

所謂企業倫理的功利主義或**效用主義觀點**（utilitarian view of ethics），乃是依據行為的結果作為決策基礎，持此一觀點的人士主張採取計量模式，主要在為大多數人爭取到最大利益就是功利主義者的目標。因此，如果企業關廠或裁員是為了其餘員工的生存，同時也是為股東謀取最大利益，那麼關廠或裁員就是一個好的選擇，這也是許多台商關閉本地工廠而到海外或大陸投資設廠的基本觀點。不過，許多企業在關廠時僅以少數資遣費給付給被裁員的員工，而罔顧其未來的生計，也一直備受爭議。

所謂企業倫理的**權利觀點**（rights view of ethics），乃是尊重與保護個人的權利、自由、隱私等等。例如在組織有違法事件時，員工有權自由表達他們對事件的看法，此種觀點有可能會損及組織的團結氣氛、降低生產力，因此，他的負面效果可能相當大。舉例而言，在聯

華電子公司，員工曾經在電子郵件上對公司的管理措施有所批評，造成對公司形象的傷害，事後員工因此被解僱。

接著探討企業倫理的**正義理論觀點**（theory of justice view of ethics），公平正義觀點要求管理者在薪資、福利，乃至於獎勵制度上，都能夠做到符合公平正義原則。例如組織不應以低於最低工資的標準來聘僱童工、打工的學生或其他弱勢團體成員。不過，公平正義原則過度發揮之下，個人特殊的表現可能會被抹殺或忽略，因此，有能力的人將不願意發揮創新、勇於任事或承擔風險。而績效不彰的成員有可能隱身於團體中受到不當的保護，形成「吃大鍋飯」的現象。在台灣行政體系內，這種現象似乎相當明顯。

最後探討整合性社會契約理論觀點（integrative social contracts theory），此一觀點結合了實證方法與規範模式，它一方面考慮到組織所面臨的社會基本倫理道德，同時又根據組織的實際需要設定獨特的倫理道德標準。例如台塑集團在員工薪酬方面，給予所有員工相同的年終獎金與紅利，但同時又對有特殊貢獻的管理者或專業人士，由最高主管親自發放紅包，其激勵效果似乎還滿不錯的。而台商在中國大陸設廠時所採取的薪資制度，一方面是配合當地的薪資水平，另一方面也給予關鍵性人才優渥的紅包，也是另一個實例。

企業倫理基本上是指一企業所秉持的倫理準則。這些準則也是企業所處環境下的產物。概略地說，有四種力量對特定企業的倫理具有形塑作用：(1)社會道德；(2)職業道德；(3)最高主管的影響；(4)個人道德標準，如圖 15-4 所示。

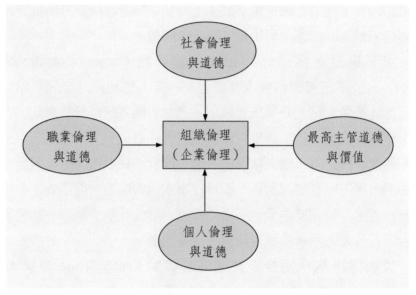

圖 15-4 組織（企業）倫理的影響因素

*1.*社會道德：社會的風俗習慣影響到成員對於公平、正義、人權、平等、自由、貧窮的看法，這些對企業的倫理有著最深刻的影響。例如賄賂是台灣社會的普遍現象，雖然法律禁止組織從事賄賂行為，但在軍事武器採購、工程承攬，乃至於選舉，皆可看到賄賂的影子，而台商在進軍大陸時，更常見大陸官員索賄的情形。

*2.*職業道德：職業道德乃是從事某一專門職業者應有的行為標準。在政府推行證照制度的同時，專門職業的道德規範與行為準則就是影響企業或組織倫理的主要因素。因此，醫師與護士應以醫事人員的道德規範來對待病患，而不考慮病患是否具備特殊身分（如槍擊要犯本身受傷時的救治）。

在企業內，會計人員及法務人員也都應秉持其專業從事財務報表的編製或法律案件的處理。而一般組織內的從業人員通常也會遵從組織所訂的從業人員規範來行事，例如國立台灣大學就曾為其教師們訂定教師倫理守則，其摘要如表 15-1 所示。

表 15-1　國立台灣大學教師倫理守則摘要　中華民國 87 年 3 月 21 日

第一章　基本信念
一、知識真理：以追求知識及真理為職志。 二、自由自律：秉持良知以治學授業，致力維護學術自由。 三、公正客觀：秉持公正客觀態度，促進學術與教育充分發展。 四、誠信正直：誠信正直以治學處世，樹立開誠磊落之風氣。 五、和諧純淨：維護校園和諧純淨，創造美好之大學環境。 六、互敬合作：自尊互敬、包容合作，促進大學之協調、融合及發展。 七、敬業精進：精益求精，以追求卓越為榮。 八、篤實服務：熱誠篤實，以知識服務人群，以道德美化社會。
第二章　教學倫理（教學態度與責任）
一、教師應秉持至誠從事教學工作（熱誠原則） 二、教師應不斷地要求自我與充實自我（充實原則） 三、教師應秉持專業精神從事教學（專業原則）
第三章　學術倫理（研究態度與責任）
一、教師應秉持追求卓越的精神從事研究工作（敬業原則） 二、教師應秉持嚴謹的態度處理研究資料與結果（嚴謹原則） 三、教師應秉持誠信的態度發表著作（誠信原則） 四、教師應秉持公正態度參與或接受學術審查（公正原則）
第四章　人際倫理（校園人際與生活）
一、教師應致力維持教職員生之和諧關係（和諧原則） 二、教師應致力與同仁整合而成就教育與學術榮譽（合作原則） 三、教師應致力維護校園之純淨（純淨原則） 四、教師應重視校園生活的教育效果並以身作則（身教原則）
第五章　社會倫理（與社會各界之互動）
一、教師參與社會各界活動應以服務為基本目的（服務原則） 二、教師與社會各界之互動應維持適當分際（自律原則）

3.最高主管的影響：組織的倫理決策也受到最高主管的影響。許

多組織的最高主管嫉惡如仇，故嚴禁部屬採取涉足聲色場所的交際應酬手法，有些高階主管本身不涉及聲色場所，但卻默許部屬去做類似的事，等而下之的，則是自身親自下海。

4.個人倫理：每一個人在進入組織時，都早已擁有自己的一套倫理道德與價值觀。這些原本來自父母、朋友及其他來源（如以前的雇主），在進入組織後仍然會產生一定的影響力。學者曾經指出，在個人特質中，對倫理或價值觀有相當影響的是「自我強度」及「內外控」。*14*

自我強度或**自我中心強度**（ego strength）乃是個人相信自我的程度。自我中心強的人，會執意去做他們自己認為對的事，不去做他們認為錯的事，而較不會受到外界環境的牽引。換言之，這些人的道德判斷和實際行動較為一致，而不會「言行不一」或「心口不一致」。

內外控（locus of control）則是指人們相信自己可以主宰自己的命運的程度。傾向於內控的人，相信自己能掌握自己的命運，而傾向外控的人（外控者）則認為事情的發生乃是源於運氣或偶然。

因此，外控者常依靠外在力量（行為的可能結果）來決定行為，而內控者則傾向於依個人內在對錯標準去做事，並且承擔責任或行為後果。因此，內控者的言行比較可能一致。

有些學者認為，個人的倫理道德其實是有一定的發展歷程的。個人在一開始接觸社會時，是處於「**傳統前**」（preconventional）階段，行事的準則只看行為結果所帶來的個人利害（獎懲）。因此，個人是否遵守倫理，全看是否因此能趨利或避害。而在「**傳統**」（conventional）階段，個人將依周遭人士的期望而行事，並履行義務以維持傳統秩序，而在「**主見**」（principled）階段，個人會發展出自

---

14 Stephen P. Robbins and Mary Coulter, *Management*, Upper Saddle River, New Jersey: Prentice-Hall,1999, p.161。

己一套道德原則，而不一定考慮大多數人的意見，他們會尊重他人的權利，他們甚至會違背（觸犯）法律而只求自己心安。

除了以上各點，組織內尚有其他因素，也會影響組織的倫理，例如組織文化。組織文化的強度越來越可能形塑個人的道德標準，進而形塑組織倫理。組織文化中對於創新、控制、衝突及風險容忍度的觀點，特別會影響組織成員對於相互批評指正向權威挑戰揭發不道德行徑等的作法。其次，組織結構也會對組織倫理產生影響。在階級或層級分明的結構式組織內，基本的做事倫理皆可能有明文規定，組織成員也被要求要遵守規章去做事，即所謂的「照章行事」。

當然，也有人認為行為或議題的嚴重性也是考慮因素。例如孔夫子就曾表示「大德不踰矩，小節出入可也。」也就是在問題不怎麼嚴重的情形下，稍微違反也無可厚非，否則，人天天要活在一大堆道德教條之下，「禮教吃人」，那可就沉悶至極了。

以上所探討的是影響組織或企業倫理的主要因素，在當前各方（利害關係人）對組織的要求越來越高時，管理者其實必須具備相當程度的抗壓性，才能免於受到某一方的過大壓力，而做出不道德的行為。此外，管理者也應該積極地引導部屬在工作上避免發生不道德的行為。一般的作法，除了前面所提及的訂定道德規範之外，同時也必須身體力行，作為部屬的表率。甚至從一開始在徵選員工時，就應該特別注意員工的個人價值觀、自我中心強度、內外控及道德發展水準，以免引狼入室，被一顆老鼠屎壞了一鍋粥。而對於員工施以道德訓練也有其必要，無論是舉辦研討會或請專人演講，都應該經常舉行，以免員工在不自覺的情況之下做出不道德的行為，例如在兩性平等、性騷擾、基本人權等議題，都是當代台灣各類組織所關切的議題。當組織在舉辦類似的研討時，一方面可以強化組織的行為準則，同時也能夠澄清哪些行為在組織內是屬於不道德的，以便釐清道德的灰色地帶。當然，企業或組織也可以因此而獲得較佳的形象，則不在話下。

最後，組織所採用的績效評估中，也應該保留部分的彈性，作為對組織成員的倫理道德之某種檢討。績效評估如果純粹只以經濟性的考量為準，很容易使得組織成員唯利是圖，或是「為求目的不求手段」，以至於喪失了基本的倫理道德，就如同當代的中學教育只考慮到升學問題，在升學主義盛行之下，許多中學生早已忘記倫理道德為何物，一旦這些人學習到專業進入社會後，其行事風格將頗值得吾人擔憂。而社會上，可能到處充斥著不道德的行為，也就可以事先預料得到。

現代社會有鑑於組織道德的淪喪，許多學者專家都呼籲要設置獨立的稽核單位來進行**社會獨立稽核**（independent social audit），台灣的上市櫃公司在金融監理委員會的要求下，許多已開始設置獨立的審計或稽核委員會，來從事組織財務面的稽核。事實上，還有更多的組織也都自行設置各類稽核委員會，例如東吳大學即設有人權委員會、兩性平權委員會，其成員除包括組織內的公正人士以外，同時也引入社會公正人士，以避免不公的現象。這些委員會也會定期地提出組織內外相關議題的研究報告，以供最高決策者參考。

※歷屆試題

■選擇題

1. 斯堪地那維亞文化認為生活的品質比物質上的成功更為重要，所以哪種文化的關鍵是認為人們工作是為了生活？

   A) 個人主義（individualism）

   B) 集體主義（collectivism）

   C) 陽剛氣質（masculinity）

   D) 陰柔氣質（femininity）

E) 低權力距離（low power distance）

【國立台灣大學 96 學年度碩士班招生考試試題】

2. 下列何種文化屬性最能恰當說明台灣人重視關係和交情的特質？

   A) Hofstede 的「權力距離」

   B) Hofstede 的「對不確定性的趨避」

   C) Trompemaars 的「特殊主義」

   D) Trompemaars 的「集群主義」

   E) 以上皆非

【國立台灣大學 96 學年度碩士班招生考試試題】

3. Ouchi 提出三種 Control Systems：市場（market）、官僚（bureaucratic）以及族群（clan），下列何者不算是「官僚」控制？

   A) 利潤中心制

   B) 標準化作業流程

   C) 預算編制

   D) 工作說明書

   E) 以上皆非

【國立台灣大學 96 學年度碩士班招生考試試題】

4. The concept that promotes values and beliefs that govern the ways in which people interact with others is called:

   A) organization dynamics.

   B) corporate cultures.

   C) department norms.

   D) legal and political rules.

【國立成功大學 94 學年度碩士班招生考試試題】

5. The organization culture reflects the following except:

A) government standards.

B) behavior of people interacting with others.

C) methods of communication.

D) degree of structure

【國立成功大學 94 學年度碩士班招生考試試題】

6. In discussions of organizational culture, _____ refers to how well the culture fits the mission and other organizational elements.

A) norms

B) coherence

C) philosophy

D) values

【國立成功大學 95 學年度碩士班招生考試試題】

7. Do you think a corporate culture with strong value is better for organizational effectiveness than a culture with weak values? Are there times when a strong culture might reduce effectiveness? Discuss.（15%）

【國立成功大學 94 學年度碩士班招生考試試題】

8. Relative to the organization's culture, a manager must be aware that____

A) strong and weak cultures have the same effects on strategy

B) the content of a culture has a major effect on the strategies that can be pursued

C) unimportant factors can support escalation of commitment to strategies

D) strong cultures are the most desired cultures

【國立成功大學 98 學年度碩士班招生考試試題】

9. 創新的文化可能會具有下列哪項特徵？

A) 不能接受「模糊」

B) 外控程度高

C) 對衝突的容忍度低

D) 採取開放式系統

【97 年特種考試交通事業鐵路人員考試及 97 年
特種考試交通事業公路人員考試試題】

10. 形成強勢的組織文化的原因為：

A) 員工離職率高

B) 成立年數短

C) 組織成員認同度高

D) 創業者無特別經營哲學

【97 年特種考試交通事業鐵路人員考試及 97 年
特種考試交通事業公路人員考試試題】

11. 組織文化的注意力焦點放在外部，特別重視行銷或財務目標，是何種型態？

A) 官僚文化

B) 派閥文化

C) 市場文化

D) 創業文化

【97 年特種考試交通事業鐵路人員考試及 97 年
特種考試交通事業公路人員考試試題】

■申論題

1. 何謂組織文化？組織文化會影響公司經營績效嗎？為什麼？

【國立台灣大學 96 學年度碩士班招生考試試題】

2. 請說明組織文化的構成要素、基本類型以及組織文化與績效的關

聯。此外，在跨國企業的發展歷程中，組織設計的創新如何影響組織文化的形成？（25分）

【國立台灣大學95學年度碩士班招生考試試題】

3. 請說明 Hofstede 評估文化的構面，以及其與目標設定理論（Goal-setting Theory）的關係。

【國立成功大學98學年度碩士班招生考試試題】

4. 何謂組織文化（Organizational Culture）？組織文化對企業經營有何影響？請詳述之。（25分）

【98年公務人員特種考試警察人員考試、98年特種考試交通事業鐵路人員
考試及98年公務人員特種考試民航人員考試試題】

5. 何謂強勢文化？請由控制的觀點討論強勢文化對員工的影響。再者，組織應如何方能形成強勢文化？

【東吳大學91學年度碩士班研究生招生考試試題】

6. 何謂強勢文化？並請由控制的觀點討論強勢文化對員工的影響。再者，組織應如何方能形成強勢文化？

【東吳大學90學年度碩士班研究生招生考試試題】

7. 企業管理非常強調藉由組織之有效運作來創造價值，試由價值鍊的角度說明企業應如何創造價值，並舉例說明企業在創造價值的過程中應如何兼顧企業倫理與社會責任。（25分）

【98年交通事業公路人員及港務人員升資考試試題】

第十六章　生涯規劃與輔導

　　很多人在一生當中，從未好好地想過自己的事業前程。他們安於現狀，在目前的工作崗位上，一做就是十年、二十年，甚至三十年。但在實際上，如果他們設法去把握機會，甚至進一步去創造機會，將可以大大地改變他們的一生，而不會在暮年時才慨嘆：「我這樣過了一生！」

　　還有一類人則是對現狀不滿，整天不安於位，看到求才廣告就躍躍欲試，從一個工作換到另一個工作，結果是「滾石不生苔」，到頭來一事無成。

　　事實上，在 2002 年底的調查顯示，有超過四成的受訪者認為人生沒有價值，同樣也有超過四成的人認為自己沒有成就。這樣的調查結果在不景氣的時代看來，似乎並不意外，但是，多少還是讓所有相關的學者專家感到憂心。

　　其實這兩種現象綜合起來，並不意指換工作或不換工作哪一種作法比較正確，而是顯示出兩個含意：

　　1. 這些人都不知道如何發揮自己的潛能與經驗，為自己、為企業、為社會謀取更大的利益。因此，他們的一生無疑是一場「無言的悲劇」。

　　2. 經理人如果能為自己、為公司，同時也為部屬著想，而替員工規劃出合理的事業**發展途徑**（career path），一定可以降低公司的員工流動率，而且使留下來的員工士氣提高，願意為公司效勞，而不是陽奉陰違、尸位素餐。

　　簡單地說，協助員工做好事業**生涯規劃**（career planning），已成

為現代經理人責無旁貸的一項管理任務。從人道的觀點而言是如此，從公司的觀點而言，更不例外。

第1節 生涯規劃

所謂「生涯」（career），狹義地說，意指一個人一生所從事的所有職務（jobs）之總稱，而生涯規劃即是個人如何安排一生的各項職務，以使個人的幸福、快樂等目標（或終極價值）得以達成或實現的過程。廣義的生涯規劃即是等於人生規劃。

生涯規劃的程序與一般的規劃程序並無多大差異，只是規劃的對象是個人而已。此一程序，可以用圖 16−1 說明之。[1]

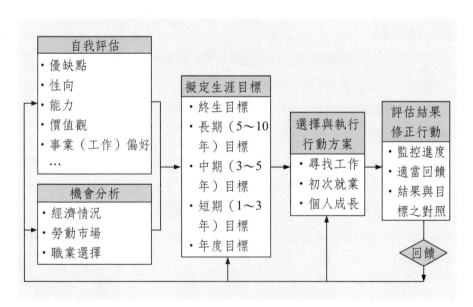

圖 16−1 生涯規劃程序

1 修正自 John R. Schermerhom, Jr., J. G. Hunt and R. W. Osborn, *Organizational Behavior*, New York: John Wiley and Sons, 2000, pp.133~134。此書將機會分析視為步驟二，本書作者認為機會分析與自我評估應屬同步進行。

這樣的作法說來簡單，但許多人及組織都忽略了這一點，試看下列實例。

實例剖析：

> 一位大學生因家境清寒，繳不起學費，因而到一家裝配廠去當裝配員。這位大學生裝配員在工作三個月之後，對於裝配工作已相當熟練，並開始對公司的一些管理措施提出改善建議，對公司貢獻相當大。然而，由於公司管理當局並未規劃出優秀裝配員的晉升途徑，以致這位大學生逐漸情緒低落，生產效率也大為降低。

此例顯示，如果這家公司有一套協助員工做生涯規劃的辦法，設法讓員工擔任最適切的職務，那麼，員工的目標與需求，就能和公司的目標相結合，因而發揮潛力，創造公司及員工的美好前程。

底下簡單地介紹生涯規劃過程中的各個步驟。[2]

一　自我評估

自我評估（self assessment）也稱為自我探索，重點在於了解自己的優點及缺點，因而對自我有正確的認識。

你是否滿意自己的人生與工作？你最感到驕傲的是哪些時刻？哪些事物會激勵你？哪些事物使你與眾不同？……從各方面來檢討你的工作經驗和人生經驗，踏出正確的第一步是十分重要的。

首先，你必須評估工作在你生命中所占的份量。每一個人手上都握有三張王牌──才能、時間和如何利用前二者的選擇自由，你的選

2 余朝權，《生涯規劃》，台北：華泰圖書公司，1999 年，頁 244~247。

擇決定你將成為什麼樣的人。換言之，你可以是地方上熱心的人士、子女心目中的好爸爸或好媽媽，但不一定每個人都要扮演著汲汲於追求事業成功的角色。然而儘管如此，人們卻經常去追逐他們認為「應該」達到的目標，如一份高職厚祿的工作、住洋房大廈、擁有名貴轎車⋯⋯等，而不是追尋他們「能夠」而且「希望」達成的目標。所以，在規劃前程的時候，千萬不要被別人對成功的定義所迷惑，而放棄追求自己的成功。

其次，重新檢討自己工作的動機與價值觀、工作偏好等，看看自己是否有所改變，這也有助於擬定生涯目標。

二 機會分析

機會分析乃是檢視經濟情況的變化，進而研究勞動市場的供需狀況，才能對自己可能就業的機會有適切的估計，而不至於過度樂觀或悲觀。

許多機構都會提供當前人力供需狀況，說明哪些產業需才孔急，以及哪些專業人才是勞動市場所欠缺者。根據這些資訊，個人可以對自己未來的就業方向，包括在何種產業或何種企業擔任何種職務的可能性，有較實際的評估。

三 擬定生涯目標

在確實了解自我及就業機會之後，你可以依據自己的能力、財力和時間列，舉出許多生涯目標。其中，有些是長期的、中期的或短期的，有些是基本的或最好能達成的。因此，你必須將這些目標加以修飾、增減，選定幾項基本的、長期的人生目標。

長期目標使你不至於迷失人生的方向，不過，僅有遙遠的夢想，

將很難採取行動。所以達成大目標的祕訣是將它們分解成小目標，然後計畫行動步驟。

確立了目標順序與行動步驟後，緊接著，你應該將時間及你和其他人的關係列入考慮。除了盡量地把你所確立的目標按照大概的時間寫下來之外，同時也需要將未來可能發生的事件，如出國、結婚、生子等一併列入。如此，你將擁有一套完整、詳盡的人生計畫。

四 選擇與執行行動方案

生涯規劃中的行動方案，至少包括兩部分：一為尋找工作，另一為自我的成長。尋找工作也就是謀職。在浩瀚的就業市場中，透過適當的管道，如上網、看報紙、雜誌（如《就業情報》）、親友介紹等，蒐集相關的就業資訊，並準備個人的資料（履歷），以便謀得合適的工作。

其次，無論是在謀職期間或就職期間，個人皆應訂定學習、成長等進修方案。在知識經濟時代，上班族不可能在離開校園之後就不再學習新知識。許多工作所使用的技能都有其「生命週期」，有些可以長期應用，有些則可能很快落伍。因此，無論是新科技的學習或新管理知識的應用，都必須持續不斷地精進。

五 評估結果與修正

無論行動方案在當初規劃時多麼地踏實、明確、可行。在執行之後，總會有難以盡如己意的情形，此時即應調整自我，包括對自我更正確的認識，或是改採其他行動方案等。

由於就業環境不斷在變化，個人的生涯目標也不斷在調整，一旦個人的工作（或生活）令你不滿意，就必須修正行動方案，以期更能

達成既定的或新的生涯目標。

第2節　生涯階段

　　不管您是否同意，無論您是否樂意，一個人一生的事業生涯，幾乎都無法跳脫生涯專家所歸納出的幾種生涯階段（career stages）。

　　一個人的事業生涯，大致可分成五個階段：探索期、嘗試期、建立期、黃金期、衰退期，如圖 16-2 所示。

　　1. 第一個階段稱為探索期，是在求學與當兵中度過。處於這個階段的人，主要是在作自我的探索，力圖充分認識自我。因此，在事業生涯上，僅處於低檔的階段，談不上有什麼事業上的進展。

　　2. 第二個階段稱為嘗試期，是從得到第一份工作開始。處於這個階段的人，將多方面尋找不同的事業機會，因而可能換好幾份工作。他們在嘗試的過程中，會碰到挫折與困境，因而也最需要親密的友情、愛情與親情的慰藉。

　　3. 第三個階段稱為建立期，是從確定一生的志向開始。孔子說：「三十而立」，就是這個意思。處於這個階段的人，會在同一個企業

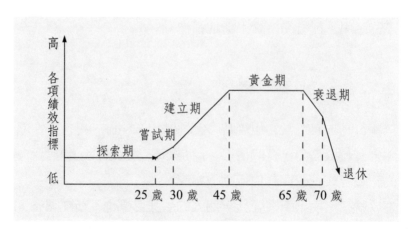

圖 16-2　生涯五階段

機構內力爭上游，並獲得晉升；有些人則是在同一個事業領域內不斷地精進，但可能繼續在不同公司間遊走。前一種人可稱之為「組織承諾感」較高，後一種人則稱之為「專業承諾感」較高。換個方式說，前者忠於組織，後者忠於事業，但兩者的績效都不斷在提高。此外，這個階段的人，大多「好為人師」，喜歡向他人表示自己的看法。

4.第四個階段稱為黃金期，也就是維持期。處於這個階段的人，工作績效不再大幅度精進，只能維持原來的水準。他們在做人方面最大的特色是「正直」，在看盡世間冷暖、人情厚薄之後，希望以略帶嚴肅色彩的眼光來看待這個世界。

5.第五個階段稱為衰退期，是從個人績效逐漸衰退開始。處於這個階段的人，開始籌劃如何交出棒子、準備退休。

人生必然要走過這五個階段，然而，有的人在某一階段停留較長，有的人則停留較短；有些人在某一階段績效較高，另一些人則績效較低，而績效又可再從事業、財富等觀點立論，因此就形成不同類型的人生軌跡。

第3節　人力資源規劃與生涯規劃

近年以來，由於各企業所需人才的數量及素質不斷提高，故逐漸體會到人力資源規劃與發展的重要性。

企業要做好人力資源規劃與人力資源發展，經常會面臨許多問題。推究其原因，根據美國麻省理工學院席安（Schein）博士的歸納，主要是因為四項考慮：3

1.人力資源並非企業所運用的唯一資源。除人力資源外，企業還

---

3 E. H. Schein, *Career Dynamics: Matching Individual and Organization Needs,* Reading, Mass: Addison-Wesley, 1987。

掌握金錢、科技、資訊、材料等資源。因此，人力資源必須和這些資源合併考慮，在規劃與發展時，才能獲得最佳效果。

2.人力資源並非靜態的。其他資源也許是靜態的，但人力資源則會因為主管人員的作法及公司制度更動等等，而產生動態的反應。而且，同樣的管理方式，對一個年輕人也許很有效；但等到他步入中年，這一套管理方式可能就變得不管用了。

3.人力資源決定企業的成敗。當組織的需要已經改變，而員工卻未能預先學習到新的技能，則組織將不容易達成它的目標。此外，人未盡其用，事不得其人，都是企業失敗的主要原因。

4.人心不同，各如其面，因此也沒有一套人力資源管理方式，能夠適用到每一個人身上。換句話說，人力資源的管理，必須採取相當彈性的方式，才能面面俱到。

在上述四項前提之下，人力資源的管理，自然而然走上「以生涯規劃和輔導為基礎」的方向。

所謂以生涯規劃和輔導為基礎的人力資源管理，是一種相當具備人道主義或人文主義的管理趨勢。也就是說，經營者或主管必須把現有的員工或部屬當一個真正的人看待，而努力謀求每一位員工「各得其所」及每一項職位「各得其人」。如果有哪一位員工不能「得其所哉」，就事先予以輔導，而不是放任這種「不適任」或「閒置」的現象繼續存在下去，更不是採取「資遣」、「開除」等激烈手段。

同樣地，如果有某一項職位不得其人，也能事先規劃由某一（些）有潛力的人調升，再提供給這個（些）人受訓或學習歷練的機會，而不是聽任這種現象持續下去，也不是立刻到外界去徵聘或挖角。

短期來看，企業自行培育人力及讓人力充分發揮所長，的確會使公司花上相當大的精力與時間，有時難免有緩不濟急之嘆。但是，若從長期來看，也唯有從事員工生涯規劃與輔導，才能確保公司擁有一

批忠心耿耿而又才藝兼備的人力資源。

第4節　生涯輔導

生涯輔導技術，在國內似乎較少人重視。但在美國，這一方面的發展已經相當進步，有關生涯輔導及計畫方面的書籍、各機構所舉辦的講習、研究室或研討會也相當多，顯示生涯輔導技術已成為企業人力資源管理的主要工具。

生涯規劃與生涯輔導的意義及用途不同，事實上，這兩個觀念是站在不同的觀點來討論的。生涯規劃是指在就業的個人（甚至包括所有非就業的人士），在計畫他自己的人生中所有的各個**層面**（dimension）的整個歷程。比方說，一個人可在其工作上作生涯規劃，同時也可考慮其家庭、社交、財富及個人身心與精神上成長的計畫。換言之，生涯規劃是從個人的觀點，探討個人如何使自己的明天比今天好，讓自己更受尊重，更讓自己滿意。簡單地說：就是怎樣讓自己更成功。生涯輔導則是站在企業的觀點。企業由於考慮到每一員工可能開始注意自己的前程，而員工在作自己的前程計畫時，如不把企業當作最後的選擇，而是把他的**專業**（profession）當作最後的選擇時，可能會變成企業嚴重的損失——人力的流失。簡單地說，生涯輔導主要是談企業如何協助員工在企業內發展。

因此，我們也可以說，生涯輔導就是協助員工作生涯規劃。

第5節　生涯管理

　　經理人要協助員工作生涯規劃，可參考如圖 16-3 所示之生涯管理程序，並從下列幾個步驟著手。[4]

　　首先，經理人應該深入了解員工在目前的職務崗位上是否有滿足感。如果員工很滿意，我們可以假定他暫時不需要做事業規劃；如果員工對公司或工作有不滿的情緒，就必須幫助他們做生涯規劃。

　　至於要如何了解員工的滿足感，經理人可以利用問卷調查的方式進行。在一些人事部門比較健全的公司，人事主管每隔一段期間便會對員工作一次詳細的調查。例如美國的德州儀器（TI）公司就有這樣的制度。

　　作者在國內某大企業服務時，也曾設計過簡單的問卷，用來了解員工的滿意程度；結果顯示，表面平靜的公司裡，一半以上的主管對公司相當不滿意。

　　一旦員工有不滿意的傾向，經理人就應該進行第二步驟的工作，即了解員工的動機，並且幫助員工了解他們自己的動機。

　　經理人可以購買現成的量表，如愛德華個人偏好量表（EPPS），讓員工填答，再幫員工作分析。這種作法通常頗受「知識工人」的歡迎。如果經理人本身無法作分析，可逕洽各大學心理輔導單位，由心理學家來代勞。

---

[4] 修正自 Douglas T. Hall, *Career Development in Organizations*, San Francisco, CA: Jossey-Bass Publishers, 1986, p.12。

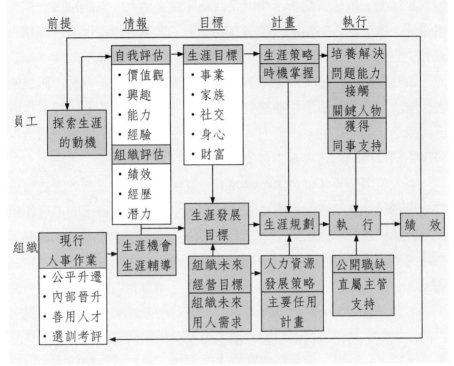

圖 16-3　生涯管理程序

　　愛德華個人偏好量表中，包括個人對十五種需要的偏好。這十五種需要如下：[5]

　　1. **成就需要**（need for achievement）：盡力而為，欲獲致成功，完成某些須技術和努力的任務，欲成為公認的權威，完成某些具有重大意義的事情，妥善地完成困難的工作，解決難解而惑人的問題，欲在各方面強過別人，想創作偉大的小說或戲劇。

　　2. **順服需要**（need for deference）：從別人處獲得提示，發現別人

5 修正自東吳大學生涯發展中心量表，另參閱李亦園與楊國樞合編，《中國人的性格》，台北：桂冠圖書公司，1988 年，頁 414~416。

想的是什麼，依他人的指示和期望行事，讚揚他人，告訴別人他們做得很好，接受別人的領導，閱讀有關偉人的書籍，遵從習俗，讓別人去做決定。

3.秩序需要（need for order）：書寫整齊而有組織，在進行困難的工作前詳加計畫，使事物井然有序，旅行前作縝密的籌劃，將工作細部組織化，依一定的系統或方式整理信件和資料，定時定量地進食，將事物安排得順利正常而少有變更。

4.表現需要（need for exhibition）：喜說富機智的話語，說些有趣的故事和笑話，談述個人的冒險和經驗，引起別人對自己的重視和讚美，說話只為了看此話對別人有何效果，談論自己的成就，欲成為大家注意的中心，用一些別人不懂的字眼，問一些他人無法回答的問題。

5.自主需要（need for autonomy）：隨心所欲地來去，發表意見，自己作決定，自己做自己要做的事，做一些不同於習俗的事，避免必須遵從他人的情境，做事時不顧別人怎麼想，批評並攻擊權威，避開責任和義務。

6.親和需要（need for affiliation）：願對朋友忠誠，參加友善的團體，為朋友做些事情，結識新朋友，盡量多交朋友，與朋友分享，願與朋友一起做事，而不喜單獨行之，保持密切的接觸，寫信給朋友。

7.內省需要（need for introspection）：分析自己的動機和感受，觀察別人，去了解他人對事物的感受，設身處地為別人著想，依別人為什麼做而非做了什麼來判斷人，分析別人的行為，分析他人的動機，預言別人將如何行動。

8.求助需要（need for succorance）：陷入困擾時，企盼有人幫助，尋求旁人的鼓勵，希望有人能對其個人問題有所了解和同情，接受別人的感情，願旁人樂於助他，在抑鬱時盼有人幫助，生病時希望有人安慰，受傷時盼別人小題大作。

9.**支配需要**（need for dominance）：為自己的觀點而辯論，欲成為團體中的領導者，卻被人視為領袖，想受聘或當選為委員會的主席，作團體的決策，勸服並影響旁人，指導或監管別人的行為，告訴別人如何行事。

10.**謙卑需要**（need for abasement）：為做錯事須感到內疚，當事情錯誤時，接受旁人的責怪，認為個人應忍受痛苦和不幸而不該去傷害別人，對錯失加以懲罰，寧願屈從他人而不願與人有所爭執，感到有坦承錯誤的需要，在不能處置的情境中感到沮喪，在優勢者面前顯得膽怯，在許多方面自覺不如人。

11.**助人需要**（need for nurturance）：幫助在困難中的朋友，協助比較不幸的人，以仁慈和同情待人，寬恕他人，施小惠於人，對人十分慷慨，同情那些受傷或有病的人，對他人付出很多感情，在個人問題上使人信任自己。

12.**變異需要**（need for change）：從事新而難的工作，喜歡旅行及遇到新的人們，與經歷日常生活中的新奇和變化，去實驗或嘗試新而不同的工作，去別處走動或生活，參與追求新的時尚。

13.**持久需要**（need for endurance）：堅持致力於一項工作直到完畢為止，完成任何已著手進行的工作，對於指定的任務努力以赴，執著難題或困惑直到解決後才罷手，為了做完一樁事而加班到很晚，長時間不分心地工作，對於看來並無進展的問題仍舊執著不放，避免在工作時被打擾。

14.**異性戀需要**（need for heterosexuality）：欲邀約異性外出，善與異性一同參加社交活動，與異性談戀愛，欲親吻一下異性，欲讓異性視為體態誘惑或迷人，參與有關「性」的討論，閱讀有關「性」的書籍和劇本，傾聽或敘說涉及「性」的笑話，喜歡性興奮。

15.**攻擊需要**（need for aggression）：攻擊相反的意見，告訴別人自己對他們的看法，公開批評他人，開別人的玩笑，與別人不和時則斥

人後離去，欲為受辱而報復，容易發怒，事情出差錯時去指責別人，
歡喜閱讀報紙上有關暴行的詳情。

第6節　生涯輔導要點

一　利用生涯規劃手冊

有時，為了協助員工確認其本身具有怎樣的能力、興趣及需要，
可以根據一些生涯規劃手冊（manual），想辦法了解員工的動機、需
求及能力、興趣，其次是從這些了解中去發展員工的生涯規劃。這些
發展是指其能力上的培養、需求上的調整，甚至幫助員工確定其生涯
目標。以後者為例，員工個人應該如何訂定合適的生涯目標，才不致
使目標過高而造成個人挫折感；當然員工也不能把目標訂得太低，以
致其能力無從發揮。最後，生涯輔導技術還包括提供企業內各個空缺
的機會，讓員工充分了解未來可能的升遷方向。

二　成功的標準

因此，在第二個步驟，經理人應該輔導員工訂定合理的「成功標
準」。6 每一個人的成功標準，都是由自己決定的，此時，經理人最
重要的任務，就是灌輸員工這個觀念，以取代從前以別人的成功當作
成功標準的觀念。

畢竟，天底下的偉人、名人都是「少數民族」，每一個公司也只

---

6 余朝權，《新世紀生涯發展智略》，台北：五南圖書公司，2002 年，頁
　9~15。

有一個董事長和一位總經理,因此,員工不應也不宜將職位晉升當作唯一的成功指標。他還可以考慮家庭、個人、社交等層面。如果有人以當個好爸爸或好丈夫,或是以廣交朋友、鍛鍊強健體魄作為人生主要目標之一,也未嘗不是一件好事。經理人如此灌輸員工正確的觀念,更可以幫助員工訂立適切的工作目標。

至於第四個步驟,經理人應該請員工指出他目前的工作狀況(從第一步得知),與其人生目標中的工作目標(第三步)二者之間的差距,然後檢討員工所具備的條件(潛力、經驗)是否能縮小此一差距。

如果員工所具備的條件不足,經理人就應該告訴他:「你的理想太高了」,請其降低「抱負水準」,或請他多培養新能力或改善舊技能。

如果員工具備足夠的條件,那麼經理人就應該考慮調整員工的工作內容或職務,使員工能為公司做更大的貢獻。

此時,還有一點相當重要。經理人應該撥出時間和員工討論環境的變動趨勢,特別是科技的變遷與公司未來的展望。因為,員工未來的發展要看他所具備的能力,是否正符合公司未來所需。如果員工不知道公司的發展方向,而只是發展個人獨特的才能,如此,必會導致日後跳槽、楚材晉用的現象。

國內聯華電子的經營者就具備了這樣的識見,特別重視員工的訓練與發展,讓員工流動率保持在很低的比率。

第五步驟的工作,是根據上述理念所發展出來的。此時,經理人可以和員工共同規劃出未來的發展途徑,例如何時作平行輪調、何時晉升等等。

就作者所知,國內有些優秀的主管人才,就曾做過類似的工作。他們定期和部屬檢討工作的性質與責任、單位本身的功能與同事背景,以及下一個職務目標等。

由於經理人本身的能力、經驗、消息來源等，都比部屬來得豐富，因此他能夠判斷部屬的目標是否切合實際。

至此，員工的生涯規劃大致就算完成。

三　注意事項

在協助員工做生涯規劃時，經理人必須注意以下三個事項：

1.經理人在某一步驟應否介入協助員工，及介入多深，必須由部屬自己決定。也就是說，員工擁有絕對的隱私權，他們有權不和上司討論自己的事業前程。

2.經理人應主動聆聽員工的談話，並鼓勵員工開放地表示意見。如果主管不願聆聽，時常打斷部屬的談話，或是把自己的主觀判斷隨便加諸部屬身上，則此一良法美意將會無疾而終，無法真正發揮作用。

3.此一討論最好和考績分開。考績是檢討過去，而生涯規劃則是針對現在及未來，兩者的用途不同，若混為一談，員工一定不會表達出內心真正的意見。

四　提高工作生活素質

傳統上，我國企業經營者或主管很少協助員工做整體性的生涯規劃，以至於員工對於目前所擔任的工作，以及未來的事業前程發展，常感到茫然。因此，平日工作時，常有為自己留路，並未充分發揮潛力的現象。一旦看到別處有比目前工作更好的機會，立刻「義無反顧」，掉頭就走，使我國企業常有「留不住人才」之嘆。

如果企業能為員工作生涯規劃，協助員工提高工作生活素質，必可降低流動率與提高其工作士氣。因此，在美國，諸如國際商業機器（IBM）、奇異電氣（GE）、全錄（Xerox）、三茂（3M）、美國電話

電報（AT&T）等管理卓越的公司，均訂有類似的方案。

美國麻省理工學院席安博士指出：「調查顯示，MIT的畢業生當中，許多人在過去十年來，從未深入反省自己的生涯規劃。」

筆者推測，這種現象在國內將更為普遍，盼望各級經理人能正視這項工作的重要性，使我國的企業向前更邁進一大步，為部屬及企業創造出一致美好的前程。

第7節　忽略員工生涯輔導的因素

前面已提及，生涯規劃是站在員工觀點，開始時先考慮其能力、興趣、動機，接著探討公司內外的機會，訂定員工的目標及計畫適當的生涯發展，最後予以執行。因此，生涯規劃與生涯輔導，一個是站在企業的觀點；一個是站在個人的觀點來說的。

然而，生涯規劃與輔導觀念，為什麼在台灣的管理（人力資源管理）領域中，一直較少受重視？照理說，台灣員工相當重視前途的發展，為何還有生涯輔導未在台灣生根的現象出現呢？

基本上我們都了解，在人事管理（或人事資源管理）方面，最基本的**人事機能**（function）是人員選、訓、用、估、評、酬六大項。人事管理的第一步，是利用甄選的技術，把人員選進公司，第二步是加以簡單的**估計**（assessment），估計其大約可擔任哪一個職務，第三步是加以訓練，第四步則加以**派用**（assignment）。這四項做完後，可觀察員工到底有多少工作表現或工作績效。有了工作績效，馬上進行考評的工作；考評的工作做完了，就必須給予獎懲，以及進一步的訓練或遷調。以上可以說是最早期的人事功能，也是台灣目前進行的人事管理的功能。

但是第二階段的人力資源管理，應該是要涵蓋員工的生涯規劃，亦即員工的生涯輔導。

第三階段係員工的生涯輔導跟企業的人力資源管理功能相結合。此一作法，有賴於企業將企業總體計畫體系，貫徹到人力資源體系上。換句話說，在第三階段，企業從一開始必須先作策略規劃，從企業的總體計畫（策略規劃）中，延伸出人力資源規劃的細目，也就是將人力資源規劃當作企業總體資源規劃的一環。在這種作法之下，對於人力資源，才不至於給予過分的重視。人力資源規劃仍有其限制，不能以人力資源作為企業唯一的考慮基礎。在早期，整個企業的規劃，是以其最寶貴的有形資源，如資金、材料、物料等作為主要基礎與主要規劃項目。現在把整體規劃的一環，即人力資源規劃，特別拿出來探討時，如果忽略了其他的資源，容易造成矯枉過正的現象。

麻省理工學院席安教授曾指出，人力資源規劃在未來的作法，一定是與企業的總體規劃結合在一起。任何一個企業的人力資源管理者，必須同時具備企業規劃（整體性策略規劃）知識，然後從中擬出人力資源規劃的內容。他必須對員工的能力、興趣與需求作一番考慮，這就是以員工為導向的人力資源管理技術。

以下簡單地用一程序來說明，這種以員工的前程作為核心的人力資源規劃技術程序。

美國有一位企管教授，曾提出一個簡單的講法。他說，人力資源規劃一開始主要是在訂定企業所需人力的數量，以及人力的種類，有了這些人力的數量及種類（種類是指財務人才、工程人才、研究人才等等），接著是訂定每一職位未來升遷的途徑，這種升遷的途徑稱為**生涯路徑**（career path），而確認生涯軌跡或職務履歷的過程就稱為訂定生涯路徑（career pathing）。[7]

以行銷人員或業務人員為例，在大學畢業後，從業人士可能先擔

---

[7] Gregory Moorhead, and Ricky W. Griffin, *Organizational Behavior*, Boston, MA: Houghton Mifflin, 2004, pp.575~576。

任「業務員」或「營業員」，在數年之後垂直晉升為「營業主任」（課長），接著他可能平調到行銷企劃部門擔任行銷研究或市場調查部門主任，經過一段歷練後接著斜向晉升為產品副理、產品經理，之後晉升為行銷經理，然後平調為新產品開發部門經理，最後晉升為行銷副總經理，上述職稱即為生涯路徑，而確認個人的未來發展路徑就是訂定生涯路徑。

人力資源規劃（H. R. P）的第二階段，就是幫助員工確定前程發展的路線，比如說，在許多企業裡，都沒有顯示出一個會計人員該往什麼職位發展。前程路徑在訂定時，有一先決條件，就是要求人事部門以及各部門的主管共同來訂定最基本的工作說明書。唯有利用工作說明書，我們才知道，哪一職位需要具備哪一種性向或能力的人才。有了這些不同能力、性向的說明，來顯示一個**職務**（job）所要具備的條件之後，我們才可進一步去擬定前程路徑。例如一個人要從會計人員升任會計主任或財務主任，他應該具備哪些新的能力、新的性向。

早期企業沒有進行生涯輔導時，員工不了解下一步應該往哪一個方面去努力。一個工程師，目前做測驗工作，但下一步他不曉得是否可當工程部門的主任。如果生涯路徑已顯示出來，這個員工就了解到，他必須了解製程工程，由製程工程進一步了解到製造工程、了解到其他如品管及領導技術，於是他才具備當一個製造主任所應具備的能力。如果企業非常的小，只有二、三十人，那他的生涯路徑就很清楚。不過，如果企業規模達到數百人或數千人，前程路徑的規劃就相當不容易，因為這時必須把企業內職位平行遷調與垂直升降的整個體系建立起來。整個體系建立之後，每一個人進入公司，看了前程路徑，就知道他要達到理想的公司最高職位時，應歷經哪些程序。

許多人進入美國企業做事後，曉得在十年後，他可能升為公司的執行副總裁，這是因為美國相當多的企業都列有這種生涯路徑。生涯路徑一旦列出來，其次就是將生涯路徑細節編列成一手冊，以讓每一

員工根據其性向及喜好,找出一條適合他自己的生涯路線(生涯路徑)。

例如專業人士(工程人員)可以清楚看出他有兩條晉升路線,一條是繼續從專業(工程)工作,另外一條是轉任管理工作。又如電腦人員初期可能從事程式設計的工作,接著做程式分析,而成為一資深系統分析師的路線,同樣他也可擔任主管的職位,如程式主管、分析主管、電腦部主管。

每一個人了解到他有多少條可行的生涯路徑之後,他才可能找到正確的努力方向。否則,有些人可能晉升到達無法勝任的職位,如一個工程師已升任工程部門主管,而事實上並不具備工程主管的性向、興趣或能力。有些人則適合擔任工程部主管的職務,但公司卻交給他一大堆研究工作,以致他個人的興趣及領導統御的能力無從發揮。

企業有必要將企業內的空缺職位,讓企業內所有員工都有機會來爭取。根據作者對企業界的了解,一般企業很少將公司內職位的空缺向所有員工公布。也許有少數人員因特殊的人事關係(親戚)、人際關係或特殊資訊的關係,以至於很容易成為空缺職位的填補者。但是真正卓越的企業,若要讓所有員工發揮所長,就應該將公司內所有空缺職位讓所有人了解。

很多企業常在報紙上登廣告,以求才廣告對外徵求某一職位的人才,而這個職位很可能是公司內某一個和這個職位平行或比這職位低的另一個職位擁有者(員工)所希望的。舉例來說,公司若有一個營業主管職位的空缺,也許業務人員或營業企劃人員都對這職位有興趣。不過,公司通常會對外甄選,也就是沒有將空缺的職位在企業內加以公布。

職位空缺公布之後,企業內部就要設一評估中心,用評估中心評估企業內哪一個人適合這個新的職務空缺。如果有某(些)人具備適當的資格能力,就讓他去填補空缺;如果沒有合適的人才,就要進行

生涯輔導。這時的生涯輔導，就是讓這些對某職位有興趣的人能了解到他個人能力及性向，是否合於所希望晉升職位的要求。

大多數低階層的員工經常會想擔任更高一層的職位，可是他並不了解個人要晉升哪個職位應具備哪些能力或性向，因此生涯輔導須廓清員工要晉升的路線，及所需增加的能力是什麼？

生涯輔導的下一階段是員工訓練和升遷兩個作法，在第六章「學習理論與組織學習」一章中，已有探討，此處不再贅述。

最後是重視主管人員的訓練及獎懲。在台灣，企業主管似乎沒有注意到他的員工應該怎樣發展。有一句古老的中國成語為「獎掖後進」，也就是提拔人才。中國的主管知道提拔人才，但不知道人才應如何規劃，讓他走向正確的道路、發展出適合的能力。因此，國內常看到企業的主管人員，他自己升遷得很快，可是他的部屬卻沒有幾個升遷。這中間最主要理由，在於主管人員沒有想到要好好的訓練和規劃員工的前程。

不過，如果我們站在主管人員的觀點來說，就會覺得這個現象是很自然的。因為每一個主管，公司都會對他做許許多多的要求，例如對業績、成本或市場占有率的要求，但迄今為止，尚少有企業要求主管對部屬作生涯輔導的工作。換言之，早期的人事管理領域中，並沒有把訓練及發展（培育）部屬的能力，以及進行部屬生涯輔導，視為主管人員的主要工作之一。而身為企業主管的人，也很少將某一員工升任而且能夠勝任較高職位的情形，視為個人很大的成就。公司也未因此而獎勵主管人員。因此，主管人員也就缺乏協助員工進行生涯規劃的動機。

因此，一個企業若要進行生涯輔導，有必要在主管從事生涯輔導而有成就時，給予適當的獎勵。這獎勵可能是金錢，也可能是福利的增加。不過，獎勵的方式最好不要用職位的晉升。因為某主管能夠認識人才及訓練人才，並不表示他的能力能勝任更高職位的工作。因

此，我們希望主管人員能因為獎掖部屬而得到金錢上或精神上的獎勵，但不見得是要賦予新的責任或新的職務。這是從人力資源規劃到生涯規劃的一個簡單資訊流程。

以下再就企業整體規劃、員工生涯規劃，以及人力資源規劃交織的過程，作一簡單的說明。席安博士所發展出的系統稱為「**人力資源規劃和發展系統**」（human resources planning and development system，簡稱 H. R. P. D）。這個系統基本上是這樣的：在企業活動方面，首先有企業總體企劃，接著有企業人力資源規劃。人力資源規劃一定要產生一個重要的結果，也就是人力資源檔案。現在電腦的運用相當普及，所以人力資源檔案裡，至少要包括個別員工的所有資料，如年齡、性別、能力等。企業同時還要作統計分析，了解公司內人才分布的情形，包括能力、年齡、性格趨向的分布情形，這樣的人力資源檔案才能作為人力資源規劃與前程輔導的基礎。換言之，人力資源檔案是人力資源規劃的核心，根據人力資源檔案，才知道目前及未來企業可能需要哪些人才。企業對於人才的需求，實際是根據人力資源檔案所顯示的人力供給資料，以及公司在做總體計畫時所確定的人力需求量。這些人力的需求以及人力現況間的差距，才是企業真正從事人事管理所要彌補的。

消極的人事管理作法，僅僅從事人事的評估、考核、獎懲等。而真正積極的人事管理，應該是從現在企業有哪些人才、未來需要的人才這方面去著手。

譬如公司由於未來業務的擴充，業務主管可能同時要監管廣告作業，這廣告作業是否有適當的人才擔任？若廣告業務層次多，需要設立廣告部門時，公司內有沒有合適的廣告主管人才？他需要具備哪些能力、性向以及興趣？有了這些了解之後，接著才進行生涯輔導。在另一方面，員工也在事前進行生涯規劃活動。換言之，員工是根據他個人的經驗和履歷從事自我的評估，然後發展出他的生涯方案。最

後，將員工的生涯規劃與企業的人事資料計畫作一個結合，就是生涯輔導。

　　這個模式雖好，但有一個缺點，也就是對現在與未來的人力資源需求，並沒有給予一個明確的區分。因此，底下提出一個正確的生涯規劃程序，這個程序的特點，乃是以針對未來為著眼點。

第8節　生涯輔導的注意事項

　　每一個正在經營的企業，在開始從事生涯輔導時，首先要檢討公司的組織圖。檢討公司組織圖可了解到，公司內現有哪些職位及其職位說明。針對這些職位，我們可做第一項工作，就是績效檢討與人員訓練，是屬於檢討過去的階段。其次，企業需有一個人才檔案。接著，企業應該了解到它現有人力的需要，以上是第一階段。

　　而在第二階段，也就是針對未來的階段，我們須確定企業營運目標及未來的組織結構，也就是從事企業總體規劃，訂定新的營運目標，建立新的結構組織，這樣才能確定新的職位。而員工則根據公司未來的發展作生涯規劃。如果未讓員工了解未來公司的展望，那麼員工都會離去。舉例來說，現在工廠有員工五百人，營業額有三億，但是員工若不知道公司在未來五年到底會變成怎麼樣，他也就看不出自己未來會有怎樣的發展。因此，公司的營運目標讓員工了解到他未來的路徑是在哪裡。有了職位目標，我們就可以結合兩者：一方面是公司未來的職位，一方面是個人對未來職位的要求期望，然後將兩者的差距做一分析。差距分析後，即應進行生涯輔導。換言之，一個員工若沒有做生涯規劃的話，他就不知道如何往上發展，如何去升遷。而許多穩定的公司，也就是不會膨脹、也不會縮小，維持現狀的公司，員工是不會去做準備、做計畫的。

一 訓練與輔導並重

　　另外，如員工受限於個人之性向能力，而無法晉升或調任時，應給予心理輔導，也就是使那些對自己期許過高的員工，降低其對自己的期望；或是讓那些以外在的成功指標來定義自己的人，將注意力轉移到把自己的工作做好，而不是看「別人如何看自己」。

　　生涯輔導主要分成兩部分，第一部分是讓員工了解到增加新的能力，才能邁向新的職務（方向）；而在另一部分是利用心理輔導，以降低員工對自己有過高的期望，讓他明瞭，他的能力只適合現今的職位。

　　例如一個高中學歷的業務員，若不了解行銷研究、廣告作業，甚至不了解對經銷商及對零售商應如何促銷，如貿然讓他擔任行銷經理的話，那將是公司一個很大的危機，這時最好的作法是，應讓這位員工了解到，他最好的階級到這裡也就夠了，這點有賴於對這位員工做心理輔導。有了這種生涯輔導之後，下一階段再讓員工了解到他應該如何發展，也就是讓他培養個人新的能力。以領導能力為例，任何員工從基層升任主管的時候，就必須讓他接受領導能力的訓練，讓他了解到：怎樣和部屬溝通，而不只是下命令；哪些決策需要員工的參與等等。此外，也應該學習權變的領導方式，比如在公司危急時要使用獨裁的方式，公司穩定時，則應民主一點等。

　　生涯輔導在考量企業特性與員工特性後，大致是三至六個月就可以完成，但其後續工作則是無止境的。只要企業存在一天，並想真正留住人才，就必須要作生涯輔導，如此才能達到所謂的「兩利經營」，也就是公司想有成長，也必要讓員工成長。

　　這種經營方式對公司和員工二方面來講都是有必要的。從公司觀點言，若公司有成長，而員工能力沒成長，這不是良性成長，而是惡

性的成長，也就是企業腫大症；因為公司有成長，而員工不能得到成長，員工將會離去，以尋求新的出路。成功的企業，總是採用各種辦法，將優秀人才都留下來。例如IBM，我們沒有聽說過傑出的人才從IBM流出。只有即將衰亡的公司，才會讓人才流出來。

二 誰來從事生涯輔導？

至於生涯輔導的執行，到底是由誰來做？這點可分三個可能性。

第一個可能性是由主管來做，亦即由直屬的主管來做。以業務主管為例，如公司未來業務擴張之後需要營業、廣告、促銷推廣等主管，則目前就讓不同的部屬分別去發展，例如未來的營業主管須作營業分析及培養領導能力，在個性上也許要豪放一點，要學會喝一點酒；而未來的廣告主管，則要求他多注意好的廣告是怎麼做，好的時段如何爭取，去廣告公司接洽時，將他帶在身邊見習。數年後，這些業務員都能成為該公司的重要幹部。

第二個可能性是由人事部門來發動，因為很多直屬主管並不具備生涯輔導的能力，公司也未適當獎勵主管去作生涯輔導，這時人事部門主管就應該主動去開拓這一領域，如果人事部門不進行生涯輔導工作，那麼它只能算是做到一些消極的功能。

第三是讓全體員工或少數有興趣的員工去參加生涯輔導工作室（work shop），接受輔導顧問的服務。

一般來說，如果企業讓主管來擔任員工的生涯輔導員，有其優點和缺點。最大優點是他對所屬員工有較深的了解，若聘請專家輔導的話，對員工較不了解，可能產生錯誤的判斷。不過，由直屬主管來擔任輔導者，亦有其缺陷，最大的缺陷是對輔導的過程及有關輔導的技術會相當陌生，所以在作業方式上，必須參考相關的生涯規劃與輔導手冊，以對輔導程序有所了解。所以，企業在引導生涯輔導技術時，

必須先對主管人員作相關的輔導技術訓練。

第9節　邁向兩利經營

　　總而言之，生涯輔導技術是現代企業在運用人才上最有力的工具之一。企業在劇烈競爭的環境中，無論是為了留住人才，或是為了讓員工發揮最大的潛力，都應該積極地引入生涯輔導技術，協助員工進行生涯規劃，才能確保公司的生存與成長，同時也讓員工獲得最大的滿足，形成真正的兩利經營。[8]

一　新心理契約

　　美國社會是一個高度成熟的社會，有鑑於大多數就業人士的心態都相當成熟，而工作環境（及就業環境）又動盪多變，所以近年來已有學者提倡**新心理契約**（new psychological contract），強調員工應主動負責自身的生涯規劃與發展。[9] 因此，組織不再提供「**就業保障**」（employment security），而是提供「**就業力**」（employability）；換言之，組織會繼續進行員工的訓練與培育，以使員工有能力在必要時找到其他就業機會。

　　例如福特汽車公司就實施「**個人發展徑路圖**」（personal development roadmap, PDR），讓行銷、業務及服務部門的員工可直接上網查知各項職務所要求的技能條件，而由員工自行決定要加強哪些領域的訓

8 余朝權，〈前程輔導技術在人力資源規劃上之應用〉，中華民國全國工業總會編，《管理與科技》，台北：中華民國全國工業總會，1986 年，頁 15。

9 R. H. Waterman, J. A. Waterman, and B. A. Collard, "Toward a Career -Resilent Workforce," *Harvard Business Review*, July-August 1994, pp.87~95。

練，並在網路上找到培養相關技能的方法，包括公司內部及外部的訓練及遷調到新職務以加強工作經驗等。*10*

新心理契約的觀念使員工更有機會作自我發展，但也有一些缺點，如員工對組織的認同感可能下降，流動率也隨之提高等。因此，在員工身上多做投資，使員工能長期在組織內服務，仍然是值得鼓勵的。*11*

※歷居試題

■申論題

試說明一個企業如何進行績效評估（performance appraisal）與員工生涯規劃（career planning）？在一個跨國企業的經營環境下，績效評估與生涯規劃的策略必須進行哪些必要的調整？（25%）

【國立台灣大學90學年度各系所碩士班招生考試試題】

─────────────

10 Richard L. Daft, and R. A. Noe, *Organizational Behavior*, Orlando, Florida: Harcourt College Publishers, 2001, pp.92~93。

11 A. S. Tsui, J. L. Pearce, L. W. Porter, and A. M. Tripoli, "Alternative Approaches to the Employee-Organization. Relationship: Does Investment in Employees Pay Off?" *Academy of Management Journal*, 40, 1997, pp.1089~1121。

第十七章　創新管理與知識管理

　　在知識經濟的時代裡，創新是組織最重要的活動之一，無論是政府機關或企業機構，皆不例外。本章將先探討創新的基礎——創造力，其次說明創新與知識管理。

第1節　創造力

　　創造力（creativity）是指能夠發展出一般公認對社會有貢獻的新奇（**原創性的**，original）產品、服務或想法的能力。學者葛亭（D. Gurteen）認為，在一逐漸以知識為基礎的經濟體系中，創造力是每一個企業獲取**競爭優勢**（competitive advantage）的來源。[1] 當吾人在決策過程或解決問題的過程中，無論是發現問題，確認自行方案，乃至提出解決方案，常有賴於創造力的發揮。

　　創造力在初看之下，許多人會以為它是與生俱來的能力，有些人天生似乎就很有創造力或創意，如音樂大師莫札特（Mozart）從小就能作曲，而大多數人卻似乎不太有創造力，終其一生也沒有創造出什麼東西。其實，創造力是可以透過學習去開發的一種人類潛能，組織與個人都應該設法開發或刺激個人的創造力。

---

[1] D. Gruteen, "Knowledge, Creativity and Innovation," *Journal of Knowledge Management*, 2, September 1998, pp.5~13。

學者們大多認同，創造過程或**創造力的過程**（creative process）約可分為四個階段，如圖 17-1 所示。底下簡單說明這四個階段的內涵。

一　準備

創造力絕不是憑空出現的，它首先要具備的條件就是**準備**（preparation）的工夫。準備意指取得與問題（或機會）有關的知識與技能。[2] 換言之，要發揮創造力，首要的條件是對問題本身有非常明確的了解，而且對於所想要達到的目標也很具體，才有辦法去找到一個新奇良好的解決方案。

二　醞釀

醞釀（incubation）意指在心底反覆思考的過程。當我們反覆在思問題時，即使有時因故（如改辦其他事情、飲食休閒等）而暫時把問題擺在一邊，我們的心智仍然會繼續運作，把問題有關的知識、經考驗攪和在一起，企圖從中理出頭緒、殺出一條血路，這就是醞釀，好比懷孕（醞）婦女子宮內的胎兒繼續成長，又好比酒槽中的釀酒原

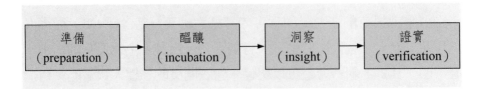

圖 17-1　創造過程

2　J. R. Hayes, "Cognitive Processes in Creativity," in J. A. Glover, R. R. Ronning, and C. R. Reynolds, eds., *Handbook of Creativity*, New York: Plenum, 1989, pp.135~145。

料（米、麥、高粱）在繼續發酵一樣。

　　醞釀的時間有長有短，但重點是問題及解決方案都仍放在心上。在醞釀的過程不可以把問題完全置之腦後，或全然忽略忘記（這樣的話，酒糟將無法發酵），也不宜太過關注問題（這樣一來，可能會產生太多挫折）。因此，它是一種保持與問題「若即若離」的關係，既不太黏，也不會不黏。若是「衣帶漸寬終不悔，為伊消得人憔悴」，那可就划不來了。

　　例如許多公司會設置敘遊戲間，讓員工在那兒暫時紓解繃緊的思緒。

　　醞釀可以有助於**發散式思考**（divergent thinking），一般性事物常可透過邏輯思考找到「正確的答案」，例如解數學方程式或會計例題，此時所需的是**收斂式思考**（convergent thinking），但對於全新的問題，尤其是在環境動盪的情況下，以獨特的、全新的思考架構來面對問題的發散式思考（或多元思考），可以跳脫既有的窠臼，尋找到另一片天空。

三　洞察

　　洞察（insight）也稱為體會、領會或是頓悟。當我們在醞釀階級，突然想到一個嶄新的意念，好比靈感出現（靈光一閃），整個問題或困境就豁然開朗，這就是洞察。古人所提的詩：「山窮水盡疑無路，柳暗花明又一村。」就是在描述這種境界。當然，這種曙光的來臨是在前面的，是屬於比較順利的一種。如果在極度困頓中，眼看無計可施時，說時遲，那時快，「驀然回首，那人卻在燈火闌珊處」，這就是具有絕大樂趣的頓悟了。

四 證實

洞察通常只是一個粗略的**意念**（idea），必須經過進一步地計算、評估、實驗等，來證明此一意念的可行性。因此，具有配套措施的可行方案（或是生產作業流程、產品），也需要被設計出來，才能使意念變成具有價值的創意。

晚近學者阿瑪比爾（T. M. Amabile）提出創造力三**要素模式**（three-component model of creating），用來解釋組織應如何激勵員工的創造力。[3] 此一模式指出，能夠激發創造力的要素有三：專精、創造性思考技巧和工作本身的激勵。

第一個要素或成分為**專精**（expertise），是指在個人所從事的領域中有相當深入的了解，有充分的知識與技能。事實上，專精是所有創造性活動的基礎，個人唯有對其專業領域相當嫻熟之後，才會看出哪些地方值得改進，而這些地方正是創造力得以發揮之所在。

第二個要素為**創造性思考技巧**（creative-thinking skill），包括與創造力有高度相關的個人特質、推理能力及由不同角度思考的能力。與創造力有關的個人特質，包括聰明、獨立、自信、冒險精神、內控傾向、模糊容忍度、挫折忍受度等。推理則是指舉一反三、善用類比等技巧。例如一般製造業的行銷手法，也可被推衍至個人行銷、政治行銷、非營業事業行銷等領域。

第三個要素為工作本身的激勵，也就是說，組織在設計個別員工的工作內容時，應該讓員工能從事整體性的工作，使員工感到工作具有重要性（有意義），因此，從事該項工作本身就是一件激勵人心的

---

3 T. M. Amabile, "Motivating Creativity in Organizations," *California Management Review*, Fall 1997, pp.40~52。

事，人們從工作中獲得樂趣，感受到生命的意義和價值。

第2節　知識的創造

創造力的發揮可以表現在實體物質的創造與知識的創造，本節以後者為主題，以因應知識經濟時代的來臨。

一　知識的類別

Nonaka 和 Takeuchi（1995）將知識分為**外顯知識**（explicit knowledge）與**內隱知識**（tacit knowledge）兩類。「外顯知識」是指可以形式化、可明文表達、可用言語傳達的，亦即可客觀地加以捕捉的概念，例如數據、科學公式、自然定理等，這類知識可以利用電腦等資訊工具來儲存與傳遞。

「內隱知識」則深植於個人行為與經驗之中，極具個人化特質且難以形式化與口語化，因此難以溝通、難以與他人分享；主觀的洞察力、直覺、預感等，皆屬於這一類。此外，內隱知識也包含理想、價值觀、情緒等成分。具體而言，內隱知識可分為兩個構面：

　　*1.*技術構面：指無法形式化、難以具體說明的技巧、手藝或專門技術等。

　　*2.*認知構面：指心智模式、信念、知覺等意識層面。4

----

4 王美音與楊子江譯（I. Nonaka & H. Takeychi, 1995），《創新求勝——智價企業論》，台北：遠流出版公司，1998；Ikujiro Nonaka and Hirotaka Takeuchi, *The Knowledge-Creating Company: How Japanese Companies Create the Dynamics of Innovation*, New York: Oxford University Press, 1995。

二 知識的創造

根據 Nonaka 與 Takeuchi（1995）的觀點，組織內知識的創造是透過內隱知識與外隱知識間的轉換與互動來達成，這種知識轉換的過程分為「社會化」（socialization）、「外化」（externalization）、「結合」（combination）、「內化」（internalization）四種模式。

1. 社會化（從內隱轉換成內隱）：強調身體力行、透過個人經驗累積與學習體驗而從他人處獲得知識。例如透過觀察、模仿老師傅的技藝與自身的練習，而逐漸體驗老師傅的內隱知識、進而轉換成自己的內隱知識；在轉換的過程中會產生共鳴的知識。

2. 外化（從內隱轉換成外顯）：透過隱喻、類比、觀念、假設，用語言方式將個人自己的內隱知識（想法、訣竅）表現出來。儘管表達本身可能不夠精確，但因能促進個體間的對話與集體思考，而將觀念逐步釐清。俗語說：「教學相長」，就是這個意思。

3. 結合（從外顯轉換成外顯）：個人透過文件、會議、電腦網路等方式，進行外顯知識的交換與結合。組織透過對既有知識的分類、結合，不但有助於外顯知識的傳播，更有可能因此產生新的知識。

4. 內化（從外顯轉換成內隱）：指個人由已被表達出來的外顯知識（文字或語言形式）學習，由邊做邊學逐漸掌握文字或語言所表達的意涵。組織可藉由說故事來傳遞經驗，或是製作文件手冊、讓個人可依循系統化的步驟學習外顯知識，並從實際活動中體會而轉化成內隱知識。

扼要地說，內隱知識與外顯知識是互補的角色，兩者存在彼此互動、轉換的關係，會透過個人或是群體的思考與活動，從其中一類知識轉換成另一類，而組織的新知識也就在此不斷循環的轉過程中產生。此種對知識的創造與學習，對個人與組織都頗具啟發性。

三 組織如何創造知識

Nonaka 和 Takeuchi（1995）認為知識創造有個人、團隊、組織等三個層次，而創造的過程如下：

1. 個人知識的擴充：個人所擁有的內隱知識，若要擴充，可從「**多樣化**」（variety）以及「**體驗**」（experience）兩個角度著手。

(1)多樣化：工作若變得例行性，將會減少員工創造內隱知識的機會；在可能的範圍內，將工作賦予變化，將有利於員工創造知識。

(2)體驗：透過親身參與，由經驗過程而得到知識。

2. 分享內隱知識及概念化：個人所擁有的內隱知識，可透過團隊，使個人因與他人共事而創造新觀念。包括以下三個步驟：

(1)建構團隊：公司應將不同功能別的個人組織起來，使其互動。

(2)分享經驗：團隊成員直接對話、分享經驗，並相互培養信任氣氛，建立團隊共識。

(3)概念化：透過不斷地互動對話、共同合作、集體思考、激發創意，並進一步將創造的新知識概念化。

3. 具體化：團隊所形成的觀念必須具體化，形成新產品或新系統。

4. 知識的驗證：具體化的知識透過組織執行後，應衡量其效果。衡量的標準包括執行成本與利潤、對公司發展的貢獻等。

5. 跨層次的知識擴展：團隊所發展的知識得到高階主管的認同後，管理高層以此為基礎，進一步與員工做觀念互動，進而將新知識擴展到其他部門。同時，高階經理人的觀念也可經由與員工的互動而落實到實際工作中，成為有形的知識。

第 3 節　知識管理

知識管理並不是一個新觀念，但是在資訊科技以一日千里的速度快速發展之下，知識管理已受到全球主管的重視。現代經濟甚至被逕稱為「知識經濟」，而我們正處於「知識經濟時代」。

知識管理（knowledge management）乃是將組織的智識及創造性資源加以組織及分享的管理過程。組織透過系統化的方式，尋找、組織及提供整個公司的**智識資本**（intellectual capital），同時創造一種持續學習及知識分享的（組織）文化，使組織的活動能（充分）利用既有的知識。[5]

知識管理興起的原因，不僅是因為資訊科技進展快速，也是因為人的智識（智識資本）已取代其他資源，成為組織最關鍵性的資源，因此，設法開發員工的智識，已成為企業成敗的關鍵。

知識管理的方法很多，韓森等人（Hansen, et. al., 1999）提供了兩種方法，一為「人對文件法」，另一為「人對人法」；如表 17-1 所示。[6]

「**人對文件法**」（people-to-document approach）主要是利用資訊科技蒐集和分享外顯知識。外顯知識包括專利等智慧財產、工作流程、市場、顧客、供應商、競爭者情報等。這些智識是從每一個組織成員身上蒐集而得，再透過編碼、分類，形成資料庫，讓所有成員都很容易取用。

---

[5] William Miller, "Building the Ultimate Resource," *Management Review*, January 1999, pp.42~45。

[6] Morten T. Hansen, N. Nohnia and T. Tierney, "What's Your Strategy for Managing Knowledge?" *Harvard Business Review*, March-April 1999, pp.106~116。

表 17-1　知識管理方法（策略）

知識管理方法（策略）	策略內容	資訊科技	機制
人對文件法	＊發展電子文件（書）系統，使知識得以編碼、儲存傳播及重複利用	＊大量投資於資訊科技，將人與系統性知識結合	1. 資料倉儲 2. 資料探勘 3. 知識繪圖 4. 電子圖書館
人對人法	＊發展成員的互動網絡（路），以分享內隱知識	＊適度投資於資訊科技，以促進對話和交換知識	1. 對話 2. 學習歷史 3. 述說故事 4. 實務社群

「人對人法」（people to people approach）則著重在成員面對面溝通，或透過互動媒體來交換個別成員的專業知識和內隱知識（也稱為 know），[7] 例如個人創意、個人經驗、直覺及見解等。管理者的功能，就是為員工建立溝通網路，鼓勵及促進成員從對談中分享內隱知識。

一　外顯知識管理的機制

外顯知識管理的**機制**（mechanism），在最近快速發展，值得進一步加以說明。

1. **資料倉儲**（data warehousing）：當組織利用電腦將所有相關組織

---

7 學者稱內隱知識為「know how」，而外顯知識為「know about」，參見 Robert M. Grant, "Toward a Knowledge-Based. Theory of the Firm," *Strategic Management Journal* 17, Winter 1996, pp.109~122。

交易活動予以蒐集時，此一系統即是**交易處理系統**（transaction processing system, TPS）。而資料倉儲則是建立大量的資料庫，將組織所有的資料儲存、分類以利有關成員重複使用。這些資料源隨時更新，且與分析軟體結合，以利進一步分析。

2.**資料探勘**（data mining）：意指從組織的龐大資料庫中進行深入分析，以便能分析出有益的事實或情報，例如找出哪一類顧客對公司特定產品有較高的偏好等。無論是進入新市場或舊客戶的**顧客關係管理**（customer relationship management），資料倉儲與資料探勘都是很有效的工具。

3.**知識繪圖**（Knowledge maping）：意指確認組織內各類知識所在的位置，並提示接觸這些知識的路徑。[8] 例如休斯（Hughes）航空與通訊公司即利用視訊會議、員工網頁等工具建立知識高速公路，以使傳遞新知識、追蹤專利、蒐集競爭情報等。[9]

4.**電子圖書館**（electronic libraries）：意指將特定類別的資料建成資料庫，專供特定用途。例如昇陽公司（Sun Microsystems）就有一個電子圖書館，讓程式設計員可將整個軟體編碼取出，而毋須每一次重新製作。[10]

綜合而言，建立**內部網路**（intranets）是員工獲取外顯知識的必備工具。

[8] Richard L. Daft, *Organization Theory and Design*, 7th ed, Cincinnati, Ohio: South-Western College Publishing, 2001, p.262。

[9] Verna Allee, *The Knowledge Evolution*, Oxford: Butterworth-Heinemann, 1997。

[10] Louisa Wah, "Behind the Buzz," *Management Review*, April 1999, pp.17~26。

二　內隱知識管理的機制

內隱知識管理的機制，雖然也運用適量的資訊科技，但主要還是以成員互動為主。

1. **對話**（dialogue）：指兩個以上的成員聚集在一起，共同針對問題討論，以獲得共識及創造出解決方案。

2. **學習歷史**（learning histories）：指員工分享過去重大決策或解決問題的過程，使經驗得以傳承下去。就如同老一輩人士以述說故事的方式，將上一代的知識（智慧）傳給下一代。

3. **實務社群**（communities of practice）：指面臨類似問題的成員集合在一起，共同尋找解決方案。實務社群通常並未正式化，而是成員基於共同利益所組成的，故成員可能來自不同的部門或階層。

第4節　組織創新模式

許多人都能體會到，在變化多端的知識經濟時代，能夠持續創新的組織，才是最優秀的組織；而能夠幫助和激發部屬及同事，將創造力發揮到極致的管理者，才是最優秀的管理者。

所謂**創新**（innovation），意指創造新理念並付諸實現的過程。換言之，也就是將創造力（創意）具體化執行的過程。發明家可能只注意到創造力的發揮，但企業家及管理者則更注重創造力的實踐。「不**創新，即滅亡**」（innovation, or die）是企業界的共識，但並非所有企業都能夠做到。

創新基本上可分為兩類，一為**產品創新**（product innovation），也就是指更能讓顧客滿意的商品或服務；另一為**程序創新**（process innovation），也就是在生產商品或服務作業的過程，能以全新的制度或方

式進行,因而達到有效做事的目的。

　　一個高度創新的組織,必須同時考慮組織內的個人特性、團體特性和組織特性三者。傳統上,學者們對於個人創新及創造力的討論較多,但對於後二者的探討較少,其實,三者都有其必要性,而不可偏重於任何一方,如圖 17-2 所示。[11]

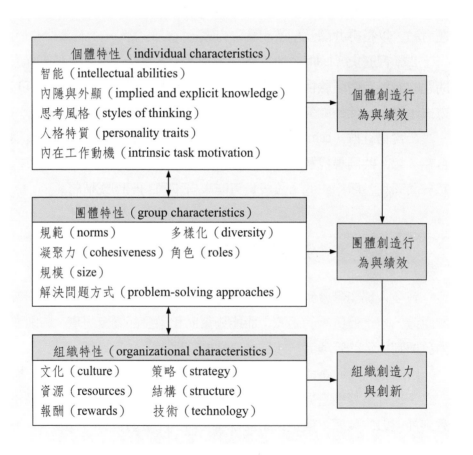

資料來源:節錄自 Kreitner & Kinichi (2001), p.367。

圖 17-2　組織創造力與創新模型

---

[11] R. Kreitner and A. Kinichi, *Organizational Behavior*, New York: McGraw-Hill, 2001, pp.366~369。

一 個體特性

有創意的員工通常是受到內在工作動機所驅使，他們對於零碎、瑣細、簡單、重複的工作不感興趣，不希望守成不變、蕭規曹隨。他們有願意承擔適度風險、容忍模糊、克服困難的個人人格特質，而準備向現狀挑戰。他們擁有專業領域的相關知識背景，而且也發展出創新有關的能力。這些能力包括：(1)跳脫傳統思維的束縛，並以全新的角度面對問題的能力；(2)確切指認哪些意念（或概念）值得進一步探討，而哪些應該放棄；和(3)說服別人及影響別人的能力。

二 團體特性

其次，有創新能力的團體，必須在團體內部有鼓勵及支持創新的規範，團體成員彼此相當團結、有高度凝聚力，願意為團體創造較佳的績效。其次，成員最好是多元化，有來自不同背景的人士，成員人數不宜過多（團體規模不宜太大），能自由開放地互動，容忍成員偶爾犯錯（嘗試錯誤）。此外，團體也要形成解決問題的模式，避免亂無章法，同時，上司也應積極支持及促進創新。

三 組織特性

最後，組織的文化、策略、結構，也都應能支持創造性活動的展開，而組織的最高主管也必須主動表示支持創新活動、任用有創意的中階主管，才能支持組織內各團體的創造行為，並將之整合成組織的創新，創造出持續的績效。

　　學者們曾經指出，組織創新的障礙，可能來自七個項目：[12]

　　1.最高主管孤立：與組織的現實脫節。

　　2.不能容忍異議：不鼓勵對現況質疑。

　　3.**既得利益**（vested interest）：將個人利益置於組織利益之上。

　　4.目光短淺：強調短期結果而不願投資於長期收穫。

　　5.過度理性：強調制度與例行性運作，扼殺創新機會。

　　6.報酬不當：鼓勵照章行事，不鼓勵承擔風險。

　　7.過度官僚：強調規定與效率，使有創意的員工受到挫折。

　　相對地，組織也可以透過許多方式來提升員工的創造力，底下是一些想法：

　　1.避免各級主管採用獨裁的領導方式。

　　2.鼓勵員工將問題視為轉機（機會）。

　　3.鼓勵員工以更開放的心胸看待新想法。

　　4.讓員工可以在上班時四處走動或聽音樂。

　　5.視錯誤為學習的機會。

　　6.舉辦創造力訓練或派員參加外界訓練講習。

 第5節　創新來源

　　杜拉克（Peter F. Ducker）教授是當代最受重視的管理學者之一，他對創新的見解，是從創新與變革二者的關聯性出發，相當具有創意。

　　杜拉克指出，「創新」是一個經濟性或社會性用語，而非科技用語：「創新就是改變資源所給予消費者的價值與滿足。」[13]

12 J. Wood, J. Wallace, R. M. Zeffane, J. R. Schermerhorn, J. G. Hunt, and R. D. Os-
born, *Organizational Behavlor*, Qld, Australia: John Wiley & Sons, 2001, p.616。

13 Peter F. Drucker, *Innovation and Enterpreneurship*, New York: Harper & Row, 1987。

創新活動賦予資源一種新的能力，使它能創造財富，甚而言之，是創新活動本身創造了資源。除非人們發現自然界某樣東西的用途，並賦予其經濟價值，否則根本就無所謂的「資源存在」。因此，在創新之前，每一種植物都只是雜草，而每一種礦物也都只是另一種石頭而已。例如石油與礦砂，原來都是令人討厭的東西，因為它們使得土壤不夠肥沃。

「變革」或「改變」（change）提供了人們創造與眾不同事物的機會，而絕大多數成功的創新都是利用改變來達成的。因此，對於組織而言，應主動尋求變革，懂得如何找到適合組織，在組織內外都能發揮效能的變革。

一　變革的政策

（一）拋棄過去

首要之務就是要把投注到沒有效果領域的資源釋放出來，除非卸下昨天的包袱，否則不可能創造明天。

企業應定期對每一種產品、每一項服務、每一個流程、每一個市場、每一個配銷管道、每一位顧客和最終使用者的存在價值加以審視；並且自問：「假如我們沒有做這件事，以今天我們所知，還會不會做？」如果答案是否定的，那麼應該接著問：「現在我們應該怎麼辦？」

如果一個產品、服務、市場或流程仍然有「幾年好日子」可過，那麼就應該放棄，因為這些奄奄一息的產品或服務常常需要耗費最多的心力，並且牽絆了生產力最高、最能幹的人。

企業也要思考作法上的變革：「假如我們是今天才開始做這件事，以我們今天所知，會不會以現在的方式來做？」雖然做法的改變

在各方面都可以適用，但又以配銷管道最為明顯，因為在一個快速變革的時代，配銷管道的變革比其他事物都要快，例如網路影響美國汽車的配銷通路：長久以來我們都知道是太太在決定「不」買什麼車，同時因此反而成為決定買什麼車的人；但太太最不喜歡與汽車經銷商打交道，因此一對夫婦去買車的時候，看來先生好像是買主，事實上真正的決定老早就由太太一手包辦了。而網路則使得主婦可以真正地進行購買，汽車經銷商很快地只剩下展示的功能。

（二）有組織的改進

一個企業對內、對外都需要有系統地、不斷地改進產品、服務、生產過程、市場、科技、訓練和人員培訓、如何運用資訊……等等。而且必須每年以固定的比例攀升，也就是清楚地定義「績效」，以此作為改進的具體指標。而任何領域的不斷進步，最終都會轉換到**作業**（operation）上，它會帶來產品的創新、服務的創新、新的流程、新的業務。最後，不斷地進步，終將帶來根本上的變革，使得整個企業脫胎換骨。

（三）發掘成功

變革要能成功，最重要、通常也是最好的機會，是要發掘、並建立在自己本身的成功上。最好的例子就是日本的新力公司，新力在世界上幾個主要產業都獨占鰲頭，就是藉著有系統、接二連三的發掘出或大或小的成功機會。所有新力的家電產品，源自於一個並非由新力自己發明的產品：錄音機。根據錄音機的經驗，新力成功地設計了下一個產品，又依據這成品的成功經驗，再設計下一個產品……，所跨出的每一步都不太大，也不是每一步都很成功，但累積的成功卻使得新力成為世界上持續成功最久的企業之一。

二　創造變革

不斷地發掘成功，到某一個程度，這些小小的進步就會帶來一個主要的、根本上的變革。創新受人矚目，但其實創新本身也許並不重要，有系統地放棄、改進、發掘成功，對一個企業可能更有效。

（一）機會的窗口（創新機會的來源）

因此企業應時時注意變革，將變革視為創新的機會，底下這些指標都是透露著創新的機會訊息：

1. 意料之外的事件——出乎組織本身預期的成功或失敗，出乎競爭者本身預期的成功和失敗。

2. 不協調的狀況——實際狀況與預期狀況之間的不一致，特別是生產、配銷過程，或是顧客行為的不協調。

3. 基於流程需要的改變。

4. 產業和市場結構的改變。

5. 人口結構的改變。

6. 方法和看法的改變。

7. 新知識——包含科學的與非科學的。

只要上述任何一方面發生變動，都必須質疑：「這是不是一個讓我們可以創新的機會？它可以用來發展不同的產品、服務或流程嗎？這會不會帶來新的、不同的市場、顧客、科技或是經銷管道？」

（二）不該做的事（三個陷阱）

1. 當創新與現實狀況不符。正因為與現實不符，所以看來很「新」，但往往不易成功。

2. 把新奇和創新混為一談。他們的分際在於新奇的東西不過是好

玩，而創新會帶來價值。

　　3.弄不清楚動作和行動。變革不能只是虛晃的動作，而必須是實在的行動。

※ 歷居試題

■申論題

1. 從策略的觀點，知識管理為何重要？（5分）

　　　　　　　　　　　　　　　　【國立台灣大學92學年度碩士班招生考試試題】

2. 從組織結構的觀點，什麼樣的組織結構較為有利於進行知識管理？
　（5分）

　　　　　　　　　　　　　　　　【國立台灣大學92學年度碩士班招生考試試題】

3. 一個跨國企業所面臨的最大挑戰，就是如何去管理多樣化（diver-
　sity），讓總公司與海外分支機構能發揮特長，彼此協調折衝，產
　生最大的綜效。試問近年來「知識經濟」的觀念，如何影響跨國企
　業「多樣化」的管理工作？（25%）

　　　　　　　　　　　　　　【國立台灣大學90學年度各系所碩士班招生考試試題】

4. 隨著知識經濟的發展，創新（innovation）逐漸成為企業保持競爭
　力的重要手段。創新並不是標新立異或刻意與眾不同，而是一種有
　目的、有系統，或是能增加價值的一種問題解決方式。實務上有許
　多創新模式可以產生經濟價值，成為企業競爭力的基礎，請列舉可
　能的創新模式，並說明其內容。（15%）

　　　　　　　　　　　　　　　　【國立台灣大學98學年度碩士班招生考試試題】

5. 試述知識經濟（Knowledge-based economy）之意義及其發展原因，

並簡述傳統經濟與知識經濟之不同。（25分）

【90年中央暨地方機關公務人員升官等考試試題】

6. 未來企業的經營，「創新」占有極重要的地位。「創造力」與「創新」是相同的或是不同的？它們之間的關係如何？又管理者應如何去促進「創新」？（25分）

【90年交通事業郵政公務人員升資考試試題】

7. 創新的類型有哪些？如何促進創新？

【國立政治大學90學年度研究所碩士班入學考試試題】

8. 近年來，管理學界及實務工作者均對「知識管理」產生強烈的興趣，試問其原因。「知識管理」並非取代其他主要的管理模式（如全面品質管理、企業再進、核心能力、組織學習），而是這些管理模式的基礎，請分析「知識管理」與以上所提及的管理模式之關係。（25分）

【國立政治大學89學年度研究所碩士班入學考試試題】

9. 「知識管理」是什麼？其過程包括那些步驟及做法？在進行「知識管理」的同時，何種組織結構、人力資源實務、企業文化、領導與激勵方式、產權型態有助於「知識管理」的成效？（25分）

【國立政治大學89學年度研究所碩士班入學考試試題】

10. 在知識管理的課題中，知識的分享及創造為相當重要的環節。請問員工樂意或不樂意分享知識的可能原因為何？組織中可能有哪些因素不利於知識的創造？而組織可採取哪些措施以促進知識的分享及創造？

【國立政治大學89學年度研究所碩士班入學考試試題】

11. 請提出三項能激發並培育組織創新的結構變數。（6分）

【國立台灣師範大學97學年度碩士班考試入學招生試題】

12. 請說明野中郁次郎（Nonaka）所提出的知識螺旋理論（knowledge spiral theory）（或稱SECI模型）。而聖吉（Senge）認為團隊是組織知識創造的基本單位，請說明哪些團隊特性或要素是影響團隊知識分享與知識創造的重要因素？

【東吳大學 91 學年度碩士班研究生招生考試試題】

■ 名詞解釋

1. Innovation

【國立成功大學 98 學年度碩士班招生考試試題】

2. 創意（Creative）（3 分）

【國立台灣師範大學 97 學年度碩士班考試入學招生試題】

參考書目

中文書目

巴克‧羅傑斯，《IBM 成功之道》，台北：長河出版社，1986 年。

巴斯克與艾索斯合著，《日本的管理藝術》（*The Art of Japanese Management*），台北：長河出版社，1981 年。

王美音與楊子江譯（*Nonaka, I. & Takeychi, H., 1995*），《創新求勝——智價企業論》，台北：遠流出版公司，1998 年。

余朝權，〈前程輔導技術在人力資源規劃上之應用〉，中華民國全國工業總會編，《管理與科技》，台北：中華民國全國工業總會，1986 年，頁 15。

余朝權，〈提防惡意的領導〉，《工商時報》，1984 年 9 月 10 日，第 12 版。

余朝權，〈變更領導方式〉，《工商時報》，1984 年 11 月 5 日，第 12 版。

余朝權，《人性管理》，台北：長程出版社，1992 年。

余朝權，《生涯規劃》，台北：華泰文化事業公司，1999 年。

余朝權，《創造生產力優勢》，台北：五南圖書公司，2002 年。

余朝權，《新世紀生涯發展智略》，台北：五南圖書公司，2002 年。

余朝權與黃玉美，〈專業人員之承諾與衝突之因徑分析——以內部稽

核人員為例〉,《國立編譯館刊》,二十卷二十二期,1991年,頁 317~348。

吳怡靜,〈揭開經濟人的非理性〉,《天下雜誌》,2002 年 11 月 1 日,頁 68~69。

李亦圖與楊國樞合編,《中國人的性格》,台北:桂冠圖書公司,1988 年。

約翰‧奈思比特,《大趨勢》,詹宏志中譯,台北:長河出版社,1984 年。

勞倫斯‧米勒著,尉騰蛟譯,《美國企業精神》,台北:長河出版社,1985 年。

渥諾洛夫著,陳文彬譯,《日本的管理危機》(*Japan's Wasted Workers*),台北:長河出版社,1983 年。

菲力浦‧克勞斯比,《不流淚的品管》,台北:經濟與生活,1984 年。

傅高義著,李孝悌譯,《日本第一》(*Japan As No.1*),台北:長河出版社,1981 年。

豐田英二著,江仲譯,《決斷—日本汽車鉅子豐田英二自傳》,台北:經濟與生活,1986 年。

參考書目

英文書目

Adams, J. Stacy, "Toward an Understanding of Inequity", *Journal of Abnormal and Social Psychology,* 67, 1963, pp.422-436.

Albert, S., Ashforth, B. E., and Dutton, J. E., "Organizational Identity and Idenfification: Charting New Waters and Buiding New Bridges," *Academy of Management Review,* January 2000, pp.13-17.

Alderfer, Clayton P., "An Empirical Test of a New Theory of Human Needs," *Organizational Behavior and Human Performance,* May 1969, pp.142-175.

Allee, Verna, *The Knowledge Evolution*, Oxford: Butter Worth-Heinemann, 1997.

Allen, T. D. and Rush, M. C., "The Effects of Organizational Citizenchip Behavior on Preformance Judgement: A Field Study and a Laboratory Experiment", *Journal of Applied Psychology*, April 1998, pp.247-260.

Amabile, T. M., "Motivating Creativity in Organizations", *California Management Review*, Fall 1997, pp.40-52.

Ambrose, M. L. and Kulik, C. T.," Old Friends, New Faces: Motivation Research in the 1990s," *Journal of Management,* Vol.25, no.3, 1999, pp.231-292.

Auchi, William G., *Theory Z: How American Business Can Meet the Japanese Challenge,* Reading, MA: Addison-Wesley, 1981.

Bandura, A., Regulation at Cognitive Process Through Self-Efficacy, *Developmental Psychology,* September 1989, pp.729-735.

Bass, Bernard M., "Theory of Tranformational Leadership Redux," *Leader-*

465

ship Quarterly, Winter 1995, pp.463-478.

Bass, Bernard M., *Bass & Stogdill's Handbook of Leadersh: Theory, Research and Managerial Implications,* 3rd.ed, New York: The Free Press, 1990.

Beer, M. and Walton, A. E., "Developing The Competitive Organization: Intervention and Strategies," *American Psychologist,* 45, 1990, pp. 154-161.

Blake, Robert R., Jane Mouton, S. and Greiner, L. E., "Break-through in Organization Development," *Haward Business Review,* November~December 1964, p.136.

Bovee, C. L. and Thill, J. V., *Business in Action,* Upper Saddle River, New Jersey: Prentice-Hall, 2001, pp.53-54.

Branden, N., *Self-Esteem at Work,* San Francisco: Jossey-Bass, 1998.

Bray, D. W., Campbell, R. J. and Grant, D. L., *Formative Years In Business: A Long Term AT&T Study of Managerial Lives,* New York: John Wiley & Sons, 1974.

Brown, L. D., Clarkson, A. E., "Conflict", in C. L. Cooper and C. Argiris, eds., *The Concise Blackwell Encyclopedia of Management,* Oxford, England: Blackwell, 1998, pp.105-107.

Burns, James M., *Leadership,* New York: Harper, 1978.

Chandler, A. D., Jr., *Strategy and Structure: Chapters in the History of the Industrial Enterprise,* Cambridge, MA: MIT Press, 1962.

Christie, Richard and F. L. Geis, *Studies in Machiavellianism,* New York: Academic Press, 1970.

Clark, D., "Managing the Mountain," *The Wall Street Journal,* June 21, 1999, p.R4.

Cook, Curtis W, Hunsaker, P. L. and Coffey, R. E., *Management and Organ-*

izational Behavior, Chicago: McGraw-Hill, 1997, pp.547-548.

Cummings, Thomas G. and Worley, C., *Organization Development and Change,* 5th ed., St. Paul, MN: West Publishing co., 1993, p.155.

Daft, Richard D., *Organization Theory and Design,* Cincinnati, Ohio: South-Western College Publishing, 2001, pp.404-405.

Daft, Richard L. and Noe, R. A., *Organizational Behavior,* Fort Worth: Harcourt Collage Publishers, 2001.

Daft, Richard L. and Noe, R. A., *Organizational Behavior,* Orlando, Florida: Harcourt College Publishers, 2001, p.481.

Daft, Richard L. and Noe, R. A., *Organizational Behavior,* Orlando, Florida: Harcourt College Publishers, 2001, pp.520-523.

Daft, Richard L. and Noe. Raymond A., *Organizational Behavior,* Orlando, Florida: Harcourt College Publishers, 2001.

Daft, Richard L., and Noe, R.A., *Organizational Behavior*, Orlando, Florida: Harcourt College Publishers, 2001, pp.92-93.

Daft, Richard L., *Organization Theory and Design*, 7th ed, Cincinnati, Ohio: South-Western College Publishing, 2001, p.262.

Deal, T. E., and Kennedy, A. A., *Corporate Culture: The Rites and Rituals of Corporate Life,* Reading, MA: Addison-Wesley, 1982.

Deam, J. W., Jr. and Bowen, D. E., "Management Theory and Total Quality,: Improving Research and Practice through Theory Davelopment," *Academy of Management Review,* July 1994, pp.392-418.

Dessler, Gary, *Management,* 2nd ed., Upper Saddle River, New Jersey: Prentice-Hall, 2001, p.291.

Digman, J. M. "Personality Structure: Emergence of the Five-Factor Model," *Annual Review of Psychology,* vol.41, 1990, pp.417-440.

Drucker, Peter F., "The Coming of the New Organization", *Harvard Busi-*

ness Review, January-Febrary 1998, pp.45-53.

Drucker, Peter F., *Innovation and Entrepreneurship*, New York: Harper & Row, 1987.

Eden, D., "Self-Fulfilling Prophecy as a Management Tool: Harnessing Pygmalion," *Academy of Management Review,* January 1984, p.67.

Fiedler, F. E., Chemers, M. M. and Mahar, L., *Improving Leadership Effectiveness: The Leader Match Concept,* New York: John Wiley, 1976.

French, J. R. P. and Raven, B., "The Bases of Social Power," in D. Cartwight ed., *Studies in Social Power,* Ann Arber, Michigan: Institute for Social Research, 1959, pp.150-167.

Friedman, M. and Roseman, R., *Type A Behavior and Your Heart,* New York: Knopf, 1974.

Friedman, M. and Rosenman, R., *Type A Behavior and Your Heart,* New York: Knopf, 1974.

Galunic, D. C. and Eisenhardt, K. M., "Renewing the Strategy Structure-Performance Paradigm," in B. M. Staw and L. L. Cummings, eds. *Research in Organizational Behavior,* Vol. 16, Greenwich, CT: JAI Press, 1994, pp.215-55.

Gawin, D. A., "Building a Learning Organization," *Harvard Business Review,* July 1 August 1993, pp.78-91.

Gecas, Victor, "The Self-Concept," in Ralph H. Turner and James F. Short, Jr., eds. *Annual Review of Sociology,* Polo Alto; CA: Annual Review, 1982. vol.8, p.3.

Gerloff, E. A., Muir, N. K., and Bodensteiner, W. D., "Three Componants of Perceived Enviromental Uncertainty: An Exploratory Analysis of the Effects of Aggregate" *Journal of Management,* December 1991, pp.749-768.

Goleman, D., "What Makes a Leader?" *Harvard Business Review,* November-December 1998, pp.93-102.

Goleman, D., *Emotional Intelligence,* New York: Bantam Books, 1995; Goleman, D., *Working with Emotional Intelligence,* New York: Bantam Books, 1998.

Goodman, P. S., "An Exam nation of Revenants Used in the Evaluation of Pay," *Organizational Behavior and Human Performance,* October 1974, pp.170-195.

Gordon, Judith R. *Organizational Behavior: A Diagnostic Approach,* Upper Saddle River, New Jersey: Prentice-Hall, 2002, p.213.

Grant, Robert M., "Toward a Knowledge-Based. Theory of the Firm", *Strategic Management Journal 17*, Winter 1996, pp.109-122.

Greenberg, J., "Cognitive Reevaluation of Outcomes in Response to Underpayment Inequity," *Academy of Management Journal,* March 1989, pp.174-184.

Greenhalgh, L., "Managing Conflict," In Lewicki, F. J., Saunders, D.M. and Minton, J.W., eds., *Negotiaion,* 3rd ed., Boston: Irwin/McGraw-Hill, 1999, pp.6-13.

Grnteen, D., "Knowledge Creativity and Innovation," *Journal of Knowledge Management*, 2, September 1998, pp.5-13.

Hackman J. R. and Wageman, R.," Total Quality Management: Empirical, Conceptual, and Practical Issues," *Administrative Science Quarterly,* June 1995 pp.309-342.

Hall, Douglas T., *Career Derelopment in Organization,* San Francisco, CA: Jossey-Bass Publishers, 1986.

Hammer, M. and Champy, J., *Reengineering the Corporation,* New York: Harper Business, 1993.

Hansen, Morten T., Nohnia, N. and Tierney, T., "What's Your Strategy for Managing Knowledge?" *Harvard Business Review*, March-April 1999, pp.106-16.

Hayes, J. R., "Cognitive Processes in Creativity," in Glover, J.A., Ronning R.R., and Reynolds, C.R., eds, *Handbook of Creativity*, New York: Plenum, 1989, pp.135-145.

Hayford, S. L., "Alternative Dispute Resolution," *Business Horizons,* 43, January-February 2000, pp.2-4.

Hellriegel, Don, Jackson, Susan E. and Slocum, John W., Jr., *Management,* 8th edition, Cincinnati, Ohio: South-Western College Publishing, 1999.

Hellriegel, Don, Slocum, J. W., Jr., and Woodman, R. W., *Organizational Behavior,* 9th ed., Cincinnati, Ohio: South-Western College Publishing, 2001.

Hersey, Paul and Blanchard, Ken, *Management of Organizational Behavior Management of Organizational Behavior* (Englewood Cliffs, N. J.: Prentice-Hall, 1982).

Hersey, Paul and Blanchard, Ken, *Management of Organizational Behavior,* fourth ed., Englewood Cliffs, NJ.: Prentice-Hall, 1984.

Herzberg, Frederick, "One More Time: How Do You Motivate Employees?" *Harvard Business Review,* September/October 1987.

Hirschhorn, Larry and Gilmore, T., "The New Boundaries of the 'Boundaryless' Company," *Harvard Business Review,* May-June 1992, pp. 104-107.

Hofstede, G., "Identifying Organizational Subculture: An Empirical Approach," *Journal of Management Studies,* January 1998, pp.1-12.

Hooijberg, R. and Petrock, F., "On Cultural Change: Using the Competing

Values Framework to Help Leaders Execute a Transformational Strategy," *Human Resource Management,* 32, 1993, pp.29-50.

House, R. J. and Mitchell, T. R., "Path-Goal Theory of Leadership," *Contemporary Business,* Vol.3, Fall 1974, pp.81-98.

Human, S. E. and Provan, K., An Emergent Theory of Structure and Outcomes in Small-firm Strategic Management Networks, *Academy of Management Journal,* 40, 1997, pp.368-403.

Hunt, J. G., *Leadership: A New Synthesis,* Newberry Park, CA: Sage Publications, 1991.

Jex, S. M., *Stress and Job Performance,* Thousand Oaks, Calif: Sage; 1998, pp.25-67.

Jordan, P. C. "Effects of an Extrinsic Reward on Intrinsic Motivation, A Field Experiment," *Academy of Management Journal,* June 1786, pp. 405-412.

Katz, R. L., "Skills of an Effective Administrator," *Harvard Business Review,* January-February 1955, pp.33-42.

Kerr, S. and Jermier, J. M., "Substituter for Leadership: Their Meaning and Measurement," *Organizational and Human Performance,* 22, 1978, pp.375-403.

Kirkman, B.L. and Rosen, B., "Beyond Self-Management: Antecedents and Consequences of Team Empowerment", *Academy of Management Journal,* February 1999, pp.58-74.

Kirkpatrick, Shelley and Luke, E. A., "Leadership: Do Traits Matter?" *Academy of Management Executive,* Luke, May 1991, pp.47-60.

Kovsguard, M. A., D. M. Schweiger and H. J. Sapiensza," Building Commitment, Attachment and Trust in Strategic Decision-Making Teams: The Role of Procedural Justice," *Academy of Management Journal,*

February 1995, pp.60-84.

Kreitner, Robert and Kinichi, Angelo, *Organizational Behavior,* 5th ed., New York：McGraw-Hill, 2001.

Kulik, C. T. and Ambrose, M. L., "Personal and Situational Determinants of Referent Choice," *Academy of Management Review,* April 1992, pp. 212-237.

Lawrence, P. and Lorsch, J. W., *Organization and Enviroment: Managing Differentiation and Integration,* Boston: Harvard Business School, 1967.

Lee, F., "Being Polite and Keeping MUM: How Bad News is Communicated in Organizational Hiearachies," *Journal of Appied Social Psychology,* 23, 1993, pp.1124-1149.

Lee, R. T., and Ashforth, B. E., "A Meta-Analitic Examination of the Correlates of the Three Dimensions of Job Burnout," *Journal of Applied Psychology,* 1996, Vol. 81, pp.123-133.

Levinson, H., "When Executives Burn Out," *Harvard Business Review,* July-August 1996, pp.152-163.

Lewicki, F. J., Saunders, D. M., and Minton, J. W., eds., *Negotiation,* 3rd ed., Boston: Irwin/McGraw-Hill, 1999, p.1.

Likert, R., *New Patterns of Management,* New York: McGraw-Hill, 1961.

Locke, Edwin A. and Latham, G. P., *A Theory of Goal Setting and Task Performance* (Englewood Cliffs, NJ: Prentice-Hall, 1990).

Locke, Edwin A., "Toward a Theory of Task Motivation and Incentives," *Organizational Behavior and Human Performance,* May 1968, pp. 157-189.

Logue, A. W., *Self-Control: Waiting Until Tomorrow for What You Want Today,* Englewood Cliffs, New Jersey: Prentice-Hall, 1995.

Machiavelli, Niccolo, *The Prince, trans.* George Bull Middlesex, UK, Penguin, 1961.

Maslow, Abraham, *Motivation and Personality,* New York: Harper & Row, 1954.

McClelland, D. and Burnham, D. H., "Power is the Great Motivator," *Harvard Business Review,* March-April 1976, pp.100-110.

McClelland, David C. and Burnham, David H., "Power is the Great Motivator," *Havard Business Review,* Vol.54, March-April 1976, pp. 100-110.

McClelland, David C., *Power: The Inner Experience,* New York: Irvington, 1975.

McClelland, David C., *The Achieving Society,* New York: Van Norstrand, 1961.

McShane, S. L. and Glinow, M. A.Von, *Organizational Behavior,* Bosto: Irwin/McGraw-Hill, 2003, pp.393-394.

McShane, Stephen L. and Glinow, M. A. Von, *Organizational Behavior,* New York: McGraw-Hill, 2003, pp.40-46.

Miles, R. H., *Macro Organization Behavior,* Santa Monica, California: Goodyear, 1983, p.130.

Miller, W., "Building the Ultimate Resource," *Management Review,* January 1999, pp.42-45.

Miltenberger, R. G. *Behavior Modification: Principles and Procedures,* Pacific Grove, CA: Brooks/Cole, 1997.

Milton, Charles R., *Human Behavior in Organizations,* (Eajlewood ceiffs, New Jersey: Prentice- Hall Inc., 1981), pp.2-3.

Moorhead, Gregory and Griffin, R. W., *Organizational Behavior,* Boston, MA: Houghton Mifflin Co., 2001.

Mount, M. K., Barrick, M. R. and Strauss, J. P., "Validity of Observer Ratings of the Big Five Personaity Factors," *Journal of Applied Psychology,* April 1994, p.272.

Munter, M., "Cross-Cultural Communication for Managers," *Business Horizons,* May-June 1993, pp.75-76.

Nonaka, Ikujiro and Takeuchi, Hirotaka., *The Knowledge-Creating Company: How Japanese Companies Crate the Dynamics of Innovation,* New York: Oxford University Press, 1995.

O'Reilly, C. A. and Chatman, J. A., "Culture as Social Control: Corporations, Cults, and Commitments," in B. M. Staw and L. L. Cummings, eds., *Research in Organizational Behavior,* Vol.18, Greenwich, CA: JAI Press, 1996, pp.157-200.

Organ, D. W., "Personality and Organizational Citizenship Behavior," *Journal of Management,* Summer 1994, pp.456-478.

Organ, D.W. and Rgan, K., "A Meta-Analytic Review of Attitudinal and Predispositional Predictors of Organizational Citizenship Behavior," *Personnel Psychology,* Winter 1995, pp.775-802.

Parker, G. M., *Team Players and Teamwork:* The New Competitive Business Strategy, San Francisco: Jossey-Bass, 1990, p.33.

Pascarella, P., "It All Begins With Self-Esteem," *Management Review,* February 1999, pp.60-61.

Peters, Thomas J. and Waterman, R. H., *In Search of Excellence,* New York: Harper & Row, 1982.

Peters, Tom, *Liberation Management,* New York: Alfred Knopf, 1992, p. 238.

Pettigrew, A. M., "Information Control as a Power Resource," *Sociology,* Vol. 6, 1972, pp.187-204.

Pierce, J. L., Gardner, D. G., Cummings, L. L. and Dunham, R. B. "Organization-Based Self-Esteem: Construct, Measurement and Validity," *Academy of Management Journal,* September 1984, pp.622-648.

Podsakof, P. M., Ahearne, M., and Mackenzie, S. B., "Organizational Citizenship Behavior and the Quantity and Quality of Work Group Performance", *Journal of Applied Psychology,* April 1997, pp.262-270.

Podsakoff, Philip M., Mackinzie, S. M., and Bommer, W. H., "Transformational Leader Behavior as Determinants of Employee Satisfaction, Commitment, Trust, and Organizational Citizenship Behavior," *Journal of Management,* Vol.22, No.2, 1996, pp.259-298.

Polzer, J.T., "Negotiation Tactics," in Cooper & Argiris, *op. cit.,* p.429.

Porter, Michael, *Competitive Strategy: Techniques for Analyzind Industries and Competitors*, New York: Free Press, 1980.

Porter, Michael, *Competitive Advantage: Creating and Sustaining Superior Performance*, New York: Free Press, 1985.

Pritchard, R. D., Campbell, K. M. and Campbell, D. J., "Effects of Extrinsic Financial Rewards on Intrinsic Motivation," *Journal of Applied Psychology,* February 1977, pp. 9-15.

Rheem, Helen, "The Learning Organization: Building Learning Capabilities," *Harvard Business Review,* March-April 1995, pp.3-12.

Ritz, H. Joseph, *Behavior in Organization,* third edition, Homewood, Illinois: Richard D. Irwin, 1987, p.467.

Robbins, Stephen P., *Organizational Behavior,* 9th ed., Upper Saddle River, New Jersey: Prentice-Hall, 2001.

Rokeach, M., *The Nature of Human Values,* New York: The Free Press, 1973.

Rotter, J. B., "Generalized Expectencies for Internal versus External Control of Reinforcement," *Psychological Monographs* 80, no. 609, 1996.

Rotter, J. B., "Internal versus External Control of Reinforcement: A Case History of a Variable," *American Psychologist,* April 1990, pp. 489-493.

Schein, E. H., *Career Dynamics: Matching Indiridual and Organization Needs* (Reading Mass: Addison-Wesley, 1987).

Schein, Edgar H., "Culture: The Missing Concept in Organization Studies," *Administrative Science Quarterly,* June 1996, p.236.

Schein, Edgar H., *Organizational Culture and Leadership,* 2nd ed., San Francisco: Jossey-Bass, 1992.

Schermerhorn, John R., Jr., Hunt, J. G. and Osborn, R. D., *Organizational Behavior,* 7th ed., New York: John Wiley & Sons, 2000.

Schmidt, Terry D., *Planning Your Career Success,* Belmont, California: Lifetime Learning Publications,1983, pp.10-11.

Seiler, John A., *Systems Analysis in Organizational Behavior* (Homewood, Ⅲ.: Richard D. Irwin, 1967), pp.18-20.

Senge, Peter. M., *The Fifth Discipline: The Art and Practice of Learning Organization,* New York: Doubleday, 1990.

Shonk, James, *Team-Based Organizations,* Chicago: Irwin, 1997.

Simon, Herbert A., *The New Science of Management Decision,* Englewood Cliffs, N.J.: Prentice-Hall, 1960.

Skinner, B. F., *The Behavior of Organizations,* New York: Appleton-Century-Crofts, 1938.

Smircich, L., "Concepts of Culture and Organizational Analysis," *Administrative Science Quarterly,* September 1983, pp.339-358.

Spector, P. E., *Job Satisfaction: Application, Assessment, Causes, and Concequences,* Thousand Oaks; CA: Sage, 1997.

Stajkovic, A. D. and Luthans, F., "Social Cognitive Theory and Self-Efficacy : Going Beyond Traditional Motivational and Behavioral Approaches," *Organizational Dynamics,* 26, Spring 1998, pp.62-74.

Steel, R. P. and Lloyd, R. F., "Cognitive, Affective and Behavior Outcomes of Parti cipation in Quality Circles: Conceptual and Empirical Findings", *The Journal of Applied Behavioral Science,* no.1, 1988, pp.1-17.

Steers, Richard M., Bigley, G. A., and Porter, Lyman W., *Motivation and Leadership at Work,* 6th ed., New York: McGraw-Hill, 1996.

Sundstrom, E., Demeuse, K. P., and Futrell, D., "Work Teams", *Amarican Psychologist,* February 1990, pp.120-133.

Thomas, K .W., "Conflict and Negotiation Processes in Organizations," in M.D. Dunnette and L. M. Hough eds., *Handbook of Industrial and Organizational Psychology,* 2ed ed., Vols. 3 Palo Alto, CA.: Consulting Psychologists Press,1992, pp.651-781.

Thomas, K., "Conflict and Conflict Management," in M. D. Dunnette(ed.) *Handbook of Industrial and Organizational Psychology,* Chicago: Rand McNally, 1976, p.900.

Townsend, A. M., DeMarie, S. M., and A.R. Hendrickson, "Virtual Teams: Technology and the workplace of the Future", *Academy of Management Journal,* August 1998, pp.17-29.

Tsui, A. S., Rearce, J. L., Porter, L. W., and Tripoli, A. M., "Alternative Approaches to the Employee-Organization Relationship: Does Investment in Employees Ray Off?" *Academy of Management Journal,* 40, 1997, pp.1089-1121.

Tuckman, Bruce w. and Jensen, Mary Ann C., "Stages of Small Group Development Revisited", *Group and Organization Studies,* Vol. 2, December 1977, pp.419-27.

Turban, D. B. and Doaghertty, T. W., "Role of Protege Personality in Receipt of Mentoring and Careen Success," *Academy of Management Journal,* June 1994.

Turnley, W. H. and Feldman, D. C., "The Impact of Psychological Contract Violations on Exit, Voice, Loyalty, and Neglect," *Human Relations,* July 1999, pp.895-922.

Vroom, Victor, *Work and Motivation,* New York: John Wiley, 1964.

Wah, Louisa, "Behind the Buzz," *Management Review*, April 1999, pp. 17-26.

Waterman, R. H., Waterman, J. A., and Collard, B. A., "Toward a Career-Resilient Workforce," *Harvard Business Review*, July-August 1994, pp.87-95.

Werther, W. B., Jr., "Structure-Driven Strategy and Virtual Organization Design," *Business Horizons,* March-April 1999, pp.13-18.

Wetlanfer, S., "The Team That Wasn't", *Harvard Business Review,* November-December 1994, pp.22-38.

Whyte, Glen, "Groupthink Reconsidered,"*Academy of Management Review,* 14, 1989, pp.40-56.

Wood, J., Wallace, J., Zeffane, R. M., Schermerhorn, J. R., Hunt, J. G., and Osborn, R. D., *Organizational Behavior*, Old, Australia: John Wiley & Sons, 2001, p.616.

Wood, Jack, Wallace, Joseph and Zeffane, Rachid M., *Organizational Behavior*, 2nd edition, Brisbane: John Wiley & Sons Austratia Ltd., 2001, p.254.

Woodward, J., *Industrial Organization: Theory and Practice,* London: Oxford University Press, 1965.

Yukl, Gary and Nemeroff, W., "Indentification and Measurement of Speci-

fic Categories of Leadership Behavior: A Progress Report," In J. G. Hunt and L. L. Larson(Eds.), *Cross-currents in Leadership* (Carbondale: Southern Illinois University Press, 1979).

Yukl, Gary, Guinan, P. J. and Sottolano, D., "Influence Tactics Used for Different Objectives with Subordinates, Peers, and Superiors," *Group and Organization Management,* 20, 1995, pp.272-296.

Yukl, Gary, *Leadership in Organizations,* Upper Saddle River, New Jersey: Prentice-Hall, 1981.

Yukl, Gary, *Leadership in Organizations,* Uppper Saddle River, NJ Prentice-Hall, 2002.

索 引

國家圖書館出版品預行編目資料

組織行為學／余朝權著.—三版.—臺北市：
五南，2010.10
面；　公分.
ISBN　978-957-11-5802-0（平裝）
1.組織行為
494.2　　　　　　　　　98017740

1FF7
組織行為學

作　　者 — 余朝權(54)
發 行 人 — 楊榮川
總 編 輯 — 王翠華
主　　編 — 張毓芬
責任編輯 — 吳靜芳　唐坤慧
封面設計 — 盧盈良
出 版 者 — 五南圖書出版股份有限公司
地　　址：106台北市大安區和平東路二段339號4樓
電　　話：(02)2705-5066　　傳　　真：(02)2706-6100
網　　址：http://www.wunan.com.tw
電子郵件：wunan@wunan.com.tw
劃撥帳號：01068953
戶　　名：五南圖書出版股份有限公司
台中市駐區辦公室／台中市中區中山路6號
電　　話：(04)2223-0891　　傳　　真：(04)2223-3549
高雄市駐區辦公室／高雄市新興區中山一路290號
電　　話：(07)2358-702　　傳　　真：(07)2350-236
法律顧問　元貞聯合法律事務所　張澤平律師
出版日期　2003年 7 月初版一刷
　　　　　2015年 5 月二版一刷
　　　　　2010年10月三版一刷
　　　　　2012年 3 月三版二刷
定　　價　新臺幣580元